Alfred B. Gottwaldt

Deutsche Kriegslokomotiven

1939 bis 1945

transpress classics

Einbandgestaltung: Luis dos Santos
Titelbild: Blick in der Montagehalle der Berliner Maschinenbauaktien-Gesellschaft, vormals Louis Schwartzkopff (BMAG), wo an den Lokomotiven der Baureihe 52 für die Auslieferung im August 1943 gearbeitet wird. Auf den Puffern der Heizerseite geben die Zahlen darüber Auskunft, dass es sich um die Loks 26, 27 etc. von 48 Maschinen für diesen Monat handelt.
Foto: Max Ittenbach, Sammlung Reinhard Schulz

Abbildung Rückseite: Lok 52 6176 wurde im September 1943 von der BMAG an die DRB ausgeliefert und von dieser an die Rumänische Staatbahn verliehen. Die Maschine gehörte 1944 zum Bw Bobrinskaja, als im Bahnhofsgelände vermutlich Minen bei der Überfahrt explodierten.
Foto: Hollnagel, Sammlung Reinhard Schulz

Bildnachweis:
Die zur Illustration dieses Buches verwendeten Aufnahmen stammen – wenn nichts anderes vermerkt ist – vom Verfasser.

ISBN: 978-3-613-71680-3

1. Auflage 2022

Sie finden uns im Internet unter www.transpress.de

Lektor: Hartmut Lange
Innengestaltung: Jürgen Knopf
Repro: Medien und Printprodukte, 74321 Bietigheim
Druck: CPI Druckdienstleistungen GmbH, Ferdinand-Jühlke-Straße 7, 99095 Erfurt
Printed in Germany

Zu diesem Buch

»Sind Sie der Sohn des bekannten Buchautors Alfred Gottwaldt«? Mit dieser Frage wurde Dr. Alfred Gottwaldt eines Tages von einem Besucher des Deutschen Technikmuseums in Berlin überrascht. Dem Fragesteller schien es nahezu unvorstellbar, dass der Herr in den besten Jahren, der ihm gegenüberstand, diese vielen Bücher alle selbst verfasst haben sollte. Und doch trifft die von Verlagen in ihren Werbetexten gern genutzte Formulierung »zahlreiche Titel tragen seinen Namen« auf Dr. Alfred Gottwaldt nicht nur zu, sie ist – betrachtet man den Umfang seines Oeuvres – eine schiere Untertreibung.

Alfred Bernd Gottwaldt wurde am 4. Oktober 1949 in Berlin geboren und studierte nach dem Abitur an der Universität Frankfurt am Main Rechts- und Staatswissenschaften sowie Neuere Geschichte. Wie so viele andere hatte auch er sich in der Kindheit mit dem »Eisenbahnvirus« infiziert. So beschäftigte er sich bereits während seines Studiums mit der Geschichte der Eisenbahn und trat der damals neugegründeten Deutschen Gesellschaft für Eisenbahn-Geschichte bei. Nach dem ersten und zweiten juristischen Staatsexamen arbeitete er zunächst als Jurist, übernahm aber Ende der 1970er-Jahre gleichzeitig für einige Jahre die Herausgeberschaft des renommierten Lok-Magazins.
Im Jahre 1983 wechselte er schließlich als Kustos an das neugegründete Museum für Verkehr und Technik – seit 1996 Deutsches Technikmuseum – in Berlin. Dort war er zunächst mit dem Aufbau einer umfangreichen Dauerausstellung zur Geschichte des Schienenverkehrs betraut, die den Titel »Züge, Loks und Leute« erhielt. Alfred Gottwaldt setzte sich besonders dafür ein, Exponate des vormaligen Verkehrs- und Baumuseums im Hamburger Bahnhof ins Technikmuseum zu überführen. Die Abteilung Schienenverkehr sollte er bis zu seinem Ruhestand im Jahre 2014 leiten.
Anfang der 1980er-Jahre wirkte Gottwaldt an der Ausstellung »Zug der Zeit – Zeit der Züge« zum Jubiläum der Fahrt der ersten deutschen Eisenbahn 1835 von Nürnberg nach Fürth mit, die die Deutsche Bundesbahn 1985 im Verkehrsmuseum Nürnberg präsentierte. In Berlin zeigte erstmals ein Technikmuseum in Deutschland die Rolle der Eisenbahn im Holocaust: Die unter Alfred Gottwaldts Leitung entstandene Ausstellung des Deutschen Technikmuseums »Mit der Reichsbahn in den Tod« setzte sich mit der Funktion der Deutschen Reichsbahn im Nationalsozialismus umfänglich auseinander. Zu den Exponaten zählte auch ein gedeckter Güterwagen, wie sie für die Deportationen in die Ver-

nichtungslager genutzt wurden. Das war in einer Zeit, in der meist noch die Lokomotiven im Mittelpunkt des Interesses standen, nicht nur ungewöhnlich, sondern für die Zukunft auch wegweisend.
In seiner Forschungsarbeit beschäftigte sich Alfred Gottwaldt über die Jahrzehnte immer akribischer mit der NS-Zeit und fungierte u.a. als Berater für die Wanderausstellung der Deutschen Bahn AG »Sonderzüge in den Tod«. Gleichzeitig arbeitete er intensiv an seiner Dissertation und wurde schließlich 2010 an der TU Berlin zum Dr. phil. promoviert. Als Referent wurde Alfred Gottwaldt immer wieder von der Gedenkstätte Yad Vashem in Jerusalem sowie vom United States Holocaust Memorial Museum in Washington, DC eingeladen.
Im Jahr 2011 veröffentlichte er sein Buch »Die Reichsbahn und die Juden 1933–1939. Antisemitismus bei der Eisenbahn in der Vorkriegszeit«. Mit Unterstützung der Deutschen Bahn sollte diesem Werk ein zweiter Band folgen, der Darstellung bis 1945 fortgesetzt hätte. Ein Buch dessen weitreichende Rezeption als wichtiges Nachschlagewerk ihn ebenfalls mit großem Stolz erfüllte, war das zusammen mit Diana Schulle verfasste Buch »Die ‚Judendeportationen' aus dem Dritten Reich 1941–1945«, das 2013 erschien. Es reihte sich nahtlos in die grundlegenden Arbeiten zur Rolle der Eisenbahn im NS-Staat und beim Holocaust ein.
Alfred Gottwaldt arbeitete auch in seinem Ruhestand rastlos an seinen zahlreichen Projekten weiter. Viele Ideen harrten noch der Umsetzung, doch sein unerwarteter Tod im August des Jahres 2015 verhinderte dies.

Obwohl Alfred Gottwaldt gleich mit seinem ersten Buch über die deutschen Kriegslokomotiven quasi sein Lebensthema – die Eisenbahn im Nationalsozialismus und ihre bedeutende Rolle bei der Deportation der europäischen Juden – gefunden hatte, fand er auch immer wieder Zeit für andere Projekte. Dabei bewies er immer einen untrüglichen Instinkt für interessante und gut verkäufliche Themen, wobei er, wie er selber sagte, nach einem einfachen Rezept vorging: er machte einfach die Bücher, die er selber gerne lesen wollte. So entstanden Bücher, die unter Eisenbahnfreunden längst Kultstatus haben. Dazu zählen das »Eisenbahn-Zentrum Berlin« sowie die fast schon legendären Bände »Reichsbahn-Album« und »Bundesbahn-Album«. Doch auch am Öffentlichen Personennahverkehr war Alfred Gottwaldt interessiert, wie seine Bücher über die Entwicklung der U- und S-Bahnnetze in Berlin und Hamburg anhand der Linienpläne beweisen.

Dabei lag dem erfolgreichen Buchautor ein Werk immer besonders am Herzen: »Deutsche Kriegslokomotiven 1939–1945«. Dies mag zwei Gründe gehabt haben: zum einen war dies sein erstes Buch überhaupt und zum anderen hatte es ein wichtiges Thema zum Gegenstand. Ohnehin hatte er mit knapp 21 Jahren erstaunlich früh als Autor begonnen und war gleich mit einem Paukenschlag gestartet. Sein weithin beachtetes Buch über die deutschen Kriegslokomotiven, das 1970 erstmals bei der Franckh'schen Verlagshandlung erschien, erlebte mehrere Auflagen, wurde immer wieder nachgefragt und ist bis heute antiquarisch gesucht. Schließlich veröffentlichte der Verlag transpress das Buch, das der Autor aus diesem Anlass leicht überarbeitete, im Jahr 1996 in seiner Reihe »Verkehrsgeschichte«. Diese Ausgabe von 1996 legt transpress jetzt noch einmal in einem vergrößerten Format vor.
Gottwaldts Werk über die Deutschen Kriegslokomotiven ist noch immer eines der Standardwerke zu diesem wichtigen Thema. Gleichwohl ist die Forschung in den Jahren nach dem Erscheinen der letzten Ausgabe natürlich weiter vorangeschritten – vor allem durch die Öffnung der Archive in Osteuropa. Leider war es dem Autor nicht mehr vergönnt, diese neuen Ergebnisse einzuarbeiten, obwohl er bereits über eine Neuauflage nachdachte.
Umgekehrt schien es dem Verlag im vorliegenden Fall nicht sinnvoll, die Arbeit von Alfred Gottwaldt von einem Dritten bearbeiten zu lassen und damit in Teilen zu verändern. Dagegen spricht vor allem, dass wir schlicht nicht wissen, welche Veränderungen er an seinem Manuskript vorgenommen und wie er neue Fakten bewertet hätte. Deshalb veröffentlichen wir dieses Buch in weitgehend unveränderte Form, Änderungen gab es nur bei den Illustrationen.

Zu den neuen Aspekten beim Thema Deutsche Kriegslokomotiven sind in naher Zukunft sicherlich Publikationen zu erwarten, die Gottwaldts noch immer wichtige Studie ergänzen.
Neue Erkenntnisse gibt es u.a. zum Thema der Zusammenarbeit der deutschen Schienenfahrzeugindustrie bei der Produktion. Vor allem bei der Organisation der Massenfertigung scheint es zwischen den Lokomotivfabriken einen sehr viel größeren Austausch an Komponenten gegeben zu haben als bisher bekannt. Dieses zeigt neu entdecktes Archivmaterial, das Alfred Gottwaldt für seine Untersuchung nicht mehr auswerten konnte.
Das Thema »Deutsche Kriegslokomotiven 1939–1945« bleibt also weiterhin ein interessanter und wichtiger Forschungsgegenstand. Nichtsdestoweniger werden sich alle zukünftigen Veröffentlichungen weiterhin an diesem Standardwerk von Dr. Alfred B. Gottwaldt messen lassen müssen.

Hartmut Lange
Programmleiter Verlag transpress

Vorbemerkung des Autors zur Ausgabe von 1996

Die Konstrukteure hocken
Gekrümmt in den Zeichensälen:
Eine falsche Ziffer, und die Städte des Feindes
Bleiben unzerstört.
(Brecht)

Die Geschichte der deutschen Kriegslokomotiven des Zweiten Weltkriegs umfaßt einen Zeitraum von mehr als 50 Jahren. Mit der Ausmusterung der letzten Fahrzeuge der Baureihe 52 bei den Bahnen in Osteuropa ist dieses Kapitel der Eisenbahngeschichte abgeschlossen, und nur ein paar Denkmals- oder Museumsmaschinen können noch greifbares Zeugnis geben von den Vorgängen, die in diesem Buch geschildert sind. Kriegslokomotiven sind diese Maschinen nur während eines Teiles ihrer Existenz gewesen, denn sie haben als robuste Friedenslokomotiven in den Fahrzeugparks vieler vom Kriege heimgesuchter Länder ebenfalls viel beigetragen zum Wiederaufbau des Eisenbahnwesens und der Wirtschaft.

Das anhaltende Interesse an der Geschichte dieser Kriegslokomotiven hat Verfasser und Verlag dazu bewogen, die seit 1970 in mehreren Auflagen bei der Franckh'schen Verlagshandlung herausgegebene Schrift der Öffentlichkeit nunmehr in der Reihe »Verkehrsgeschichte« wieder zugänglich zu machen. Bedeutsame Änderungen gegenüber der seinerzeitigen Ausgabe wurden, einige Aktualisierungen des Textes und des Bildteils ausgenommen, dabei nicht erforderlich, denn beachtenswerte neue Forschungsergebnisse zum Thema sind kaum feststellbar gewesen.

Die historischen Vorgänge sind nicht anonym zustande gekommen, sondern wurden von Politikern und Ingenieuren entschieden, ehe sie von Arbeitern und Eisenbahnern realisiert wurden. Deshalb wurde der Beschreibung von damals handelnden Personen einiger Platz eingeräumt. Diese Schrift beschäftigt sich mit Aspekten aus dem Reichsverkehrsministerium unter Julius Dorpmüller (1869 – 1945) und aus der Leitung der Deutschen Reichsbahn. Sie behandelt ferner die Einflussnahme aus dem Reichsministerium für Rüstung und Kriegsproduktion, also aus dem Ministerium von Albert Speer (1905 – 1981), dessen Arbeit seit seiner Entlassung aus der Spandauer Haft durch die Herausgabe seiner Erinnerungen und einer Vielzahl von Einzelstudien mit vermehrter Aufmerksamkeit betrachtet wurde. Der Lokomotivbau war von 1942 bis 1945 ein Teil im Verantwortungsbereich des Ministeriums Speer; er kann also nicht ohne Rücksicht auf den historisch-politischen Hintergrund der Technik gesehen und verstanden werden. Viele der hier beschriebenen Maschinen wurden mit Hilfe von Zwangsarbeitern und Kriegsgefangenen gebaut, viele Lokomotiven zogen Truppentransporte, Munitionszüge und Güterwagen mit Verfolgten.

Die Arbeit will auf der Grundlage dieser Tatsachen gelesen und verstanden sein. Es handelt sich dabei überwiegend um die Ergebnisse eigener Forschungen an den Originaldokumenten, zum Teil auch um die Berücksichtigung der jüngeren Literatur. Trotz der durch Geheimhaltung und spätere Verluste recht ungünstigen Quellenlage ist es gelungen, die kriegswirtschaftliche Organisation der Lokomotivindustrie sowie Technik und Produktion der Schienenfahrzeuge in den Jahren 1939 bis 1945 abschließend zu behandeln. Leider konnte der ursprüngliche Gedanke an eine umfangreichere Publikation von Dokumententexten wegen des großen Platzbedarfs eines solchen Unternehmens nicht weiterverfolgt werden, so daß in der Darstellung besonderer Wert auf eine präzise Dotierung aller Vorgänge aus den Akten gelegt wurde. Angesichts von Ergebnissen, die in bestimmter Hinsicht im Widerspruch zu einer weithin geübten Praxis stehen und deshalb auf den ersten Blick überraschen könnten, erschien es zweckmäßig, einen umfassenden Anmerkungsapparat anzufügen.
Angesichts dieses Umfangs und dieser Fülle des Themas musste während der Bearbeitung immer wieder gegen die Gefahr angegangen werden, der Verfasser und Leser gleichermaßen ausgesetzt sind, nämlich im betrachtenden Erfassen aller Typen durch einen Katalog bereits das Ziel dieser Schrift zu erblicken. Vielmehr sollte bei aller Genauigkeit im Detail versucht werden, Friedlosigkeit stets als Folge realer Herrschafts- und Machtinteressen bemerkbar zu machen, wie sie in ähnlicher Weise heute noch bestehen.

Aus der Reihe jener passionierten ersten Leser, die den Gedanken im Manuskript folgen, aber nicht bereit sind, ihren kritischen Eigensinn dabei aufzugeben, danke ich Kurt Ewald für seine Anregungen sowie besonders Friedrich Witte für seine abschließenden Korrekturvorschläge. Ohne die kontinuierliche Hilfe der Herren Karl-Heinz Buchholz, Theodor Düring, Werner Fricke, Adolph Giesl-Gieslingen, Manfred von Kampen, Alfred Klein-Wisenberg, Walter Kramer, Karl-Ernst Maedel, Richard Roosen, Paul Roth, Bernhard Schreiber, Ulrich Schwanck, Horst Troche und Ulrich Walluhn wären viele Daten und Unterlagen verborgen geblieben die sich nun im Buch befinden.
Weitere Unterstützung wurde mir von Mitarbeitern der Firmen Arn. Jung, Krauss-Maffei, Fried. Krupp, Orenstein & Koppel, Henschel, Simmering-Graz-Pauker und Voith sowie der Vereinigung Deutscher Lokomotivfabriken zuteil, ebenso vom Bundesarchiv Koblenz und Freiburg, und vom Imperial War Museum, London. Zahlreiche Dienststellen der Deutschen Bundesbahn sowie die Generaldirektionen fast aller europäischer Eisenbahnen machten vielfältiges Material zugänglich, das im folgenden seinen Niederschlag gefunden hat. Ihnen allen gehört mein Dank.

A. G.

Inhalt

Zahlen in eckigen Klammern verweisen auf das Quellen- und Literaturverzeichnis am Schluss des Buches. Bezeichnungen nach den Beschlüssen des Technischen Ausschusses beim Verein Mitteleuropäischer Eisenbahnverwaltungen vom 27. Mai 1936 (UIC-Kodex 612); DIN 30 051 gemäß Abschnitt A II des Merkbuchs (für Dampflokomotiven und Tender[7]).

Für Filmaufnahmen zeichnete die Reichsbahn 1944 die 52 4504 zur 52 1325[II] um. Auf dieser Aufnahme sind die richtige 52 1325 (rechts) und die »falsche« 52 1325 (links) zu sehen. (Foto: H. Maey, Slg. D. Endisch)

1 Entwicklungsgeschichte der Kriegslokomotiven

Schon kurze Zeit nach dem Bau der ersten Eisenbahnen in Deutschland wurde das Militär in den einzelnen Staaten darauf aufmerksam, daß sich mit dem neuen Verkehrsmittel nicht nur Reisende und Güter, sondern ebenso Truppen und Waffen viel rascher als bisher befördern ließen. Besonders in Preußen, wo Moltke schon in jungen Jahren Eisenbahnaktien erworben und einen ausführlichen Aufsatz über die Leistungsfähigkeit der Bahnen verfasst hatte, spielte der Schienenweg schon in den Kriegen von 1864 und 1866 eine gewisse Rolle. Der Deutsch-Französische Krieg von 1870 schließlich wies der Eisenbahn sowohl beim Aufmarsch wie auch bei der Versorgung der kämpfenden Soldaten bereits eine fest umrissene Aufgabe zu, zu deren Erfüllung in der Zukunft man an den Bau von strategischen Bahnen zwischen der Hauptstadt und den Grenzen, an die Aufstellung einer Eisenbahntruppe und an die Beschaffung von Heeresfeldbahnlokomotiven ging.

Viele Leser werden die Bilder aus den Anfangstagen des Ersten Weltkriegs kennen, als die Armee auf den Bahnhöfen der Heimat jubelnd und siegesgewiss den Weg an die Westfront antrat, und werden auch wissen, daß die Eisenbahn alsbald in den größten Schwierigkeiten steckte. Der Betrieb mit den vielen verschiedenen Typen von Lokomotiven, die von den Länderbahnen abgeordnet waren, geriet schon bei kleinen Schäden in Gefahr, weil die Zufuhr von Ersatzteilen aus dem Reich zu schleppend vor sich ging. Aber selbst bei dem in größerer Zahl vorhandenen und immer wieder nachgebauten preußischen Typ G 8[1], der als die eigentliche Kriegslokomotive jener Jahre zu bezeichnen ist, konnte man kein Teil ohne umständliche, zeitraubende Anpassarbeiten von einer Maschine zur anderen übernehmen, weil die Herstellung besondere Toleranzvorschriften für den Austauschbau nicht kannte. Da hierdurch viele Lokomotiven aus nichtigem Anlass abgestellt werden mußten, und da auch der Einsatz von Beutefahrzeugen diese Lücken nicht wieder schließen konnte, regten der preußische Minister der Öffentlichen Arbeiten und der Chef des Feldeisenbahnwesens den Bau eines einheitlichen Loktyps für alle Länderbahnen an. Es entstand in der Folge die bekannte Gattung G 12, die als »erste deutsche Einheitslokomotive« gilt. Für den Ablauf des Kriegsgeschehens kamen die ab August 1917 gelieferten Maschinen zu spät.

Die Schilderung dieser Vorgänge erfolgt so ausführlich, weil in der Schlussphase des Ersten Weltkriegs bereits viele Grundlagen für die Massenproduktion von Dampflokomotiven ein Vierteljahrhundert später geschaffen wurden: Die DIN-Normen entstanden, bald darauf wurde ein Loknormenausschuß gegründet, und mit dem Bau der neuen Reichsbahn-Einheitslokomotiven ab 1925 waren Typisierung, Austauschbau und Normung allein aus wirtschaftlichen Gründen unabdingbar.

Die Deutsche Reichsbahn während der Aufrüstung von 1935 bis 1939

»Die ersten Gedanken zur Schaffung einer Kriegslokomotive. die bei äußerster konstruktiver und fertigungstechnischer Vereinfachung allen Anforderungen eines harten Winters, einer schlechten Gleislage im Osten und der Bedienung durch wenig geschultes Personal gewachsen ist, gehen bis in den Frühherbst 1941 zurück.« Mit diesem Satz beginnt das in Teilen erhaltene Kriegstagebuch des Hauses Henschel & Sohn. Auch wenn dieses Tagebuchzitat das Bauprogramm der hier zu verfolgenden Dampflokreihen umreißt, so ist es doch zum Verständnis der gesamten Entwicklung bis zum Kriegsende unerlässlich, zuvor die Entwicklung der Reichsbahn seit der nationalsozialistischen »Machtergreifung« näher zu betrachten. Ihre Rolle im Rahmen der Aufrüstung wird in den meisten historischen Darstellungen übergangen oder zumindest unterbewertet[1].

1 Fast die gesamte in der Bundesrepublik erschienene Eisenbahnliteratur nimmt allzu leichtgläubig den technischen Fortschritt und einen gewissen Nationalismus als Triebkräfte für die Entwicklung bei der Deutschen Reichsbahn-Gesellschaft und der früheren Deutschen Reichsbahn an, ohne zu erkennen, daß diese Kräfte von

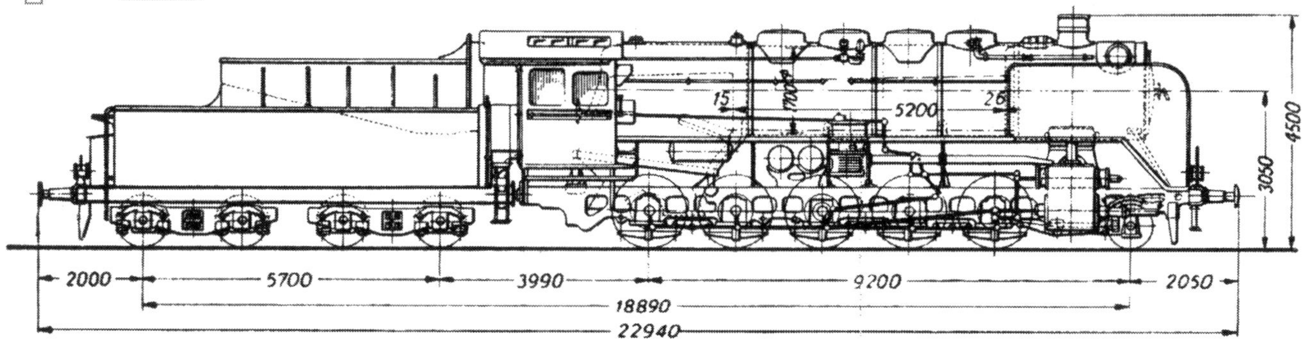

Die Regelausführung der leichten Güterzug-Baureihe 50 der Deutschen Reichsbahn enstand 1938. *(Skizze Henschel)*

Die Ursache hierfür ist einerseits darin zu sehen, daß die Eisenbahn in den dreißiger Jahren nicht mehr das einzige Transportmittel für militärische Aufgaben war wie noch 1914, und andererseits in dem großen Geschick, mit dem die Mehrzahl der Eisenbahner und die Öffentlichkeit über die wirklichen Gründe von Leistungssteigerungen bei der Bahn getäuscht werden konnten und sich täuschen ließen. Mit der Proklamation der Reichsregierung an das deutsche Volk vom 16. März 1935 und dem Gesetz über den Aufbau der Wehrmacht vom selben Tage hob Hitler die militärischen Bestimmungen des Versailler Vertrages einerseits auf und führte die allgemeine Wehrpflicht ein, nachdem schon in den zwei Jahren vorher eine heimliche Aufrüstung begonnen hatte. Deren Schwergewicht lag lange Zeit beim Automobil- und Flugzeugbau sowie bei der chemischen Industrie; im Verhältnis zu Luft und Straße blieben alle anderen Verkehrsträger zurück, weil sie als ungeeignet für den »schnellen Krieg« angesehen wurden. Damit war Hitler bereits wieder von seiner in früheren Schriften und Reden geäußerten Meinung abgerückt, daß im Rahmen von Wirtschaftsbelebung und Aufrüstung besonders Aufträge zur Verbesserung des Reichsbahn-Verkehrswesens vergeben werden sollte[2]. Die Ursache dieses Wandels war mit dem Wunsch nach Bevorzugung jener Industriellen verknüpft, welche seine Partei schon vor 1933 unterstützt hatten[3]. Außerdem sollte, wie auf dem Schlachtfeld der Panzer den Trupp einzelner Infanteristen zu verdrängen begann, auch beim Nachschub der beweglichere Lastwagen die Eisenbahn ablösen. Adolf Hitler ging hier, indem er seine Lehren aus dem Ersten Weltkrieg zog, die »Strategie des Blitzkriegs«[4] an, weil sie allein es Deutschland mit seinen geringen Reserven erlaubte, noch Krieg zu führen wie eine Großmacht. Beim Aufbau der Wehrmacht wurde deshalb Breitenrüstung statt Tiefenrüstung betrieben, also nach und nach ein relativ hoher Stand verfügbaren Kriegsmaterials statt eines umfangreichen Rüstungspotentials für eine längere Kriegsdauer hergestellt. So glaubte man, der Zivilbevölkerung das Elend ersparen zu können, das aus dem langen Krieg 1914 bis 1918 noch in Erinnerung war, und hoffte, den neuen Krieg ohne Einschränkung der Konsumgüterproduktion durchstehen zu können. Hitlers Ziel hieß »Kanonen und Butter«[5]. Selbst der Vierjahresplan, in dem die Einsatzfähigkeit der deutschen Armee und die Kriegsfähigkeit der deutschen Wirtschaft binnen vier Jahre, gerechnet vom August 1936 an, verlangt wurden[6], rückte die Reichsbahn nicht in den Vordergrund. Der Satz Moltkes, daß militärische Optionen Nachschubprobleme haben, wenn sie weiter als 100 km vom Endpunkt der Eisenbahn entfernt sind, schien in der politischen Spitze unbekannt und bei der Generalität als überholt abgetan zu sein. Als die Leitung der Reichsbahn über ihre Aufgaben im Kriege unterrichtet wurde, versuchte sie indes sehr wohl, nach dieser Regel zu handeln[7]. Der Staatssekretär im Verkehrsministerium,

den nationalsozialistischen Machthabern und ihren Vertretern an der Spitze der Reichsbahnverwaltung nur dazu mobilisiert wurden, um vor den Eisenbahnbeamten ihre Angriffspläne verbergen zu können und trotzdem die dazu erforderlichen Leistungen zu erhalten. In der DDR hat Heinz Wehner [45] diese Zusammenhänge wesentlich deutlicher herausgearbeitet.

2 Vgl. Eberhard Czichon: Wer verhalf Hitler zur Macht? – In: Blätter für Deutsche und intenationale Politik 11 (1966), S. 873 – 908 (907).

3 Vgl. George F. W. Hallgarten: Hitler und die deutsche Schwerindustrie. Zur Geschichte der Jahre 1918 – 1933. – In: Hitler,Reichswehr und Industrie. Band 13 der Sammlung »res novae«, Frankfurt am Main 1962, S. 79 – 126.

4 Dieser Begriff stammt von Alan S. Milward [23].

5 Milward [23] wandelt bewußt den von Heß geprägten Satz ab, weil er in der Originalfassung einen Versuch der Propaganda sieht, das Deutsche Reich als besser gerüstet darzustellen, als es den Tatsachen entsprach.

6 Milward [24], S. 29; Wagenführ (44), S. 16 – 24.

7 Wehner [45], S. 25. Als Leitung der Reichsbahn gelten hier der Generaldirektor, sein Stellvertreter und der Vorstand; ab 1937 der Verkehrsminister, der Staatssekretär sowie die Ministerialdirektoren der Eisenbahnabteilungen des Reichsverkehrsministeriums. Auf die Verantwortung, welche die höheren technischen Reichsbahnbeamten unterhalb dieser Ebene für die Aufrüstung und die Kriegsproduktion möglicherweise zu tragen haben, wird später noch einzugehen sein.
Beispiele dafür, wie sich auch die Wissenschaft dieser Aufgaben annahm, gibt es in großer Zahl: Otto Blum: Trassierungs Grundsätze für Eisenbahnen außerhalb der hoch-industrialisierten Gebiete. – In: Verkehrstechn. Woche 27 (1933), S. 537 u. 567; ders.: Die Bedeutung der Eisenbahn für die Kriegsführung mit Ableitung der besonderen Forderungen, die sich hieraus an die Privat- und Kleinbahnen ergeben. – In: Die Reichsbahn 13 (1939), S.897; Karl Förster: Verkehrswirtschaft und Krieg, Homburg 1937 (mit einer Rezension in: Die Reichsbahn 11 [1937], S. 858): Karl Justrow: Der technische Krieg im Spiegelbild der Kriegserfahrungen und der Weltpresse. Berlin 1938 (mit einer Rezension in: Die Reichsbahn 12 [1938], S. 770);

Die im Jahre 1938 entwickelte Dampflok-Baureihe 50 stand am Anfang der Entwicklung einer deutschen Kriegslokomotive. Bei der abgebildeten 50 1293, die im April 1941 von Schwartzkopff in Wildau bei Berlin unter der Fabriknummer 11 587 abgeliefert worden war, lassen sich noch keine Abweichungen von der Friedensausführung feststellen. (Werkfoto)

Wilhelm Kleinmann, drängte ab 1937 stets auf den Ausbau des Fahrzeugbaus und erhob die entsprechenden Stahlkontingentforderungen. Die begrenzten Stahlkontingente des »Dritten Reiches« waren in erster Linie der direkten Rüstungsproduktion zugute gekommen. Es zeigt nochmals die einstige Orientierung der nationalsozialistischen Machthaber an Kraftfahrzeug und Flugzeug, daß die Anträge zunächst sämtlich abgelehnt wurden. Die Industrie, der an den profitablen Aufträgen der direkten Rüstung weitaus mehr gelegen war, behandelte selbst die spärlichen Vergaben der Reichsbahn mit erheblichen Verzögerungen.

Es wäre jedoch falsch, angesichts dieser allgemeinen Vernachlässigung anzunehmen, die Aufrüstung sei vollkommen spurlos an der Eisenbahn vorübergegangen. Richtig ist vielmehr, daß dort gespart wurde, wo beträchtliche Zusatzausgaben notwendig gewesen wären, doch der Einsatz der vorhandenen Mittel richtete sich durchaus nach den neuen Aufgaben. So wurde die Ausrüstung der Strecken mit dem schweren Oberbau K 49 so vorgenommen, daß die Ost-West-Magistralen und der Anschluss des Ruhrgebiets zuerst an die Reihe kamen. Aus den erlassenen Verkehrssteuern wurde ein »Dorpmüller-Fonds« gespeist, aus dem Bahnbauten für Zwecke der Landesverteidigung finanziert wurden. Da moderne Lokomotiven in nennenswerter Zahl nicht beschafft werden konnten, wurde die Produktivität durch Beschleunigung des Wagenumlaufs aus den Rangierbahnhöfen und bei den Kunden gesteigert.[8] Die Nachrichtenanlagen zur Übermittlung der Betriebssituation nach Berlin wurden ausgebaut.

Am 2. November 1937 wurde als Verschlusssache die Dienstanweisung zur Durchführung der Militärtransporte im Höchstleistungsfahrplan ausgegeben, aus der sich ergab, wie im Fall einer Mobilmachung aus dem Stammfahrplan – der auf der Grundlage des Jahresfahrplans 1937/38 erstellt war – und dem Militärfahrplan der Höchstleistungsplan entstehen sollte. Zur gleichen Zeit berieten die Maschinentechniker der Reichsbahn über die konstruktive Durchbildung der letzten Lokomotivgattungen aus dem Typenprogramm von 1925, darunter über die als Ersatz der preußischen Güterzuglok G 10 gedachte Baureihe (BR) 50. In dem einschlägigen Schriftwechsel zwischen den Eisenbahnabteilungen des Reichsverkehrsministeriums und dem Fachausschuß-Lokomotiven[9] befindet sich verständlicherweise kein direkter Hinweis auf eine beabsichtigte Verwendung im Krieg.

Vogel und Geitmann: Reichsbahn und Luftschutz. – In: Die Reichsbahn 11 (1937), S. 1035; Zissel: Die Reichsbahn und die Westbefestigungen. – In: Die Reichsbahn 13 (1939), S. 628.

8 Wehner [45] S. 30 – 45.

9 Abgedruckt und besprochen bei Witte [46], S. 20.

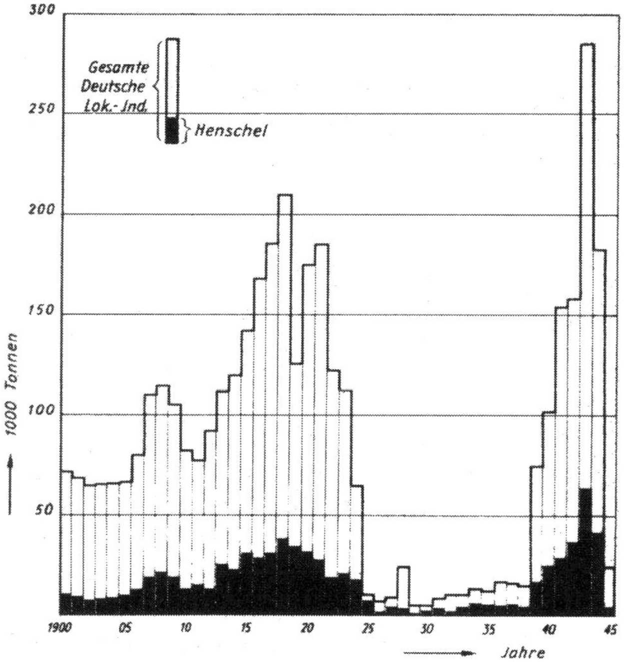

Gesamtlieferung der deutschen Lokomotivindustrie für das Inland in Tausend t Leermasse, dunkel abgesetzt darin der Anteil der Firma Henschel & Sohn in Kassel. *Skizze: Henschel*

Der neue Typ sollte jedoch einfach und wenig empfindlich sein, sollte auf schlecht unterhaltenen Gleisen verkehren können und auf die gelegentliche Befeuerung mit Braunkohlenbriketts eingerichtet werden. Man kam dieser Forderung durch einen aufgrund jüngerer Versuchsergebnisse etwas vergrößerten Stehkessel nach[10], schuf aber insgesamt mit der BR 50 eine vollkommen friedensmäßig ausgestattete Einheitslokomotive der üblichen Qualität, von der im April 1939 die ersten Exemplare in den Betrieb kamen. Es handelte sich um die erste Lokgattung der Reichsbahn, die von Anfang an mit Stahlfeuerbüchsen geliefert wurde, um Kupfer einzusparen.

Inzwischen war jedoch, ausgelöst durch die Rüstungstransporte im Altreich sowie durch die Abgabe von Reichsbahnloks in die Betriebswerke des annektierten Österreich und des Sudetengebiets, eine erhebliche Verkehrskrise eingetreten, die Göring am 14. Oktober 1938 zu dem Appell veranlasste, auf dem Verkehrsgebiet müsse sofort viel geschehen. Dabei waren noch Anfang 1938 rund 400 Lokomotiven und 82 500 der 571 000 Wagen betriebsbereit abgestellt gewesen, weil es an Verkehr fehlte. Minister Dorpmüller[11] forderte von der Industrie die Einhaltung ihrer Lieferfristen und ließ beim Reichsbahn-Zentralamt Berlin einen neuen Beschaffungsplan für Lokomotiven in der Hoffnung aufstellen, nun die erforderlichen Stahlkontingente zu erhalten. Der Jahresfahrplan 1939/40 wurde gegenüber dem Vorjahr wieder entspannt, um den Fahrzeugpark nicht zu überanstrengen, und um genügend Spielraum für die als Sonderzüge geführten Aufmarschbewegungen zu erhalten.

Im zweiten Vierjahresplan sollten bei der Reichsbahn Fahrzeug-Investitionen in Höhe von 3,5 Milliarden RM vorgenommen werden. Zwischen 1940 und 1943 waren 6000 Loks, 10 000 Personenwagen sowie 112 000 Güter- und Gepäckwagen zur Beschaffung vorgesehen. Allein zu Lasten des Haushalts 1940 sollten 1400 Dampfloks, 170 elektrische Lokomotiven, 400 Schnellzugwagen, 1600 Eilzugwagen, 27 500 Güterwagen und etwa 5000 Straßenfahrzeuge im Gesamtwert von 800 Millionen RM neu in den Fahrzeugpark eingestellt werden[12]. Dieses Beschaffungsprogramm wurde den Fabriken im März 1939 mitgeteilt[13]. In seine Bearbeitung waren seitens der Reichsbahn folgende Überlegungen eingegangen. Bei einem Bestand von 25 000 Stück und einer durchschnittlichen Lebensdauer der Loks von etwa 30 Jahren müssten jährlich 800 Maschinen beschafft werden, um diesen Abgang zu ersetzen. Da in den letzten Jahren ein solcher Ersatz nicht beschafft werden konnte, stand noch ein zurückgestauter Bedarf in Höhe von rund 5000 Einheiten zur Erfüllung an. Die vermehrten Transportaufgaben im Großdeutschen Reich verlangten nach weiteren 2000 Lokomotiven. Beide Posten sollten in den bevorstehenden zehn Jahren neben den zur planmäßigen Erneuerung benötigten Maschinen beschafft werden, so daß sich eine jährliche Quote von 800 + 500 + 200 = 1500 Stück ergab[14].

Vorläufig war der Plan mit 1300 bis 1400 Maschinen pro Jahr eher knapp bemessen. Bis 1943 war er bereits näher

10 Siehe unter Abschnitt. »Der Kessel der Baureihe 52«.

11 Julius Heinrich Dorpmüller (geb. 24. Juli 1869, gest. 5. Juli 1945), nach Bauingenieurstudium an der TH Aachen 1893 als Regierungs-Bauführer bei der Preußischen Staatsbahn. 1898 als Regierungs-Baumeister bei der Eisenbahndirektion Saarbrücken. 1907 übernahm er die Leitung des technischen Büros der Schantungbahn in der ostasiatischen Kolonie Kiautschou, bald darauf wurde er Chefingenieur der Kaiserlich Chinesischen Staatsbahnlinie Tientsin – Pukow. Nach Internierung und abenteuerlicher Flucht 1918 Feldeisenbahner, 1919 Baurat und Regierungsrat bei der Direktion Stettin, später in Essen Oberbaurat und Dezernent für Oberbau. 1922 zum Präsidenten der Reichsbahndirektion Oppeln ernannt, 1924 zum Präsidenten in Essen. Im Juli 1925 rückte er zum stellvertretenden Generaldirektor der Deutschen Reichsbahn-Gesellschaft, 1926 zum Generaldirektor auf. Nach der Eingliederung der Bahn in die Reichsverwaltung im Februar 1937 zum Reichsverkehrsminister berufen, nahm Dorpmüller dieses Amt bis zum Kriegsende ein, ebenso in der Regierung Dönitz. Aufgrund seiner Integrität und seiner fachlichen Autorität wurde er im Mai 1945 von den Alliierten mit dem Wiederingangsetzen der Eisenbahnen betraut. Bevor er sich dieser Aufgabe zuwenden konnte, starb er am 5. Juli 1945. Zu seiner Biographie siehe Alfred Gottwaldt: Julius Dorpmüller, die Reichsbahn und die Autobahn. Verkehrspolitik und Leben des Verkehrsministers bis 1945. – Berlin 1995.

12 Nach: Die Fahrzeugbeschaffungen der Deutschen Reichsbahn für 1940 bis 1943. – In: Organ f. d. Fortschritte des Eisenbahnwesens 94 (1939), S. 206.

13 Ausführlich dargestellt bei Stockklausner/Weinstötter[38]. S. 126–128; Griebl/Wenzl [15], S. 8.

14 Philipp: Die Leistungssteigerung der deutschen Lokomotiv-Industrie. – In: Die Lokomotive 36 (1939), S. 97.

bestimmt; von der leichten Güterzug-Baureihe 50 waren darin für 1940 600 Stück, für 1941 500 Stück, für 1942 100 Stück und für 1943 keine Lieferung mehr ausgewiesen. Unter den übrigen Gattungen befanden sich auch schwere Schnellzugmaschinen, Personenzugloks und Nebenbahnfahrzeuge, also für den Kriegseinsatz relativ unbrauchbare Typen, so daß der Plan als Indiz für die Unkenntnis der leitenden Reichsbahnbeamten von den deutschen Expansionsabsichten gelten könnte. Er muss jedoch als Dokument der Bereitschaft gesehen werden, auch in einem sich weiter vergrößernden Betriebsbereich den regulären Eisenbahnverkehr einzurichten, ist also noch Ausdruck der Blitzkriegsstrategie mit der Hoffnung auf eine kurze Dauer der Feindseligkeiten.

Als am 1. September 1939 die Wehrmacht ohne deutsche Kriegserklärung Polen überfiel, hatte die Reichsbahn am vorangegangenen Aufmarsch erheblichen Anteil. Für den unmittelbaren militärischen Einsatz standen 120 000 Lastkraftwagen im Feld. Schon die ersten Wochen des Zweiten Weltkriegs, in denen deutsche Sturzkampfbomber die polnischen Bahnhöfe und Eisenbahnbrücken zerstörten, zeigten die scheinbare Richtigkeit der Bevorzugung des Lastwagens. Sie zeigten aber auch, daß ein Land mit einem verwüsteten oder aus anderen Gründen unzureichenden Eisenbahnsystem in diesem Krieg keine Chance mehr hatte. Der Verkehr trat neben den Fragen der Rohstoffversorgung und der Arbeitskräfte als dritte Säule der Kriegswirtschaft in Erscheinung[15]. Schon wenige Wochen nach dem Beginn des Polenfeldzugs, im Winter 1939/40, spürte auch das Deutsche Reich die ungenügende Vorbereitung des Verkehrswesens auf den Krieg, als der dadurch bedingte Rückgang der Leistung im Bergbau auch Auswirkungen auf die Energieversorgung der ganzen Industrie gewann. Dieser neuerliche Engpass wurde auch von der Bevölkerung wahrgenommen und in den Lageberichten des Sicherheitsdienstes registriert[16]. Weil hiervon auch die Heeresrüstung betroffen war, wurde Anfang Dezember 1939 ein Vertreter des neuen Wehrwirtschafts- und Rüstungsamtes beim Chef OKW vorstellig, um größere Rohstoffkontingente für das Neubauprogramm der Eisenbahn zu verlangen. Der Antrag wurde jedoch abgelehnt, weil man nur mit einem kurzen Krieg zu rechnen habe, so daß der Lok- und Wagenbestand bis zu dessen Ende ausreichen müsse[17].

15 Janssen [20], S. 103, sieht in dieser Rolle des Verkehrswesens ein kriegswichtiges Moment, dessen Bedeutung erst Speer 1942 erkannte.

16 Heinz Beberach (Hrsg.): Meldungen aus dem Reich. Aus den geheimen Lageberichten des Sicherheitsdienstes der SS 1939–1944. – Neuwied 1965, S. 24 – 25; Thomas [42], S. 147.

17 Thomas [42], S. 198.

Lokomotivbau in den ersten beiden Kriegsjahren

Eine tiefergehende Krise ließ sich aber vermeiden. Auch beim Einmarsch deutscher Truppen in Dänemark und Norwegen sowie beim Westfeldzug 1940 war die Beanspruchung der Reichsbahn noch kaum größer als bei dem Angriff auf Polen. Wenn bis Anfang 1941 die im Beschaffungsprogramm vom März 1939 vergebenen Aufträge über 526 Loks der Baureihen 01^{10}, 03^{10}, 24, 41, 45, 64 und 81 wieder storniert und an ihrer Stelle die Quoten[18] der Baureihen 44, 50 und 86 vergrößert wurden, dann geschah dies weniger als Maßnahme zum Aufbau eines Parks an Kriegslokomotiven für künftige Ziele der Armee, denn als Reaktion auf die inzwischen eingetretene neue Lage. Der Fernreiseverkehr war durch Zulassungsbeschränkungen geschrumpft, während der Güterverkehr mit Material der Breitenrüstung und mit den Beutetransporten aus den besetzten Gebieten stark expandierte. Im Rahmen dieser neuen Lage kam es lediglich wieder zu einem veränderten Einsatz der vorhandenen Mittel, wie wir ihn bereits für die Vorkriegszeit festgestellt haben. Die Güterzuglokomotiv-Typen 41 und 45 waren wegen ihrer schon zu hohen Fahrgeschwindigkeit (90 km/h), ihrer 20-bar-Kessel und ihrer dadurch höheren Preise in dem neuen Programm nicht mehr vertreten. Soweit ihre Lieferungen aber bereits erheblich angearbeitet waren, wurden sie fertiggestellt und von der Reichsbahn 1941 noch abgenommen. Mit dem Überfall auf die Sowjetunion und dem raschen Vormarsch der deutschen Truppen im Sommer 1941 kamen auf die Reichsbahn vollkommen andere Probleme zu als in den ersten beiden Kriegsjahren. Hatte man in Polen und im Westen noch ein vergleichsweise intaktes Eisenbahnnetz vorgefunden, das mit gewissen Aufwendungen den deutschen Zwecken zunutze gemacht werden konnte, so war man nun mit der sowjetischen Breitspur und den von der Roten Armee selbst zerstörten Anlagen und Fahrzeugen darauf angewiesen, ein ganz neues Bahnsystem aufzubauen. Dazu wurden die wichtigsten Gleise der Hauptnachschubstrecken auf Normalspurweite umgenagelt und rollendes Material aus dem Netz der Reichsbahn zu den drei Feldeisenbahn-Direktionen der Wehrmacht abgegeben[19]. Der Betrieb kam jedoch

18 Vgl. für die Einzelheiten Griebl/Schadow [14], passim. Bei Stockklausner/Weinstötter [38], S. 216, sind daneben die Schnellzuglokomotiven 01 1206-1210 angegeben. Zur Geschichte der schweren Güterzuglock-Bauart siehe Peter Konzelmann: Die Baureihe 44. – Freiburg 1981; Manfred Weisbrod und Wolfram Brozeit: Baureihe 44. Ihr Weg durch sechs Jahrzehnte. – Berlin 1983. Zur leichteren Güterzuglok-Bauart siehe Jürgen Ebel und Hansjürgen Wenzel: Die Baureihe 50. Geschichte einer Unentbehrlichen. - Freiburg 1988. Zur Geschichte dieser Tenderlok-Bauart siehe Andreas Knipping: Die Baureihe 86. Das Arbeitstier für Nebenstrecken. – Freiburg 1987.

19 Dem Bau der russischen Eisenbahnen im 19. Jahrhundert mit der abweichenden Spurweite von 1524 mm lag schon die strategische Erwägung zugrunde,

nur sehr langsam in Gang, weil die Front inzwischen fast tausend Kilometer von der alten Reichsgrenze entfernt und man auf die Reparatur einer solchen Distanz nicht vorbereitet war. Demgegenüber wuchsen aber die Anforderungen an die Bahn, noch gefördert von der Festsetzung allzu optimistischer Transportleistungen in der Zeit der deutschen Siegesgewissheit, im Herbst 1941 sprunghaft an, als die beginnende Schlammperiode den Lastwagenverkehr einschränkte[20].

Oscar R. Henschel, Vorsitzer der Deutschen Lokomotivbau-Vereinigung und Sprecher der Lokomotivindustrie bei den Konstruktionsvorbereitungen zur Kriegslok in den Jahren 1941/42, bei der offiziellen Übergabe der Schnellfahrlokomotive 19 1001, Henschel-Fabriknummer 25 000, am 13. Juni 1941 in Kassel. (Foto: Henschel)

Der Konflikt zwischen dem Reichsbahn-Zentralamt und der Industrie, Ende 1941

Als deutlich wurde, daß die Eisenbahn mit ihrem damaligen Fahrzeugpark die verlangten Bewegungen nicht würde ausführen können, erhob das Oberkommando der Wehrmacht gegenüber allen Beteiligten die Forderung nach überhöhten Lieferzahlen von Lokomotiven und Wagen, um den Rückstand wieder aufzuholen. Unter den Beteiligten – Transportchef, Verkehrsministerium, Reichsbahn und Industrie – begann sogleich ein erbitterter Streit darum, wer die Verantwortung für die Mängel zu tragen habe. Das Reichsbahn-Zentralamt konnte wohl darauf verweisen, es habe sich über Jahre hinweg immer wieder um Stahlkontingente bemüht und sei bewusst übergangen worden, doch die Industrie ging wesentlich geschickter und zunächst erfolgreicher vor.

Der Vorsitzende ihres kartellartigen Interessenverbandes, der Deutschen Lokomotivbau-Vereinigung (DLV), Dr.-Ing. E. h. Oscar R. Henschel[21], brachte am 20. Oktober 1941 bei der Besprechung von Industrieführern mit der Leitung des Vierjahresplans ohne direkten Auftrag seitens der von ihm vertretenen Fabriken seine – bald sehr umstrittene – Meinung zum Ausdruck, daß die Werke bis zu 20 Prozent mehr Maschinen liefern könnten, wenn nur eine geeignete Konstruktion vorläge. Das RZA Berlin konstruiere zu teuer und zu aufwendig, es trage den Gesichtspunkten einer einfachen Fertigung nicht genügend Rechnung[22]. Rein formell betrachtet, war diese Angabe unrichtig, denn seit 1923 waren – auf der Grundlage allgemein gehaltener Firmenprojekte – die detaillierten Konstruktionsarbeiten für sämtliche Dampfloks der Reichsbahn in dem zentralen Vereinheitlichungsbüro (VB) der Fabriken unter Dipl.-Ing. Alfons

fremde Fahrzeuge an der Benutzung der Strecken zu hindern. Für die Leistungsfähigkeit ist weniger die Spurweite, sondern eher das Lichtraumprofil einer Bahn ausschlaggebend. Die Organisation und die Tätigkeit der Eisenbahn in der Sowjetunion beschrieben Pottgießer [30]; Eugen Kreidler: Die Eisenbahnen im Machtbereich der Achsenmächte während des Zweiten Weltkrieges. Einsatz und Leitung für die Wehrmacht und Kriegswirtschaft. – Göttingen 1975; Horst Rohde: Das deutsche Wehrmachtstransportwesen im zweiten Weltkrieg. Entstehung, Organisation, Aufgaben. – Stuttgart 1971; Klaus Schüler: Logistik im Russlandfeldzug. Die Rolle der Eisenbahn bei Planung, Vorbereitung und Durchführung des deutschen Angriffs auf die Sowjetunion bis zur Krise vor Moskau im Winter 1941/42. – (phil. Diss. Bonn 1987), Frankfurt am Main 1987.

20 Müller-Hillebrand [25], S. 18 und 55.

21 Oscar R. Henschel (geb 1. September 1899, gest. 9. Februar 1982) trat Ende 1924 als Nachfolger seines Vaters Karl Anton Th. F. Henschel an die Spitze der Kasseler Fabrik. Wegen der fehlenden Inlandsaufträge wandte er sich zunächst dem Exportgeschäft zu, richtete sich jedoch während der Weltwirtschaftskrise durch den Verkauf seiner Bergwerks- und Hüttenanlagen sowie durch den Erwerb von Lokomotivabteilungen und Quoten der Firmen R. Wolf (Hagans), Linke-Hofmann-Busch (gemeinsam mit Krupp) und Hanomag als wichtigster Maschinenlieferant der Reichsbahn mit 30 bis 40 Prozent Marktanteil ein. Daneben begann er mit dem Bau von Lastkraftwagen, Omnibussen, Baumaschinen und Flugzeugen. Ende der dreißiger Jahre sicherte er sich die Kontrolle über die Wiener Lokomotivfabrik AG und die Oberschlesischen Lokomotivwerke Kattowitz AG in den vom Deutschen Reich annektierten Gebieten. Nach dem Zweiten Weltkrieg eröffnete er außerdem die Produktion von Turbinen und Plantagenmaschinen, musste das Unternehmen jedoch 1957 wegen wirtschaftlicher Schwierigkeiten verlassen. Siehe auch LOK-MAGAZIN 114 (1982), S. 238.

22 Witte [46], S. 8.

Meckel[23] ausgeführt worden, das seine Entstehung auch dem Wunsch nach Einsparung dieser Abteilungen bei den einzelnen Unternehmen zu verdanken hatte. Es war bereits am 1. Oktober 1922 unter der Leitung von August Meister eröffnet worden. Dem Büro wurden die Bedingungen der Bahnverwaltung durch den Bauartdezernenten im Reichsbahn-Zentralamt, Richard Paul Wagner, vermittelt. Tatsächlich waren diese Bedingungen aber so bestimmt, daß sich das VB streng nach ihnen richten musste, wenn nicht die Herstellung der Zeichnungen auf das RZA übergehen sollte[24]. Die Reichsbahn war hierbei der Auffassung, daß sie die Entscheidung über ihre Betriebsmittel nicht deren Produzenten überlassen könne, und musste sich insofern auch die Verantwortung für die Konstruktion anlasten lassen.

Durch Henschels Vorstoß bei einer politischen Instanz konnten sich zahlreiche langgediente und bewährte Beamte in der Reichsbahn-Hierarchie angegriffen fühlen, zu deren Zuständigkeit die Bereitstellung von Traktionsmitteln für den Bahnbetrieb zählte: Im Reichsverkehrsministerium (zugleich Hauptverwaltung der Reichsbahn) leitete Werner Bergmann (1877 – 1956) seit 1936 die maschinentechnische Abteilung, in welcher der Fahrzeugreferent Karl Günther (1888 – 1945?) die Anforderungen des Ministers an die Konstrukteure formulierte. Diese saßen im Reichsbahn- Zentralamt Berlin, das seit 1936 von Curt Emmelius (1882 – 1968) dirigiert wurde. Die Kritik richtete sich aber in erster Linie gegen den »Lokomotivpapst« der Reichsbahn, den Abteilungspräsidenten Wagner. Unter seinem autoritären Stil hatte die Industrie seit fast zwei Jahrzehnten gelitten; seine Verdienste um Normung und Typisierung der Einheitslokomotiven von 1925 waren mittlerweile etwas verblasst.

Die Frage der Konstruktion wurde zum Dauerthema der folgenden Monate. Man stritt sich darum, ob die Lieferzahlen wirklich eher von der konstruktiven Qualität einer Lokomotive als von der Rationalisierung im Fertigungsprozess und der Kontingentierung mit Stahl und anderen Metallen abhängig seien. Der DLV-Vorsitzer Henschel und die Reichsbahn bezogen hier vollkommen gegensätzliche Standpunkte, obwohl allgemeine wirtschaftstheoretische Erhebungen inzwischen ergeben hatten, daß durch gewisse konstruktive Maßnahmen aufgrund verringerter Ansprüche die Massenproduktion von Rüstungsgütern in unverhältnismäßiger Weise zu steigern war. Während zur Erfüllung einer bestimmten Spezifikation zu 100 Prozent ein Aufwand von gleichfalls 100 Prozent betrieben werden musste, erforderte die Erfüllung zu 90 Prozent häufig nur 60 Prozent an Aufwand in den Fabriken.

Köpfe der Lokomotivkonstruktion: Bauartdezernent Richard Paul Wagner (3. von rechts) und der Chef des Vereinheitlichungsbüros, Alfons Meckel (2. von rechts), bei einer Probefahrt mit der Personenzug-Lokomotive 23 002 im Herbst 1941. (Foto: Schwanck)

Diese Überlegungen bestimmten auch die Anregungen, die auf der Sitzung des technischen Ausschusses der Lokomotivbau-Vereinigung am 7. November 1941 besprochen wurden. Dort schlug man vor, die BR 44 und 86 zugunsten der BR 50 aufzugeben. In der anschließenden Diskussion um eine vereinfachte BR 50, als Henschel ausführte (erneut nicht ganz unwidersprochen), daß sich mit 1 000 000 produktiven Lohnstunden zum Beispiel 81 Loks des alten preußischen Typs G 10, aber nur 56 Loks der BR 50 bauen ließen, erklärte sich Borsig demonstrativ bereit, sofort wieder die G 10 zu bauen (obwohl, wie sich bald herausstellte, das Werk keine einzige Vorrichtung, kein Kümpelgesenk usw. mehr dafür besaß).

23 Dipl. Ing. Alfons Meckel (geb. 16. April 1896, gest. 30. November 1974) war bereits im September 1923 von der Maschinenbaugesellschaft Karlsruhe kurz zum VB gekommen, hatte dann im Normenbüro bei der Schaffung der Normenwerkzeichnungen mitgearbeitet und war 1930 als Nachfolger Metzeltins Geschäftsführer des Lokomotiv-Normenausschusses geworden. Gleichzeitig leitete er von 1930 bis 1939 gemeinsam mit Oberingenieur Ludwig das VB, dem er ab 1940 allein vorstand. Zwischen 1947 und 1958 führte er wiederum die Geschäfte des Normenausschusses. Vgl. DIN Mitteilungen 40 (1961), S. 272; Pfeifer/Zickler (27), passim.

24 Wie wenig die Industrie oftmals in konstruktiven Grundfragen auszurichten vermochte, lässt sich auch an dem Streit um die Einführung der Verbrennungskammer erkennen, den Adolf Wolff und die Borsig Lokomotiv-Werke über ein Jahrzehnt lang ohne Erfolg führten. Die Baugrundsätze von 1925 waren inzwischen zu Fesseln der Entwicklung geworden.

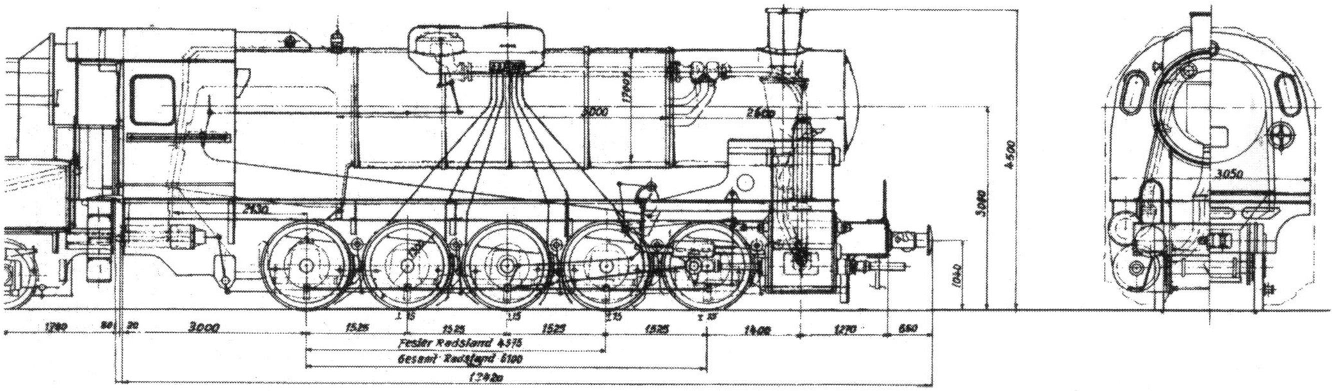

Gegenüber dem ersten Entwurf der Wiener Lokfabrik zur laufradsatzlosen Kriegslok vom Oktober 1941 hat diese »zweite Fassung« des Projekts nur noch einen Sandkasten. (WLF-Zeichnung Nr. 1824b vom 5. Dezember 1941)

Am 14. November 1941 teilte Oscar R. Henschel dem Verkehrsminister Julius Dorpmüller zur Erhöhung der jährlichen Lokomotivproduktion um 20 Prozent von 1500 auf 1800 Stück mit, daß dazu die Vergebung 1942/II durch ein neues Lieferprogramm ersetzt werden müsste, nach dem jede Firma nur noch eine der Reihen 44 und 50 produzieren dürfte, die sie nach Vergebung 1942/I schon in Auftrag hatte. Ab 1943 dürfte nur noch ein Typ im Leistungsprogramm der BR 50 gefertigt werden, dessen Baupläne die DLV bis zum Jahresende 1941 vorlegen wollte.

Entwürfe einfacher Lokomotiven für Kriegszwecke

In den folgenden Tagen konzentrierten sich die Besprechungen in der DLV auf das Ziel, der Industrie künftig wieder einen größeren Einfluss bei der Planung von Reichsbahnlokomotiven zu erstreiten. Der Krauss-Maffei-Direktor und Landesbaurat H. G. Krauss aus München erklärte, daß der Weg zu einer Kriegslok die seltene Gelegenheit böte, in der bisherigen Handhabung der Entwurfsarbeiten eine grundsätzliche Wandlung zu schaffen. In der Mobilisierung des Vierjahresplans als einer der Partei nahestehenden Institution besäße man ein Mittel, die bei den Nationalsozialisten wegen ihrer Beamtentraditionen relativ wenig geschätzten Reichsbahn-Techniker in die Enge zu treiben.

Um die nun von Reichsbahn und Industrie erwarteten Lieferzahlen besser bewerten zu können, bieten die Zahlen für das Jahr 1941 eine gute Grundlage. Damals bezog die Deutsche Reichsbahn:

Baureihe 44	412 Stück
Baureihe 45	22 Stück
Baureihe 50	847 Stück
Baureihe 86	77 Stück
Baureihe 03^{10}	18 Stück
Baureihe 41	15 Stück
Baureihe 97^{4}	2 Stück
Baureihe E 44	11 Stück
Baureihe E 94	26 Stück

Neben diesen 1430 Reichsbahnloks wurden 1941 für industrielle Abnehmer weitere 530 Lokomotiven unterschiedlicher Bauarten hergestellt, so daß die deutsche Jahresgesamtlieferung 1960 Stück umfasste. Am 24. November 1941 wurde zur Deckung des inzwischen auf 3000 Lokomotiven pro Jahr (!) festgesetzten künftigen DR-Bedarfs schon die Entwicklung einer vereinfachten BR 50 beschlossen, die zur Ermöglichung von Großserien dann auf Jahre hinaus nicht mehr verändert werden sollte. Dieser Entschluss berücksichtigte bereits den Führererlass zu Rationalisierung und Massenproduktion, der am 3. Dezember 1941 verkündet wurde. Er verdankte seine Entstehung der Erkenntnis Hitlers, daß mit der Dauer des Russlandfeldzuges über den Winteranfang hinaus das Konzept des Blitzkrieges ausgedient hatte und es höchste Zeit war, von der Breiten- auf eine Tiefenrüstung überzugehen. Mit großer Hektik musste der bereits seit dem 17. März 1940 amtierende Reichsminister für Bewaffnung und Munition, Fritz Todt, nun den Aufbau eines größeren Rüstungspotentials betreiben[25].
Im Reichsverkehrsministerium hatte man inzwischen angeordnet, daß das in Fragen der neuen Lokomotivkonst-

25 Milward [24], S. 28, sieht eine allmähliche Ablösung vom Blitzkriegskonzept zwischen dem Beginn des Zweifrontenkrieges und der Wiedereroberung von Rostow durch die Rote Armee am 26.November 1941. Wagenführ [44]. S. 34, nennt als Ursachen hierfür die nicht gelungene Einkesselung Moskaus, den früh einsetzenden Winter und die erheblichen Frontzurücknahmen.

ruktion als befangen angesehene Zentralamt die Firmenprojekte nicht bearbeiten sollte. Zur Überprüfung der von den Lokfabriken aufzustellenden Vereinfachungsvorschläge wurden vielmehr Ausschüsse verschiedener Zusammensetzung aus Betrieb und Werkstatt ernannt. Dort wurde das Modell, für das die Deutsche Lokomotivbau-Vereinigung 276 Vereinfachungen und eine Arbeitszeit-Ersparnis von 13,2 Prozent errechnete, am 6. Dezember 1941 eingereicht. Ein Bericht des Ausschusses der Reichsbahn-Oberräte Friedrich Rünzi, Joachim Stutterheim und Friedrich Witte vom 10. Dezember 1941, der hier nur 477 Stunden Ersparnis feststellte (also bei weitem nicht die 20 Prozent), wurde von der Industrie wiederum zwiespältig aufgenommen und hatte die Suche nach weiteren Vereinfachungsvorschlägen zur Folge. Inzwischen regte die DR eine Arbeitsgemeinschaft aus Firmenvertretern und RAW-Direktoren zu Kriegslokfragen an, die in der gemeinsamen Sitzung des RVM und der Lokwerke vom 17. Dezember 1941 (wohl wegen der Umgehung des RZA) sehr begrüßt wurde. Am selben Tag wurde das vor-aussichtliche Programm für 1943 bekanntgegeben: BR 44-360 Stück, BR 50-1440 Stück, BR 86-100 Einheiten; daneben BR 42-100 Stück und BR 83 (1'E 1' als Ersatz der pr T 14, T 16)-100 Stück. In der anschließenden Sitzung des Technischen Ausschusses der DLV wurde das Leistungsprogramm der Kriegslok bekanntgegeben, 850 t mit einer mindestens 10 Prozent über der für Militärgüterzüge vorgeschriebenen Vmax liegenden Geschwindigkeit zu befördern. Eine E-gekuppelte Lok (G 10) wurde deshalb nicht für durchführbar gehalten.

Bis zum Herbst 1942 standen den deutschen Feldeisenbahntruppen fast nur leichte preußische Lokomotiven einfacherer Konstruktion zur Verfügung, deren Armaturen durch Holzverkleidungen vor Frost geschützt werden mussten. Diese Personenzuglokomotive der Gattung P8, Nummer 38 3996, war ein Nachbau des Jahres 1923 von Schichau. Während ihres Einsatzes beim Feldbahn-Betriebswerk Orscha Ost war sie auf einem von Partisanen unterbrochenen Gleisstück entgleist. Nach der Zuführung von Kriegslokomotiven der Baureihe 52 konnten die meisten P 8 wieder zur Reichsbahn abgegeben werden.
(Foto: Sammlung Kläschnen)

»Die Außentemperaturen fielen auf dem östlichen Kriegsschauplatz schon im Dezember 1941 auf -35 °C und sanken im Januar 1942 auf -42 °C ab [...]. Die Bauart der deutschen Lokomotiven war für diese Temperaturen ungeeignet, ihre Kolbenspeisepumpen, Vorwärmer und alle offen verlegten wasser- und ölführenden Leitungen waren zu frostempfindlich. Auch die deutschen Dampfstrahlpumpen erwiesen sich als zu fein und nicht so robust wie die russischen. Aus der Heimat nachgeführte Lokomotiven hatten häufig schon beim Eintreffen in Brest Frostschäden und waren nicht mehr einsatzbereit. Nur 20 Prozent der notwendigen wintersicheren Lokomotivstände waren vorhanden. Austauständе fehlten. Die Ausfälle an Lokomotiven waren katastrophal und betrugen 70 Prozent, stellenweise sogar noch mehr«[26].

26 Pottgießer [30], S. 33 – 35, Müller-Hillebrand [25]. S. 27 und 57; Otto Wehde-Textor: Die Leistungen der Deutschen Reichsbahn im zweiten Weltkrieg. – In: Archiv f. Eisenbahnwesen 71 (1961), S. 8.

Eine große Transportkrise war die Folge; Ausrüstung für die gleichfalls nicht auf den Winter eingestellte Truppe kam kaum noch an die Front. Selbst die dringlichsten Rüstungstransporte konnten zeitweise nur zu 30 Prozent bedient werden[27]. Hitlers Vertrauen in die Reichsbahn war erschüttert[28]. Zur Jahreswende 1941/42 verstärkte sich deshalb der Einfluss des Militärs auf die Lokomotivbeschaffungen merklich: Das OKW forderte noch für 1942 eine frostsichere Kriegslok; am 7. Januar 1942 räumte der Reichsmarschall (mit Erlass vP 306/42 Geheim) dem Lokbau Vorrang vor allen anderen Rüstungsprojekten außer der Mineralölindustrie ein. Auch der Führerbefehl »Rüstung 1942« vom 10. Januar 1942 folgte dieser Linie und verpflichtete Todt, die Verantwortung für Entwicklung und Produktion in noch stärkerem Maße den Betriebsleitungen selbst zu übertragen. Den Lokfabriken sollte hinsichtlich der Konstruktion einer Kriegslokomotive völlig freie Hand gelassen werden, wodurch Richard Paul Wagner, der unbequeme Bauartdezernent des RZA Berlin, in seinen Rücktrittsabsichten be-

27 Thomas [42], S. 293.

28 Picker [28], S. 44, mit einer Anmerkung von Hillgruber: »Nicht die Eisenbahn versagte im Winter 1941/42, sondern Hitler hatte, in dem Gedanken befangen, bis zum Winterbeginn die Sowjetunion niederringen zu können, es unterlassen, rechtzeitig für den Winter in Russland Vorsorge zu treffen.«

Für den Wintereinsatz wurde die ehemals preußische Länderbahnlokomotive 57 2191 der Gattung G 10 probeweise mit Frostschutzverkleidung und Zusatztender ausgerüstet. Aufnahme im Herbst 1940 in Berlin-Grunewald. (Foto: Maey)

stärkt wurde. Sein Lebenswerk, die Schaffung der Einheitslokomotiven, war durch den Krieg und die Stornierungen ohnehin beendet[29].

Bei der DLV gingen nun Entwürfe zur vereinfachten BR 50 sowie Projekte zur reinen Kriegslok ein, von denen am 6. Februar 1942 dem Verkehrsministerium die 1'E-Pläne von Borsig, Esslingen, Henschel, Jung, Krauss-Maffei, Maschinenbau-Bahnbedarf und von Schichau sowie Entwurf Nr. 1836 der Wiener Lokfabrik vorgelegt wurden. Die Wiener Lokomotivfabrik gehörte zum Konzernbereich der Henschel-Werke, so daß ihre Aktivität auf diesem Gebiet nicht von ungefähr entstand. Ihr Projekt enthielt einen 1'E-Typ mit 1400 mm Kuppelraddurchmesser und eine E h2-Lok mit 1300-mm-Rädern, in die nach Wiederkehr normaler Verhältnisse noch ein führender Laufradsatz eingebaut werden sollte. Dieser mit Beugniothebeln ausgestattete Fünfkuppler hatte jedoch nur dann Aussicht auf Annahme, wenn er mindestens 65 km/h als Höchstgeschwindigkeit erreichte.

Die Frage, ob man die neue Lok mit dem bei Reichsbahnloks üblichen Barrenrahmen oder mit dem 1925 aufgegebenen Blechrahmen ausstatten sollte, blieb weiterhin offen, doch waren Esslingen, Henschel, Krupp, Maschinenbau-Bahnbedarf und Schwartzkopff wohl nur mit Schwierigkeiten in der Lage, wieder zum Blechrahmen überzugehen. Daher wurde vorgeschlagen, daß sie nur die BR 42, 44 und 83 sowie eine an Kessel, Lenkgestell und Steuerung vereinfachte BR 50 weiterbauen sollten, während die anderen Firmen eine Blechrahmen-Kriegslok liefern könnten. Wegen der großen Arbeitszeitersparnis (14 Prozent) und der Verringerung des Kontingentgewichts (20 t) gegenüber der BR 50 wurde die E-h2-Maschine der WLF einer stark vereinfachten Kriegs-BR 50 (Ersparnis-

29 Dr.-Ing. E. h. Richard Paul Wagner (geb. 25. August 1882, gest. 14. Februar 1953) erfuhr seine Ausbildung im Maschinenbau an der TH Charlottenburg und nahm 1906 seine Arbeit bei der Preußischen Staatsbahn auf, die ihm eine Studienreise nach England ermöglichte. Die mit Auszeichnung bestandene Prüfung zum Regierungsbaumeister wurde durch einen Aufenthalt in den Vereinigten Staaten als Staatspreis gewürdigt. Während des Ersten Weltkrieges stand er im Feldeisenbahndienst und leitete die Maschinenämter von Sedan, Conflans und Lille; deshalb mehrfach ausgezeichnet. Nach Kriegsende war er mit der Abwicklung des Militärbahnwesens beschäftigt. 1920 wurde er zum Vorstand des Lokomotiv-Versuchsamtes Grunewald, 1922 als Nachfolger von Oberbaurat H. Lübken zum Bauartdezernenten im Zentralamt Berlin ernannt. Dort legte er in den folgenden Jahren als Baugrundsätze für die Einheitslokomotiven der Deutschen Reichsbahn den Austauschbau, die Zweizylinder-Dampfmaschine mit einstufiger Dampfdehnung und den Langrohrkessel fest, nach denen über 20 Typen vom Vereinheitlichungsbüro der Lokfabriken konstruiert wurden. Ferner betrieb er die Erprobung von Hochdruck-, Mitteldruck-, Kohlenstaub- und Turbinenlokomotiven sowie die Einführung der Klein- und Motorlokomotiven. 1935 wurde er zum Direktor bei der Reichsbahn, 1938 zum Abteilungspräsidenten befördert, 1942 erhielt er das Kriegsverdienstkreuz, ehe er unter dem Druck Degenkolbs zurücktrat. 1946 forderten ihn die britischen Besatzungsbüros als Beschaffungsdezernenten im Rang eines Ministerialdirektors für die Bizonen-Eisenbahn nochmals an, bis er 1947 endgültig pensioniert wurde. Von 1948 bis zu seinem Tode war er Vorsitzender des Lokomotiv- Normenausschusses, dem er bereits seit 1920 angehört hatte. Vgl. auch Organ f. d. Fortschritte des Eisenbahnwesens 97 (1942), S. 405 – 406; Glas. Ann. 77 (1953) , S. 62 – 63; Die Lokomotive 4 (1942), S. 159. Zu seiner Biographie siehe Alfred Gottwaldt: Geschichte der deutschen Einheitslokomotiven. Die Dampflokomotiven der Reichsbahn und ihre Konstrukteure. – Stuttgart 1978.

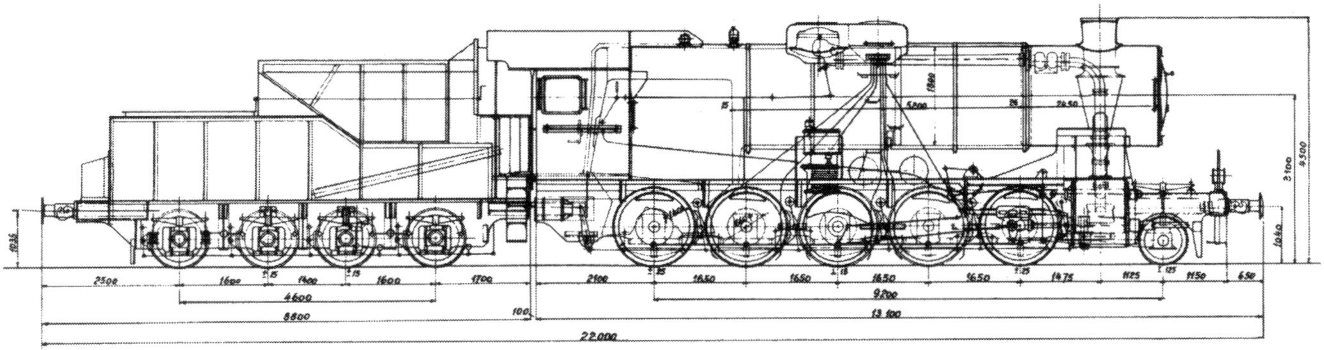

Entwurf der Wiener Lokomotivfabrik zur vereinfachten Güterzuglokomotive für Kriegszwecke; Ausführung mit Laufgestell.
(WLF-Zeichnung Nr. 1836 vom 24. Januar 1942)

Tabelle 1: Hauptabmessungen ausgewählter Entwürfe zur Kriegslokomotive

		WLF Eh2 (1834 b)	WLF 1'Eh2 (1836)	Jung 1E' h2 (2460)
Zylinderdurchmesser	mm	580	600	640
Kolbenhub	mm	660	660	620
Laufraddurchmesser	mm	-	850	850
Treibraddurchmesser	mm	1300	1400	1300
Fester Achsstand	mm	4575	3300	4650
Gesamtachsstand	mm	6100	9200	7800
Achsstand Lok + Tender	mm	15 500	17 700	17 690
Länge über Puffer	mm	21 320	22 000	22 740
Kesseldruck	bar	16	16	14
Rostfläche	m^2	3,6	4,0	3,9
Strahlungsheizfläche	m^2	13,5	15,0	...
Rauchrohrheizfläche	m^2	50,71	61,53	...
Heizrohrfläche	m^2	113,39	131,24	...
Verdampfungsheizfläche	m^2	177,60	207,77	182,0
Überhitzerheizfläche	m^2	51,60	56,17	60,5
Dienstmasse	t	76,8	86,0	84,4
Leermasse	t	69,5	77,6	76,2
Reibungsmasse	t	76,8	ca. 75	74,5
Indizierte Zugkraft	kN	164	163	176
Höchstgeschwindigkeit	km/h	65	80	70

Zugkräfte der WLF-Loks für 0,60 p, der Jung-Lokomotive für 0,65 p berechnet.

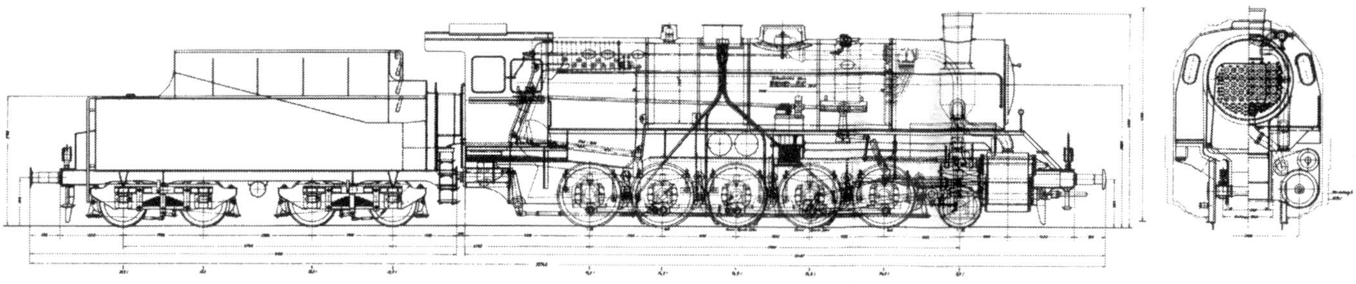

Daneben legte die Lokomotivfabrik Jung auch ein Projekt mit kurveneinstellbaren Laufradsatz (Adams-Achse) vor.
(Jung-Zeichnung Nr. 2460 vom 16. Januar 1942)

se 10 Prozent bzw. 5 t) in der Sitzung des technischen Ausschusses der DLV vom 13. Februar 1942 vorgezogen, doch lehnte H. G. Krauss sie in der Sitzung im RVM am 4. März 1942 wieder ab. Dort wurde vielmehr beschlossen, sofort mit der Vereinfachung der BR 50 zu beginnen, um den Lokausstoß 1942 wenigstens noch um 15 Prozent zu steigern.

Die Gründung des Hauptausschusses Schienenfahrzeuge beim Reichsminister für Bewaffnung und Munition

Bei den Vorbereitungen der Sommeroffensive 1942 im Osten über die großen Entfernungen von der Heimat zur Front und umgekehrt gingen die Transporte fast ausnahmslos über die Eisenbahn. Schiffstransporte entlasteten den Nordflügel geringfügig, Kraftfahrzeug- und Lufttransporte fielen mengenmäßig nicht ins Gewicht[30]. Am 5. März 1942 befanden sich der Verkehrsminister Dorpmüller und der neue Minister für Bewaffnung und Munition, Professor Dipl.-Ing. Albert Speer, der am 9. Februar die Nachfolge des tödlich verunglückten Fritz Todt angetreten hatte, im Führerhauptquartier[31]. Speer erläuterte die weiterhin bestehende Transportkrise, wurde darin von Dorpmüller aber nur zurückhaltend unterstützt, so daß Hitler sich der optimistischeren Beurteilung anschloss. Dabei lag schon eine nennenswerte Zahl von Rüstungsbetrieben wegen der fehlenden Versorgung mit Rohstoffen und Halbfertigteilen still[32]. Daher wurde in der Folge dieser Konferenz die für die Reichsbahn wichtigste Entscheidung des ganzen Krieges getroffen. Speers Aufgabe war die Durchsetzung der Breitenrüstung, die tatsächliche Verwirklichung des Satzes »Kanonen statt Butter«. Er wurde deshalb mit der Ausführung des »Führerprogramms« betraut, das den Bau von 15 000 Kriegslokomotiven, innerhalb von zwei Jahren zu je 7500 Stück, zum Inhalt hatte. Damals ging man davon aus, daß eine Monatslieferung der deutschen Industrie von 500 Loks gegen Ende 1944 erreicht sein würde. Am 7. März 1942 schloss Speer mit Dorpmüller eine Vereinbarung ab, die den Fahrzeugbau für die Reichsbahn teilweise in die Rüstungsproduktion integrierte. Sie lautete[33]:

»1. Der Lokomotivbau und Waggonbau wird im Rahmen der Wehrmachtsfertigung vom Reichsminister für Bewaffnung und Munition gesteuert.
2. Es wird ein Hauptausschuss für Schienenfahrzeuge errichtet, der sich in je einen Sonderausschuss für Lokomotiven und einen für Waggons und sonstige Schienenfahrzeuge gliedert. Die Sonderausschüsse werden alle Maßnahmen hinsichtlich Vereinfachung der Konstruktion und der Fertigung selbstverantwortlich treffen. Sie werden aus Ingenieuren bestehen, die über besondere Kenntnisse in neuzeitlichen Fertigungsmethoden verfügen. Hierzu werden bewusst auch Ingenieure, die frei von allen Ge-

30 Müller-Hillebrand [25], S. 55.

31 Albert Speer (geb. 19. März 1905, gest. 1. September 1981) nahm nach dem Studium der Architektur in Karlsruhe, München und Berlin 1927 eine Assistentenstelle an der TH Charlottenburg an. 1932 trat er der NSDAP bei, die ihn 1933 mit einigen Umbauten in Berlin und hierauf als Amtleiter für die technische und kulturelle Ausgestaltung von Großkundgebungen beschäftigte. Architekt der Kulissen und des Geländes für die Nürnberger Parteiloge sowie einer Reihe öffentlicher Gebäude. 1937 Beauftragter für Bauen im Stab des Führers und Generalbauinspektor für die Reichshauptstadt, Leiter zahlreicher Bauprojekte der Regierung, etwa der Reichskanzlei. 1938 zum preußischen Staatsrat und Professor ernannt, in den ersten Kriegsjahren Konzentration auf die Planungen für den Umbau Berlins. 1942 zum Nachfolger Todts als Reichsminister für Bewaffnung und Munition, Generalinspektor für das deutsche Straßenwesen und Generalinspektor für Wasser und Energie berufen. In diesem Amt allmählich verantwortlich für die gesamte Rüstung und Kriegsproduktion des Deutschen Reiches. Im Nürnberger Prozess 1946 wegen Beteiligung am Raub öffentlichen und privaten Eigentums und am Zwangsarbeiterprogramm zu 20 Jahren Haft in Spandau verurteilt; 1966 entlassen. Vgl. auch Mathias Schmidt: Albert Speer. – Das Ende eines Mythos. München 1982; Gitta Sereny: Das Ringen mit der Wahrheit. Albert Speer und das deutsche Trauma. – München 1995.

32 Thomas, [142], S. 359 – 363

33 Zitiert nach Witte [46], S. 10.

Die Herren des Kriegslokomotivenprogramms am 3. Juli 1943 in Babelsberg. Von links: Staatsekretär Albert Ganzenmüller vom Verkehrsministerium, Hauptamtsleiter Karl-Otto Saur vom Rüstungsministerium, Reichsverkehrsminister Julius Dorpmüller, Rüstungsminister Albert Speer und Direktor Gerhard Degenkolb vom Hauptausschuss Schienenfahrzeuge. (Foto: Archiv)

wohnheiten und sogenannter Betriebsblindheit sind, aus anderen Fertigungsgebieten herangezogen.
3. Der Hauptausschuss wird von einem Vorsitzer geleitet, den der Reichsminister für Bewaffnung und Munition bestimmt.
4. Der Hauptausschuss ist frei von jeder Bindung an das Reichsbahn-Zentralamt und das Reichsverkehrsministerium. Die bisherigen Sachbearbeiter der Reichsbahn stehen beratend zur Verfügung. Ob und inwieweit sie herangezogen werden, entscheidet der Ausschuss.
5. Die letzten Entscheidungen trifft Reichsminister Speer im Benehmen mit Reichsverkehrsminister Dr. Dorpmüller, dem zur Beratung ein Industriebeirat zur Seite steht.«

Die Neutralisierung des Zentralamtes war also endgültig geworden, der bisherige Instanzenweg bei der Konstruktion abgeschafft. Diese Entscheidung war nur folgerichtig, denn Können und Ausbildung der Männer im Reichsbahn-Zentralamt waren bisher kaum darauf ausgerichtet gewesen, in einer Kriegswirtschaft massenhaft ein Quasi-Rüstungsgut zu produzieren. Es wäre aber nicht richtig, aufgrund der vorangegangenen Spannungen zwischen Industrie und Zentralamt hierin eine Besonderheit der Eisenbahn zu sehen; vielmehr hielt Speer wie sein Vorgänger Todt eine Rüstungssteigerung allein mit Hilfe der Wehrmachts- und Reichsbahndienststellen für ausgeschlossen, so daß er (nach dem Vorbild von Walther Rathenau im Ersten Weltkrieg) auf allen Gebieten qualifizierte Industrieführer an der Lenkung beteiligte[34]. Er legte Wert darauf, daß hier ganz unvoreingenommene Leute in seinem Alter (waren sie älter als 55 Jahre, wurde ein jüngerer Vertreter beigegeben) die Einführung der Massenfabrikation nach amerikanischem Muster mit aller Kraft betrieben, und war dafür bereit, ihnen einen gewissen Spielraum gegenüber der Partei und der Bürokratie zu sichern. Dieses System der Ausschüsse und der industriellen Selbstverantwortung wurde zu dem Merkmal der deutschen Tiefenrüstung[35]. Es wurde durch den Führerbefehl Nr. 170 über die Umstellung der Rüstung auf breitester Basis eingeführt[36].

Der »Hauptausschuss Schienenfahrzeuge« (HAS) nahm seinen Sitz im Haus der DLV in Berlin-Charlottenburg, Bismarckstraße 112. Zum Leiter wurde der ehemalige DEMAG-Direktor Gerhard Degenkolb[37] ernannt, der schon

34 Ähnlich erging es dem Heereswaffenamt und dem Wehrwirtschafts- und Rüstungsamt; vgl. Janssen [20], S. 46 – 51; Thomas [42], passim. Siehe auch Dietrich Eichholtz: Geschichte der deutschen Kriegswirtschaft 1939 – 1945. Band I (1939 – 1941). 3. Auflage Berlin 1984; Band II (1941 – 1943). – Berlin 1985.

35 Speer [136], S. 223 – 229; Janssen [20], S. 42 – 49; Hans Kehrl: Kriegswirtschaft und Rüstungsindustrie. – In: Bilanz des Zweiten Weltkrieges. Oldenburg 1953, S. 167 – 285. Im Lokomotivbau wurde die Selbstverantwortung der Industrie durch Anordnung 48 des Hauptausschusses Schienenfahrzeuge vom 27. Juni 1942 nochmals ausdrücklich proklamiert.

36 Milward [23], S. 76; vgl. auch den Erlass und die erste Durchführungsverordnung über den Verantwortungsbereich und die Geschäftsordnung der Selbstverwaltungsorgane (Ausschüsse und Ringe) der Rüstungswirtschaft, Geer [13], S. 151.

37 Gerhard Degenkolb (geb. 26. Juni 1892, gest. 25. Januar 1954) war 1919/20 Konstrukteur bei Polysius, Dessau. und trat 1920 als Betriebsassistent bei der Demag ein. Nach kurzer Zeit war ihm die Leitung der Werke in Wetter (1921 – 1927) , Mülheim (1927 – 1932) und in Duisburg (1932 – 19351) übertragen, wo er sich umfassende Kenntnisse beim Bau von Walzwerken und Werkzeugmaschinen erwarb. Im Dezember 1935 wurde er zum Betriebsdirektor des Duisburger Gesamtwerkes ernannt, ab 1937 Prokurist. 1939/40 beschäftigte er sich mit dem Ausbau der Sin-

Vor der Abfahrt zur Ostfront wurde im März 1943 auf dem Bahnhof Berlin-Schöneweide ein Zug von Kondenslokomotiven zusammengestellt, die für den Betrieb in den wasserarmen Gebieten der südlichen Sowjetunion entwickelt worden waren. Fünfter von links: Der neue Bauartdezernent im Reichsbahn-Zentralamt Berlin, Oberrat Friedrich Witte. (Foto: Sammlung Roosen)

unter »Munitionsminister« Fritz Todt als Beauftragter für Belgien und Nordfrankreich eine Reihe von Firmenfusionen im deutschen Interesse betrieben hatte. Degenkolb wusste wie sein Minister Speer vom ersten Tag an, was die Stunde geschlagen hatte. Mit unerhörter Vitalität und Durchsetzungskraft stürzte er sich in den bis dahin von Insidern beherrschten Lokomotivbau. Durch seinen harten Führungsstil, seine nächtlichen Werksinspektionen und sein diktatorisches Wesen machte er schon bald von sich reden. Er begann seine Tätigkeit vor dem Ausschuss mit den Worten: »Es ist keine Utopie, die geforderten Loks herzustellen. Starker Glaube, unerhörte Härte, Verzicht auf eigene Bequemlichkeit lösen das Problem. Zuschlagen, auch manchmal daneben, ist besser als Nichtstun.«[38] Sein Vertreter und Geschäftsführer war Dr. Valentin Litz aus der Direktion der Borsig-Lokomotiv-Werke. Er hatte diese Firma bisher im Organisationsausschuss des Vereinheitlichungsbüros der Lokomotivbau-Vereinigung vertreten. Beide hielten auch im Sonderausschuss Lokomotiven (SAL) die entsprechenden Positionen. Dieser untergliederte sich nochmals in rund 30 Arbeitsausschüsse (AA) und Betreuungsstellen, in denen auch die genannten Ingenieure mit Kenntnissen neuzeitlicher Fertigungsmethoden ehrenamtlich tätig wurden. Sie kamen von den Lokfabriken und von der Reichsbahn, von denen sie auch weiterhin bezahlt wurden. Die Arbeitsausschüsse sowie Namen, Herkunft und Dienstsitz ihrer Leiter nach einer Zusammenstellung von Paul Rath aus dem Jahr 1946 nennt die Tabelle 2. Daneben erhielt der Hauptausschuss von Anfang an noch den Sonderausschuss für Waggons unter der Leitung von Werner Streitz, in dessen zahlreichen Arbeitsausschüssen die Entfeinerung und Typenbereinigung bei den schon bestellten Wagenmodellen sowie die Entwicklung eines vereinfachten Mehrzweckwaggons vorgenommen werden sollten. Die wichtigste Aufgabe dieses Sonderausschusses war es, die Güterwagen-

termetallfertigung für eiserne Granatringe, ab 1940 war er von Minister Todt mit der Wiederinbetriebnahme der belgischen und nordfranzösischen Industrie beauftragt. Da er sich in dieser Stellung sehr einsetzte, wurde ihm 1942 die Leitung des Hauptausschusses Schienenfahrzeuge übertragen. Wegen seiner Erfolge in diesem Betrieb setzte ihn Hitler auch als Chef des Sonderausschusses A 4 zur unterirdischen Fertigung der Rakete V2 ein, doch sank Degenkolb 1944 in der Gunst Hitlers stark ab. Im Herbst 1944 soll seine Verhaftung betrieben worden sein; auch wird von einer schweren Nervenkrise berichtet. Im Februar/März 1945 wurde er zum Sonderbeauftragten für den Messerschmitt-Kreis und zum Generalkommissar für das Programm 262 ernannt und geriet bald darauf in Gefangenschaft. 1947 entlassen, arbeitete er als Berater in der westdeutschen Metallindustrie und übernahm 1950 im Auftrag der Demag den Aufbau eines Werks in Brasilien. Von dort kehrte er erkrankt zurück und starb 1954 in Duisburg. Vgl. Boelcke [8]. S. 469; Manfred Bornemann: Geheimprojekt Mittelbau. – München 1971. S. 73 und 109; Westdeutsche Allgemeine Zeitung vom 1. Februar 1954.

38 Titelblatt der Nachrichten des Hauptausschusses Schienenfahrzeuge, Nr. 1, August 1942.

lieferung für die Reichsbahn auf 4000 Stück (später 5000) pro Monat zu bringen und dabei ebenfalls Material und Arbeitskräfte einzusparen. Die zahlreichen Hauptausschüsse bildeten sozusagen die Mittelinstanz des neuen Ministeriums, das mit sehr wenig Leuten auskam. Dazu wurde die gesamte Rüstungswirtschaft nach Wehrmachtsprogramm oder Gerätegruppen aufgeteilt; es gab auch Hauptausschüsse für Panzer, Munition, Geschütze, Elektrotechnik, Triebwerke, U-Boote und dergleichen. »Es bestand also als Organisationsprinzip das Bestreben, alle räumlich zerstreut liegenden Werkstätten zusammenzufassen, in denen der gleiche Artikel hergestellt wurde. Die Ausschüsse waren darüber hinaus darauf bedacht, den technisch konstruktiven Gedankenaustausch zwischen den Werkstätten zu pflegen und, wenn nötig, durch Anweisung der Leiter den Produktionsgang in allen Werkstätten auf eine gleich hohe rationelle Leistung zu bringen.«[39] In der Spitze des Ministeriums waren die Ausschüsse im Technischen Amt unter Karl-Otto Saur zusammengefasst. Zur Führung der Ausschüsse wurden Leiter berufen, die in der Regel der Wirtschaftspraxis entstammten und Erfahrung in der Leitung überbetrieblicher Produktionseinheiten besaßen, also etwa von Großfirmen oder Kartellen kamen. »Sie übertrugen ihre Erfahrung und Kenntnisse mit Ton und Methode eines Betriebsleiters auf ihr neues Aufgabengebiet. Das Tätigkeitskolorit der einzelnen Ausschüsse und Ringe kann nur vom Leiter dieser Gebilde her begriffen werden. Durch diese Personenbezogenheit war notwendigerweise auch Form und Stil der Arbeitsweise von Ausschuss zu Ausschuss [...] verschieden. Ob die technisch konstruktive Integration, die

39 Geer [13], S. 152 – 153.

Tabelle 2: Arbeitsausschüsse im Hauptausschuß Schienenfahrzeuge (1942)

Arbeitsausschuß	Leiter	Firma	Sitz
Arbeitseinsatz	Mücke	DLV	Berlin
Kontingente und Kontrollmarken	Beyer	DLV	Berlin
Planung, Bauten, Werkzeugmaschinen	Reinhardt	Henschel	Kassel
Auftragsregelung	Stamm	Schwartzkopff	Wildau
Rohmaterialbeschaffung	Roth	Henschel	Kassel
Radsätze	Heemeyer	Klöckner	Osnabrück
Federn	Dr. F. Killing	Westwaggon	Hagen
Rollenlager, Gleitlager	Vogel	Kugelfischer	Schweinfurt
Abnahme und Entfeinerung	Ochel	M.B.A	Potsdam
Verbindung zur Reichsbahn	ORR Witte	Reichsbahn	Berlin
Energieversorgung	ORR Lehmann	Reichsbahn	Berlin
Ersatzteilbeschaffung für die Reichsbahn	ORR Hartmann	Reichsbahn	Berlin
Rationalisierung und Werkstättenausbau der Reichsbahn	ORR Drechsler	Reichsbahn	München-Freimann
Verlagerung	Kändler	Hanomag	Hannover
Konstruktion	Meckel	DLV	Berlin
Statistik	Norpoth	DLV	Berlin
Zulieferungen (ohne Radsätze und Federn)	Dr. Kettler	Borsig	Berlin
Schmiedestücke	Dr. Bitter	Schmiedag	Hagen
Vorrichtungsbau für Werkzeugmaschinen	Seittler	Klöckner	Köln-Deutz
Rahmen, Bremsteile, Zylinder mit Deckel	Böhm	Henschel	Kessel
Kessel	Dir. Koesters	Reichsbahn	Berlin
Triebwerk und Steuerung	Hupe	Krupp AG	Essen
Tender	Mauck	Wiener Lokfabrik	Wien
Ersatzteilfertigung	Hintze	Jung	Jungenthal
Auftragsregelung Ausland	Elkmann	M.B.A	Berlin

Die Tenderlokomotiv-Baureihe 86 für Nebenstrecken wurde noch bis zum Jahreswechsel 1942/43 ausgeliefert. Die hier abgebildete 86 550 von der Maschinenbau-Bahnbedorf AG (Fabriknummer 13 727) kam im Juni 1942 als 14. Lok der Kriegsserie zum Betrieb. Die Vereinfachungsmaßnahmen beschränkten sich auf den Entfall eines Führerstandfensters, auf Schweißung der Wasserkästen und Umstellung der Lagermetalle. Die späteren Lieferungen erhielten noch Scheiben-Laufräder, dann wurde die Produktion eingestellt. (Foto: Hubert)

die Ausschüsse darstellen sollten, sich in glückhafter Weise reibungslos vollziehen konnte, oder ob die geschlossene Haltung der Ausschussbetriebe erst nach Überwindung von Missverständnissen und vielen Kontroversen erreicht werden konnte, hing viel von der Durchsetzungskraft, aber auch vom Takt der Persönlichkeit ab, die als Leiter des Ausschusses gewonnen worden war. Die Leiter hatten keineswegs eine leichte Aufgabe. Es gab weder ein Gesetz noch eine Verordnung, woraus die Rechte der Mitglieder oder der Anspruch des Leiters an die Mitgliedsbetriebe einwandfrei hervorgegangen wären. Die Rechte eines Leiters gründeten sich ausschließlich auf die Autorität des Produktionsministers, seine Stellung im Ausschuss oder Ring auf das Vertrauen, das der Minister ihm entgegenbrachte. Seine Ansprüche gegenüber den Mitgliedern waren beqrenzt, wenn hinter diesen Ansprüchen nicht die Überzeugung des Ministers stand, daß er sie zur Erfüllung seiner ministeriellen Aufgabe, den größtmöglichen Produktionsausstoß an Geräten zu erzielen, brauchte. Im Verkehr zwischen Leiter und Ausschussmitgliedern waren daher auch alle Stufen der Verhandlungstaktik, von der taktvollsten Verhandlung bis zur brutalen Auseinandersetzung, möglich«[40].

40 Ebenda, S. 154.

Ein weiteres Kennzeichen der Organisation in Ausschüssen war die Konzentration von gleichen, allen Betrieben gemeinsamen Aufgaben in einer Stelle. Die allgemeine, nach den Erfahrungen des Feldzuges gegen die Sowjetunion eingeleitete Entfeinerung des Geräts verlangte nach zentralen Konstruktionsbüros. Im Lokomotivbau bestand bereits das Vereinheitlichungsbüro der DLV, dessen bisheriger Chef, Alfons Meckel, nun die Leitung des Arbeitsausschusses Konstruktion[41] übernahm und damit also in eigener Sache entschied. Die Reichsbahn selbst war nur noch Gesamtauftraggeber, Bezahler und Abrechner der an sie gelieferten Loks. »Solche Großabschlüsse stellten jedoch keinerlei Rechtsgeschäfte der Ausschüsse dar [...]. Trotz der Direktverplanungen wurde also so verfahren, als ob echte zweiseitige Auftrags- oder Abnahmeverträge zwischen den Abnehmer- und Lieferwerken abgeschlossen worden wären [...]. Die Ausschüsse hielten sich also außerhalb der privatrechtlichen Verträge. Sie wirkten nicht als vertrags-

41 Dem Konstruktionsausschuss gehörten als ständige Mitglieder neben Meckel noch an: Bauer (Esslingen), Böhmig (Henschel), Dr. Gilli (Wiener Lokfabrik), Krauss (Krauss-Maffei), Dr. Kühnel (RZA Berlin), Lehner (RZA Berlin), Dr. Lorenz (Krupp), Stamm (Schwartzkopff), Witte (Verbindung zur Reichsbahn) und Wolff (AEG-Borsig). Konstrukteure und Zeichner waren an allen deutschen Lokfabriken in den Ausschuss delegiert. Die Versetzung geschah größtenteils, ohne sie aus dem Arbeitsverhältnis mit ihren Stammbetrieben zu entlassen (Geer [13], S. 155).

Bereit zur Abnahme im Reichsbahn-Ausbesserungswerk Offenburg am 30. Mai 1942: die »französische« Lieferung 44 973 ÜK (Graffenstaden 7 796), 1. Lok dieser Kriegsserie. (Werkfoto)

oder geschäftsfähige Integrationen ihrer Mitgliedswerke. Über die Herstellungsaufgabe [...] erteilte der Leiter des Ausschusses [...] jeder Firma eine Produktionsanweisung. Sie umschrieb nach Art und Type des Geräts, sowie nach dem Volumen [...] das Herstellungssoll der Firma für einen bestimmten Zeitpunkt«[42]. Gegenüber der bisherigen Auftragsregelung für die Wehrmachtsrüstung und auch für die Reichsbahn holte Speer also den Produzenten in die Beschaffungsstellen. Die Auffassung der Bahnverwaltung im AA Konstruktion wurde durch den im Oktober 1942 bestellten Nachfolger R. P. Wagners als Bauartdezernent des Zentralamts, Friedrich Witte, vertreten, der zugleich Leiter des Arbeitsausschusses »Verbindung zur Reichsbahn« war[43].
Der AA Konstruktion hatte zwei Hauptaufgaben: einmal die Betreuung der Vereinfachungsmaßnahmen an den von der Industrie bereits begonnenen Maschinen, zum anderen die Arbeiten an der reinen Kriegslokomotive. Das Führerprogramm hatte zunächst vorgesehen, 15 000 Einheiten der BR 50 zu bauen, und dafür die Typen 42 und 44 einzustellen. Über den genauen Verlauf des Programms bestand aber noch Uneinigkeit. Die durch den Reichsmarschall-Erlass gegebene Dringlichkeitsstufe berechtigte zur Bereitstellung von Material, Arbeitskräften und Werkskapazitäten vor allen anderen Bedarfsträgern. Um keine Zeit zu versäumen, wurden die im Bau befindlichen Maschinen der Reihen 44, 50 und 86 rasch vereinfacht. Nach dem Vorwärmer entfiel bald auch der Speisedom; auf den Umlauf, Windleitbleche und andere, zum Betrieb der Maschinen nicht unbedingt erforderliche Bauteile glaubte man zumindest vorübergehend verzichten zu können, um sie später vielleicht noch anzubringen. Polier- und Schleifarbeiten wurden, bis zur Grenze der Betriebssicherheit, eingeschränkt.
Um diese ersten Aktivitäten des Hauptausschusses Schienenfahrzeuge überall ins rechte Licht zu rücken, wurden die Firmen mit Anordnung Nr. 6 vom 21. März 1942 dazu veranlasst, die Lokomotiven der Kriegsserien durch fortlaufende Nummern auf den Zylindern zu kennzeichnen. Als im Oktober 1942 andere Taten des HAS im Vordergrund standen, wurde diese überflüssige Beschriftung (K 1 ff) wieder aufgegeben. Zur Entlastung der Lokfabriken wurden Tender bereits häufig an andere Maschinenfabriken vergeben, so daß es der deutschen Lokomotivindustrie möglich wurde, zwischen dem 1. April und 1. September 1942 eine Million Arbeitsstunden einzusparen[44].

42 Geer [13]. S. 157 – 158.

43 Friedrich Witte (geb. 23. Februar 1900, gest. 25. Dezember 1977) trat nach dem Abschluss seines Maschinenbau-Studiums an der TH Hannover 1926 bei der Reichsbahn ein. Beim Zentralamt Berlin zunächst im Dezernat für die Bauart der Dampf- und Ölloks tätig, dort an der Einführung der Kleinlokomotive beteiligt. 1933 Studienreise nach Nordamerika, dann Leiter des Maschinenamts Berlin-Potsdamer Bahnhof. 1937 Dezernent für die maschinelle Ausrüstung der geplanten neuen Bahnanlagen im Raum Berlin, 1942 als Nachfolger Wagners zum Bauartdezernenten im RZA und zum Leiter des Arbeitsausschusses »Verbindung zur Reichsbahn« im Hauptausschuss Schienenfahrzeuge ernannt, 1943 Reichsbahndirektor. Nach 1945 bei den Zentralämtern in Göttingen und Minden, seit 1948 Leiter der Lokomotivbau- und Einkaufsabteilung, seit 1957 Vizepräsident des Bundesbahn-Zentralamts Minden. In dieser Stellung Schöpfer aller Neubau-Dampflokomotiven der DB und zahlreicher Verbesserungen an vorhandenen Maschinen. Zu seiner Biographie siehe Ulrich Schwanck: Friedrich Witte. Eine Betrachtung zu seinem Übertritt in den Ruhestand. – In: LOK-MAGAZIN 16 (1966), S. (50 – 55). Eine Werkübersicht bringt die Bibliographie der Veröffentlichungen im Jahrbuch für Eisenbahngeschichte 25 (1993), S.5 – 36.

44 So nach VDI-Zeitschrift 86 (1942), S. 675, Nr. K7453 b.

2 Die 1. Kriegslokomotive Baureihe 52

Der Entschluß zur Bauart 1'E h2

Daneben betrieb Alfons Meckel intensiv die Planung der neuen Kriegslokomotive, wobei er zunächst dem WLF-Entwurf eines laufradsatzlosen Fünfkuppler-Typs (E h2) seine Aufmerksamkeit widmete. Vergleiche mit bereits ausgeführten Loks der Radsatzanordnung 1'E zeigten, daß das Projekt alle für deren Leistungen maßgebenden Größen gleichfalls aufwies. Auch die an der Laufsicherheit der fünfachsigen Lok bestehenden Zweifel bei V > 60 km/h konnten nach Versuchsfahrten mit einer pr G 10, die Beugniothebel erhalten hatte, insofern beseitigt werden, als diese Lok nicht leichter zu Entgleisungen neigte als die BR 50 oder die G 12. Obgleich der von WLF projektierte neue Rohrspiegel mit einer geringeren Zahl von Überhitzereinheiten in der DLV nur wenige Befürworter gefunden hatte[45], entschied Degenkolb schon am 17. März 1942, probeweise drei Einheiten in Floridsdorf bauen zu lassen (Auftrag Nr. 1030). Bereits zwei Tage später wurde in aller Eile mit den Zeichnungen begonnen, so daß sich die Konstruktion schon in relativ fortgeschrittenem Zustand befand, als die Arbeiten am 10. April 1942 auf Weisung Degenkolbs wieder eingestellt werden mussten. In den Werkstätten war mit der Herstellung wesentlicher Teile noch nicht begonnen worden. Inzwischen hatte sich nämlich nach einstimmigem Beschluß

45 Vgl. Hermann Fleckseder; Studie zum Umbau eines Lokomotivüberhitzers (Wiener Überhitzer). In: Glas. Ann. 64 (1940), S. 215. Auch die spätere versuchsweise Anwendung bei den Loks 50 3009 – 3010 hinterließ durchaus Uneinigkeit bei der Bewertung der Bauart. Siehe ferner: Niederschriften des Arbeitsausschusses Konstruktion beim Hauptausschuss Schienenfahrzeuge (im Folgenden zitiert: Ndschr.), 15. Sitzung (4./5. März 1943), Anlage 7, S. 5, und Anlage 9, S. 1 – 3.

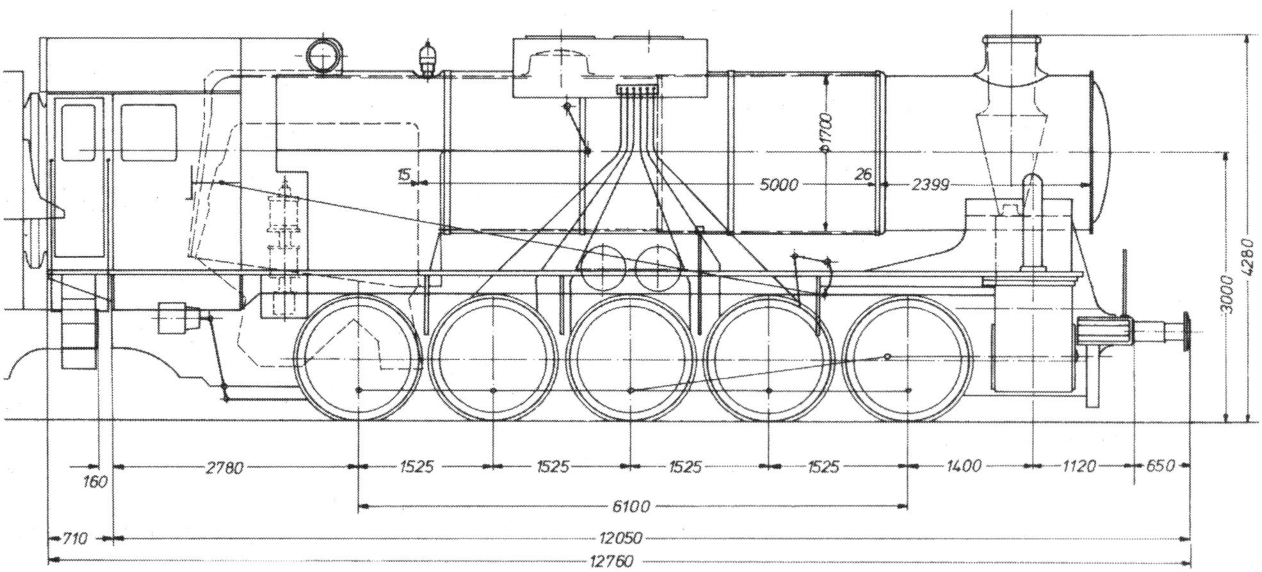

Als der Bauauftrag über drei Prototypen der Wiener Kriegslokomotive abgeschlossen wurde, lag diese frostgeschützte Ausführung zugrunde: Pumpen und Lichtmaschinen vor dem Führerhaus sind verkleidet, der Führerstand selbst ist hinten abgeschlossen. Bei allen drei Versionen war der Tender ähnlich Abb. auf S. 19 vorgesehen. (WLF-Zeichnung Nr. 1865 vom 11. April 1942, neu gezeichnet)

des Arbeitsausschusses Verbindung zur Reichsbahn (Nachfolger des DR-Fachausschusses Lokomotiven) unter Witte die Ansicht durchgesetzt, daß dem 1'E-Typ gegenüber der E-Maschine und einer von der DR früher – zum Beispiel von Wagner und Schöning – vertretenen 1'D-Lok[46] der Vorzug gebühre. Einmal ermöglichte der Laufradsatz bei höheren Geschwindigkeiten einen besseren Lauf, zum anderen konnte man nun eine den besonderen Einsatzbedingungen des Krieges gerade noch gewachsene Bauart für die Massenproduktion am schnellsten – und darauf kam es täglich mehr an – durch Umkonstruktion und erneute Vereinfachung der BR 50 entwickeln; dies galt besonders im Hinblick auf die möglichst ohne Produktionsunterbrechung geplante Umstellung auf die Kriegslokomotive. Als Lebensdauer des neuen Typs war nur noch die Kriegszeit anzusehen.

Gleiche Baugrundsätze vorausgesetzt, erfordert eine Lok mit der Achsfolge E stets einen geringeren Aufwand an Werkstoffen und Arbeitszeit als ein 1'E-Modell. Aus den genannten Gründen ging man jedoch nicht so weit, auf den Laufradsatz zu verzichten und stornierte den Bauauftrag bei der Wiener Lokfabrik wieder. Mit dem neuen Typ wollte man noch 1942 die Produktionsziffer auf 2000 steigern, 1943 dann 4000 Stück erreichen, wie Speer am 6. Mai 1942 Hitler mitteilte[47].

Bildung der Gemeinschaft Großdeutscher Lokomotivfabriken

Am gleichen Tag wurde durch Anordnung Nr. 26 des Reichsministers für Bewaffnung und Munition sowie durch eine entsprechende Anordnung des Hauptausschusses (Nr. 20) die Deutsche Lokomotivbau-Vereinigung aufgelöst. An ihrer Stelle wurde aus den 16 Firmen, welche fortan Vollbahnloks bauen sollten, die Gemeinschaft Großdeutscher Lokomotivfabriken (GGL) gebildet, um gegenüber dem RVM und dem HAS als Verhandlungspartner aufzutreten. Den Vorsitz führte nicht mehr Henschel, sondern Landesbaurat H. G. Krauss, München. GGL-Mitglieder waren jene neun Werke, die seit der Weltwirtschaftskrise im Deutschen Reich noch bestanden:

1) *Borsig Lokomotiv-Werke* GmbH (BLW), Hennigsdorf/ Osthavelland; seit 1931 im Konzernbereich der AEG, Erbauer von rund 15 000 Maschinen.
2) *Maschinenfabrik Esslingen*, Esslingen/Neckar; bis 1942 Lieferer von 4500 Loks.

3) *Henschel & Sohn GmbH*, Kassel; größte deutsche Lokfabrik mit über 26 000 Fahrzeugen.
4) *Arnold Jung Lokomotivfabrik GmbH*, Jungenthal bei Kirchen/ Sieg; bisher knapp 10 000 Lokomotiven.
5) *Krauss-Maffei AG*, München-Allach; 1931 durch Fusion der beiden Münchner Lokfabriken entstanden, seitdem 1000 Maschinen geliefert.
6) *Friedrich Krupp AG* Lokomotivfabrik, Essen; seit 1919 mit über 2600 Loks hervorgetreten.
7) *Maschinenbau und Bahnbedarf AG* (MBA), vormals Orenstein & Koppel, Potsdam-Babelsberg; bis 1942 etwa 13 500 Fabriknummern vergeben.
8) *Ferdinand Schichau AG*, Elbing; Erbauer von rund 3500 Loks.
9) *Berliner Maschinenbau-AG* vormals L. Schwartzkopff, (BMAG), Wildau; Fabriknummernstand bei 11 850.

Außerdem gehörte der GGL ein vormals österreichisches Unternehmen an, dessen Aufsichtsrat seit 1938 Oscar R. Henschel vorstand:

10) *Wiener Lokomotivfabrik-AG* (WLF) Floridsdorf; Erfahrung beim Bau von über 16 000 Loks in verschiedenen Produktionsstätten.

46 Einen Teil der Entwürfe aus den dreißiger Jahren zeigt Adolf Hofbauer: Lokomotiven in der Schublade. Die Vorentwürfe zu den Baureihen 06, 45 und 41 sowie einer Ersatztype für die P 8. In: LOK-MAGAZIN 56 (1972), S. 383 – 390, und LOK-MAGAZIN 58 (1973), S. 42 – 52.

47 Boelcke [8], S. 108.

Die folgenden sechs GGL-Werke waren erst im Verlauf des Krieges in den deutschen Machtbereich geraten:

11) *Deutsche Waffen- und Munitionsfabriken AG*, Werk Posen; vordem H. Cegielski, Lieferer von einigen hundert Lokomotiven seit 1926.
12) *Erste Böhmisch-Mährische Maschinenfabrik AG*, Brünn und Prag; vordem CKD, Bau von 2100 Loks seit dem Jahre 1900.
13) *Magdeburger Werkzeugmaschinenfabrik*, Werk Graffenstaden/Straßburg; vordem Teil der Firmengruppe SACM, dort Fabriknummernstand bei 7800.
14) *Aktiengesellschaft vorm. Skoda-Werke*, Pilsen und Prag; Lokbau seit 1920 mit 1300 Einheiten.
15) *Warschauer Lokomotivfabrik AG* / Ostrowieczer Hochöfen und Werke AG; im Jahre 1942 etwa 350 Fabriknummern vergeben.
16) *Oberschlesische Lokomotivwerke AG Kattowitz*; Werk Krenau/OS; vordem Chrzanów, seit 1939 von Henschel verwaltet, seit 1922 Lieferant von 1000 Loks.

Daneben existierten im Großdeutschen Reich noch zahlreiche Herstellerwerke von Motor- und Kleinlokomotiven, die wegen ihrer geringeren Bedeutung für das Reichsbahn-Programm nicht in die GGL aufgenommen wurden:

- *Feldbahn- und Lokomotivfabrik Budich*, Breslau; vordem Smoschewer & Co.
- *Deutsche Werke Kiel AG* (DWK).
- *Gmeinder & Co GmbH*, Mosbach/Baden.
- *Klöckner-Humboldt-Deutz AG*, Köln.
- *Nordhäuser Maschinenfabrik Montania*, Nordhausen; seit 1938 im Konzernbereich der MBA mit dem Lokomotivbau für Kleinbahnen betraut.
- *Ruhrtaler Maschinenfabrik Schwarz & Dykkerhoff KG*, Mülheim/Ruhr.
- *Christoph Schöttler Maschinenfabrik GmbH*, Diepholz, Bz. Bremen.
- *Rheiner Maschinenfabrik Windhoff AG*, Rheine

Nach Schätzungen Steinhausers [43] waren im Frühjahr 1942 in den Lokfabriken 27 000, in den Waggonfabriken 28 000, bei den Zulieferwerken 30 000 und bei Radsatzwerken 5000 Menschen beschäftigt. Neben den eigentlichen Lokbauanstalten waren Mitte 1942 an der gesamten Eisenbahnfahrzeugherstellung 43 Waggonfabriken, 20 Radsatzwerke, 26 Federwerke und etwa 1000 Zuliefererwerke beteiligt.

Die Kapazität aller für die Reichsbahn arbeitenden Werke wurde, friedensmäßige Zulieferung und volle Kontingentierung mit Rohstoffen vorausgesetzt, auf jährlich etwa 12 500 Lokomotiven geschätzt. Unter den Produktionsumständen des Krieges wurde angenommen, daß die 15 000 Maschinen des Führer-Programms innerhalb von zwei Jahren hergestellt werden sollten. Dies bedeutete durchschnittliche Monatslieferungen von 625 Einheiten. Legte man die Steigerungsrate der ersten Jahreshälfte 1942, nämlich monatlich rund zwölf Maschinen mehr, einer linearen Prognose zugrunde, dann hätte man im Dezember 1944 erst 505 Loks je Monat gebaut (s. Skizze S. 71, Kurve der festgelegten Lok-Kapazität). Der erste Lieferplan des HAS vom 22. Mai sah jedoch vor, daß aufgrund seiner Zuführung von Werkzeugmaschinen und Arbeitskräften der monatliche Zuwachs ab Januar 1943 bereits 50 Lokomotiven betragen würde, so daß im Sommer jenes Jahres die 500-Stück-Marke überschritten werden sollte (Kurve der übergeplanten Kapazität). In seiner großen Rede vom Mai 1942 betonte Speer zur Lenkung der Rüstungswirtschaft nochmals, daß diese in erster Linie durch die Verkehrslage und damit durch die Gestellung von Lokomotiven und Wagen bestimmt würde.

Transportkrise Mitte 1942

Diese Lieferungen waren dringend erforderlich, denn bei den nächsten Besprechungen von Speer und Dorpmüller mit Hitler im Führerhauptquartier vom 23. bis 25. Mai 1942 musste der Verkehrsminister eine betriebliche Bankrotterklärung der Reichsbahn[48] abgeben: Die Reichsbahn hat für den deutschen Raum nur so wenig Waggons und Lokomotiven zur Verfügung, daß sie nicht mehr die Verantwortung für die Aufrechterhaltung der dringlichsten Transporte übernehmen will.[49] Hitler nahm von Speer die jüngsten Daten der Wagenproduktion (1941: 44 845 Stück, 1942: 60 892 Stück) entgegen, hielt auch bei der neuen Kriegslokomotive eine Lebensdauer von ungefähr fünf Jahren für völlig ausreichend[50], maß aber der Leistungssteigerung durch betriebliche Anstrengungen eine größere Bedeutung bei. So ernannte er zum Nachfolger des auch von Speer als zu unbeweglich eingestuften Verkehrs-Staatssekretärs Wilhelm Kleinmann[51] den bisherigen Abteilungspräsidenten und Reichsbahn-Generalkommissar für den Bereich der Haupteisenbahndirektion Ost in Poltawa, Dr.-Ing. Albert Ganzenmüller[52], der im Winter 1941/42 den völlig zusam-

48 Speer [36], S. 237; Boelcke [8], S. 124.

49 Speer [36], S. 237.

50 Boelcke [8], S. 128.

51 Ebenda, S. 80, 118, 123 – 130; Thomas [42], S. 354.

52 Albert Ganzenmüller, (geb. 25.02. 1905, gest. 20.03.1996) Teilnehmer am Münchner Novemberputsch 1923 und Blutordensträger der NSDAP, Maschinenbau-Absolventen der TH München. 1931 bei der RBD Nürnberg eingetreten, 1934 Reichsbahnrat im Zentralamt München, 1935 Abteilungsleiter für Elektrische Lokomotiven im Ausbesserungswerk Freimann. Ab 1937 in den Eisenbahnabteilungen des Verkehrsministeriums besonders mit Fragen des elektrischen Zugbetriebs beschäftigt, 1938 zum Oberregierungsrat ernannt. Im Sommer 1939 Vorstand des Maschinenamts München I, dann Dezernent in der Elektrotechnischen Bau- und Einkaufsabteilung des RZA München. 1940 mit der Wiederaufnahme des elektrischen Zugbetriebs im besetzten Frankreich dann als Abteilungspräsident mit der Obersten Bauleitung für Elektrisierung in Salzburg beauftragt. Ab Mai 1941 Lei-

mengebrochenen Verkehr auf der Strecke Minsk–Smolensk wieder in Gang gebracht hatte. Mit der vorübergehenden Ernennung von Speer und Feldmarschall Erhard Milch zu Verkehrsdiktatoren sowie der entwaffnenden Feststellung: »Wegen der Transportfrage darf der Krieg nicht verlorengehen; sie ist also zu lösen!«[53] beendete Hitler die Sitzung. Tatsächlich gelang es Ganzenmüller schon innerhalb weniger Wochen, durch Senkung des Schadwagenbestands, Anmietung von Wagen im Ausland, Auflösung von Wagenreserven, rigoros beschleunigte Ladevorgänge und die Zulassung einer Überladung der Wagen um 2 t – selbst auf die Gefahr hin, daß vereinzelt Heißläufer und Achsbrüche auftreten mussten – die Krise erheblich zu mildern[54].
Inzwischen hatte Hitler jedoch sein Interesse erneut dem Straßenverkehr zugewandt[55]. Als Göring hörte, daß Speer und Degenkolb beabsichtigten, die Lokomotivfertigung zu vervielfachen, ließ er Speer nach Karinhall kommen. »Er schlug [...] ernstlich vor, Lokomotiven aus Beton zu bauen, da wir nicht genügend Stahl zur Verfügung hätten. Die Betonlokomotiven würden zwar nicht so lange halten, wie die aus Eisen, meinte er; aber dann müsse man eben einfach entsprechend mehr Lokomotiven herstellen. Wie das bewerkstelligt werden sollte, wusste er allerdings nicht; gleichwohl beharrte er monatelang auf dieser abwegigen Idee«[56].

Ergebnisse der Konstruktionsarbeiten

Mittlerweile hatte der Hauptausschuss Schienenfahrzeuge seinen Entwurf der Maschine festgelegt, mit der er das Führerprogramm erfüllen wollte. Bei der Konstruktion der neuen Kriegslokomotive ging es um folgendes: Die Ausnutzung der zur Verfügung stehenden Baustoffe wird durch das Verhältnis des benötigten Rohmaterials zum Fertigprodukt bestimmt. Je kleiner dieses Verhältnis ist, umso weniger Stahl wird der unmittelbaren Nutzbarmachung am Endprodukt, der Lokomotive, entzogen. Da aber die Reibungsmasse der Lok unverändert erhalten bleiben musste, war dementsprechend im Sonderausschuss das Hauptaugenmerk bei der Zeichnungsumstellung darauf gerichtet, in Übereinstimmung mit den Vorschriften des Rüstungsministeriums Verschnitt und handwerkliche, individuelle Bearbeitung aller Teile durch weitgehende Vereinfachung auf das Mindestmaß zu reduzieren. Daneben trat gleichzeitig die Umstellung auf die äußerst sparsame Verwendung hochwertiger Rohstoffe, da diese für andere Zweige der Rüstung vordringlicher benötigt wurden. Tatsächlich ist es in dem langwierigen Prozess der Entwicklung aus der Friedensausführung der BR 50 über alle Zwischenstufen bis hin zur Kriegslokomotive gelungen, die rund 6000 Einzelteile[57] des Ausgangstyps auf rund 5000 zu verringern, von denen weitere 3000 Teile verändert, das heißt vereinfacht, waren. Wurde die Lokomotive mit dem gleichfalls neuentwickelten Wannentender gekuppelt so konnte die Gesamt-Einsatzmasse von 165 t auf 139 t (ab 1943: 130 t) je Lok, also um 16 Prozent, gesenkt werden. Die Ersparnis an Zeit betrug ungefähr 6000 Arbeitsstunden oder 30 Prozent. Bei Borsig hatte man für Lok und Tender der BR 50 ungefähr 17 650 Stunden benötigt. Andere Lokfabriken hatten für eine Maschine der Reihe 50 etwa 24 000 Stunden aufgewandt, während es für die Reihe 52 in den Werken selbst nur noch 8000 Stunden waren. Zahlreiche weitere Stunden waren nach draußen »verlagert«. Der Gesamtbedarf an Nichteisenmetallen wurde vermindert, ohne die Leistungsfähigkeit der Maschine wesentlich zu beeinträchtigen, da die entsprechende Verwendung von Rotguss, Gusseisen und WM 10 allgemein befriedigte. Der Kupferverbrauch konnte von 2358 kg Einsatzgewicht und 1238 kg Fertiggewicht auf 126,7 kg und 89,0 kg herabgesetzt werden, der Bedarf an Zinn sank von 480 kg Einsatzgewicht und 305 kg Fertiggewicht auf 23,6 kg und 19,0 kg. Diese Erfolgsrechnung des Ausschusses war allerdings insofern wenig ehrenhaft, als sie beim Kupfer noch die Einsparung aus dem Übergang zur stählernen Feuerbüchse enthielt, obwohl man von dieser bereits bei der ersten Lok der BR 50 abgekommen war. Daneben kam anstelle von Siemens-Martin-Stahl weitgehend Thomas-Stahl zur Anwendung.
Die angestrengte Arbeit bei der Entwicklung der Kriegslokomotive schlug sich auch in der Organisation des RZA Berlin

ter der elektrischen Oberbetriebsleitung der DR in Innsbruck, im Oktober 1941 auf eigenen Wunsch zur Leitung der Haupteisenbahndirektion Ost nach Poltawa abgeordnet, dort bei der Beseitigung von Transportschwierigkeiten im Winter 1941/42 sehr erfolgreich. Seit Februar 1942 Reichsbahn-Generalkommissar in Poltawa, im Mai 1942 zum Staatssekretär ernannt. In diesem Amt auf direkte Bitten Himmlers an den Deportationen in die Vernichtungslager beteiligt, da er die angeforderten Züge auch dann zur Verfügung stellte, als die Reichsbahn unter schwersten Transportkrisen litt. 1945 war er nach Argentinien geflohen, von wo er 1955 zurückkehrte. 1958 wurde eine gerichtliche Voruntersuchung gegen ihn eröffnet, in deren Verlauf er sich 1969/70 zehn Wochen in Untersuchungshaft befand. Im März 1973 begann sein Prozess in Düsseldorf, der im Mai 1973 ausgesetzt und auf unbestimmte Zeit vertagt wurde. Vgl.: Die Berufung des Staatssekretärs Dr.-Ing. Ganzenmüller. – In: Die Reichsbahn 1942 S. 192; Organ f. d. Fortschritte des Eisenbahnwesens 97 (1942): S.175 – 176; Raul Hilberg: Sonderzüge nach Auschwitz – Mainz 1981, S. 30 ff.

53 Speer [36], S. 238.

54 Thomas [42], S. 361; Speer [36], S. 238.

55 Picker [28], S. 197: »Wer die Erschließung Russlands [...] mit dem Bau eines Eisenbahnnetzes beginnen wolle, zäume das Pferd vom Schwanze auf. Mindestens 750 bis 1000 Kilometer Straßenbau halte er in Russland allein schon aus militärischen Gründen für erforderlich.« [S. 238] »Wenn wir die Ostgebiete erst durch Autobahnen erschlossen hätten, spielten Entfernungen [...] keine Rolle mehr. Was seien denn schon 1000 Kilometer Fahrt nach der Krim, wenn man durchschnittlich 80 Stundenkilometer fahre?«.

56 Speer [36]. S. 238 – 239.

57 So nach VDI-Zeitschrift 86 (1942), S. 694, Nr. K 7453 a. Der Wert dieser Zahlen, die in allen damaligen Veröffentlichungen über die Kriegslok erschienen, beruht allerdings nur auf ihrem Verhältnis zueinander; da kleine Gruppen als ein Teil gewertet wurden, ist er nicht absolut zu sehen.

nieder: Neben dem dafür zuständigen, nun völlig ausgelasteten Konstruktionsdezernat 23 (Reichsbahndirektor Witte) musste für die Betreuung der alten Länderbahnmaschinen ein zweites Bauartdezernat 24 (Oberrat Friedrich Wilhelm Ziem) eingerichtet werden.

Der Zwang zum Bau von Übergangs-Kriegslokomotiven

Trotz ihrer weitgehenden Vereinfachungen und Veränderungen gegenüber der herkömmlichen Baureihe 50 war die neue Kriegslok mit dieser in den Hauptabmessungen und Leistungen nahezu identisch. Man hatte deshalb erwogen, sie nach den bereits fest bestellten 50ern als K 50 3388 ff in den Nummernplan einzuordnen, gab ihr aber am 8. Juni 1942 offiziell die eigene Baureihen-Bezeichnung 52, die damit erneut besetzt wurde[58]. Dem Betriebsdienst wurde am 24. Juni 1942 die bevorstehende Einführung des neuen Typs mit dem Hinweis angezeigt, daß sie wegen des fehlenden Vorwärmers weniger leistungsfähig als die BR 50 sein werde[59]. Mit Rücksicht darauf, daß ein plötzlicher Wechsel von der BR 50 auf die BR 52 die Lieferung auf einige Zeit unterbrochen haben würde, und zudem noch viel für die BR 50 vorgefertigtes Material ungenutzt geblieben wäre, wurde beschlossen, bei Borsig zunächst nur die Vorauslokomotive 52 001 nach den endgültigen Zeichnungen zur schnellstmöglichen Herstellung in Auftrag zu geben. Im Allgemeinen wurde jedoch die bereits angelaufene Tendenz weiterverfolgt, die BR 50 konstruktiv in die Kriegslok »überzuleiten«. Das bedeutete, daß die BR 50 weiter entfeinert und schrittweise mit immer mehr für die BR 52 entworfenen Teilen gebaut wurde. An den im Spätsommer und Herbst 1942 abgenommenen Maschinen lässt sich dieser Vorgang von Lok zu Lok beobachten.

Durch diese Maßnahme und den probeweisen Einbau von Frostschutzeinrichtungen, die Hitler[60] immer wieder verlangte, hatten sich diese Maschinen bereits sehr weit vom ursprünglichen Entwurf des Vereinheitlichungsbüros aus dem Jahre 1938 entfernt. Degenkolb benutzte deshalb eine Anfrage aus dem Betrieb wegen der Einsatzmöglichkeiten dieser Lokomotiven dazu, sie mit der Nebenbezeichnung ÜK (Übergangs-Kriegslokomotive) hinter der Betriebsnummer zu belegen. Diese Aufschrift – sie sollte wohl in erster Linie auf die Aktivität des Hauptausschusses hinweisen, solange die BR 52 noch nicht geliefert wurde – ist am 12. Juni 1942 mit Anweisung 18 des HAS nicht nur bei der BR 50, sondern auch bei den Reihen 44 und 86 angeordnet worden, obwohl diese beiden Modelle gar nicht in reine Kriegsausführungen übergeleitet werden sollten. In den gleichen Zeitraum fällt auch die Entscheidung für den auffälligen »feldgrauen Kriegsanstrich« der Lokomotiven nach RAL 7011, der in Bezug auf Tarnung viel zu hell war und auf Anraten der Luftwaffe durch Dunkelgrau nach RAL 7021 ersetzt werden musste.

58 Deshalb mussten noch die beiden seit der Annexion Österreichs bei der Reichsbahn befindlichen ehemaligen EWA-Lokomotiven II b 16 und 17, die seit dem 27. Dezember 1938 als 52 7001 und 7002 bezeichnet werden, in die Baureihe 53.78 umgenummert werden. Durch die Verwendung der 52 7001 als Auswaschanlage A 20 erhielt jedoch nur die 52 7002 ihre neue Betriebsnummer. Vgl. hierzu Helmuth Fröhlich: Die EWA II b 16. – In: Eisenbahn 17 (1964), S. 164 – 165.

59 Verfügung RVM 31 Fkl 1175 vom 24. Juni 1942, Bundesarchiv R 5/125.

60 Boelcke [8], S. 108.

Um rechtzeitig ein Bild mit der 10 000. Lokomotive parat zu haben, ließ die Lokomotivfabrik Jung ihre im Mai 1942 fertiggestellte Fabriknummer 9994, die Lokomotive 50 2357, im Stil der Zeit dekorieren. Aus Gründen der Materialersparnis sind die großen Windleitbleche entfallen. (Werkfoto)

Die Lokomotive 50 2866 ÜK wurde von Schwartzkopff im Juni 1942 mit der Fabriknummer 11 922 an die Reichsbahn abgegeben. Ihre Nebenbezeichnung ÜK bedeutet, daß die Vereinfachungen im Rahmen des Übergangs zur Kriegsproduktion vorgenommen wurden. Auf dem Zylinder trägt sie die Aufschrift K 37 als Zeichen dafür, daß es sich um das 37. Fahrzeug handelt, das die Fabrik in Wildau unter der Regie des Hauptausschusses produziert hat. Die Vereinfachungen erstreckten sich nun bereits auf den Entfall des vorderen Umlaufbleches und eines Führerstandsfensters, ferne auf die Verwendung von Heimstoffen in allen wichtigen Lagern. (Werkfoto)

Die nächste Stufe der Vereinfachung zeigt die Lokomotive 50 2780 ÜK von Jung, Fabriknummer 10 803. Als 23. Maschine dieser Kriegsserie wurde sie am 12. September 1942 ausgeliefert. Inzwischen wurde bereits auf den Einbau des Vorwärmers und des Speisedoms verzichtet, so daß der Kessel nur noch drei größere Aufbauten besitzt. (Werkfoto)

Die Lokomotivfabrik Henschel & Sohn hatte bereits bei ihrer am 20. Juli 1942 abgenommenen Lokomotive 50 2339 die Vereinfachungen noch weiter getrieben, denn die zwei alten, gegossenen Sandbehälter waren schon zu einem geschweißten Kasten zusammengefaßt. Daneben wurden erste Frostschutzmaßnahmen getroffen, indem die wichtigsten Leitungen, Pumpen und Ventile nun unter Blechverkleidungen montiert wurden. Bei dieser Maschine mit der Fabriknummer 26 670 handelte es sich bereits um die 80. Lok der Kriegsserie. (Werkfoto)

Vorbereitung der Serienproduktion und Aufstellung des Kriegstypenkatalogs

Über die Produktion der nach den genannten Gesichtspunkten entworfenen Kriegslokomotive kann allgemein gesagt werden, daß sich die deutsche Lokomotivindustrie zwar Fertigungsproblemen gegenübersah, die mit jenen beim Bau der Gattung G 12 während des Ersten Weltkrieges nur noch bedingt vergleichbar waren, daß sie aber auf der anderen Seite durch die seit der Gründung der Reichsbahn – selbstverständlich aus anderen Motiven – geübte Typisierung der Bauteile wesentlich besser auf die Anforderungen der Kriegszeit vorbereitet war. Die Normung von Abmessungen und Werkstoffen ermöglichte es nicht nur, Lokomotiven einer Baureihe bei allen Firmen fertigen zu lassen und ein umfangreiches System der Zulieferung ganzer Baugruppen aufzubauen, sondern war besonders mit Rücksicht auf die zu erwartende große Zahl von Ausbesserungen und deren rasche Abwicklung (seinerzeit Entwicklungsursache der G 12) unabdingbar.

Dies wird bei Betrachtung des Auftragsvolumens deutlich: Bereits in der Sitzung vom 12. März 1942, also bei der Bestellung der drei WLF-Maschinen, lagen dem Hauptausschuss – mit dem Telegramm vom 5. März 1942 – Aufträge über 15 000 Loks vor. Zum Vergleich die jährlichen DR-Abnahmen an Dampfloks 1938: 120; 1939: 703; 1940: 945 und 1941: 1387. Eine wesentliche Bedingung der angestrebten Steigerung der Produktionsziffern war, daß man seine Kräfte auf eine möglichst geringe Zahl von Typen konzentrierte, um diese wie am Fließband bauen zu können. Anfang 1942 fertigten die deutschen Lokfabriken für die Reichsbahn, für Privat- und Werkbahnen sowie für den Export noch mehr als hundert verschiedene Dampflok-Bauarten, teilweise in Einzelstücken und kleinsten Serien. Dieselloks, Elektromaschinen, Feldbahnfahrzeuge und Speicherlokomotiven kamen hinzu.

Deshalb stellte der Arbeitsausschuss Typenbereinigung und Auftragsregelung einen auf die wichtigsten Modelle beschränkten Katalog auf, der als »Typenprogramm der für die Dauer des Krieges zugelassenen Lokomotiven« mit der HAS-Anordnung Nr. 57 vom 27. Juli 1942 für alle Lokfabriken Gültigkeit bekam[61]. Trotz der Konzentrationsbemühungen hatte die Liste noch einigen Umfang[62]:

A) Kriegs-Dampflokomotiven (KDL)

1. Für Vollbahnen

KDL 1 Baureihe 52 1‘E h2
KDL 2 BMB Reihe 534.0 1‘E h2 [63]
KDL 3 Baureihe 42 1‘E h2

2. Für Industrie- und Privatbahnen (Normalspur)

KDL 4 Typ ELNA 6 Dh2t
KDL 5 800-PS-Industrielok E n2t
KDL 6 600-PS-Industrielok D n2t
KDL 7 400-PS-Industrielok C n2t
KDL 8 250-PS-Industrielok B n2t

61 Witte [5], S. 3, nennt für die Bedarfsträger neben der Reichsbahn eine Beschränkung von 97 Dampfloktypen auf fünf, von 74 Motorloktypen auf fünf Modelle.

62 Zur Zusammenstellung der Tabellen wurde Material verwendet, das Dipl.-Ing. Johannes Töpelmann erarbeitet hat.

63 Die tschechoslowakische Reihe 534.0 war wegen ihrer auf 14 t beschränkten Achsfahrmasse für die Strecken des damaligen Protektorats Böhmen und Mähren besonders geeignet. Nachdem sie auch in Versuchsfahrten des RZA (Professor Nordmann) in Böhmisch Trübau ihre Leistungsfähigkeit und Sparsamkeit erwiesen hatte, wurde ihrem Weiterbau zugestimmt. Daß sie dazu in das KDL-Programm aufgenommen werden musste, wird von Griebl/Wenzel [51], S. 86 und 104, übersehen. Von der Fertigung wurde aber im Oktober 1942 Abstand genommen.

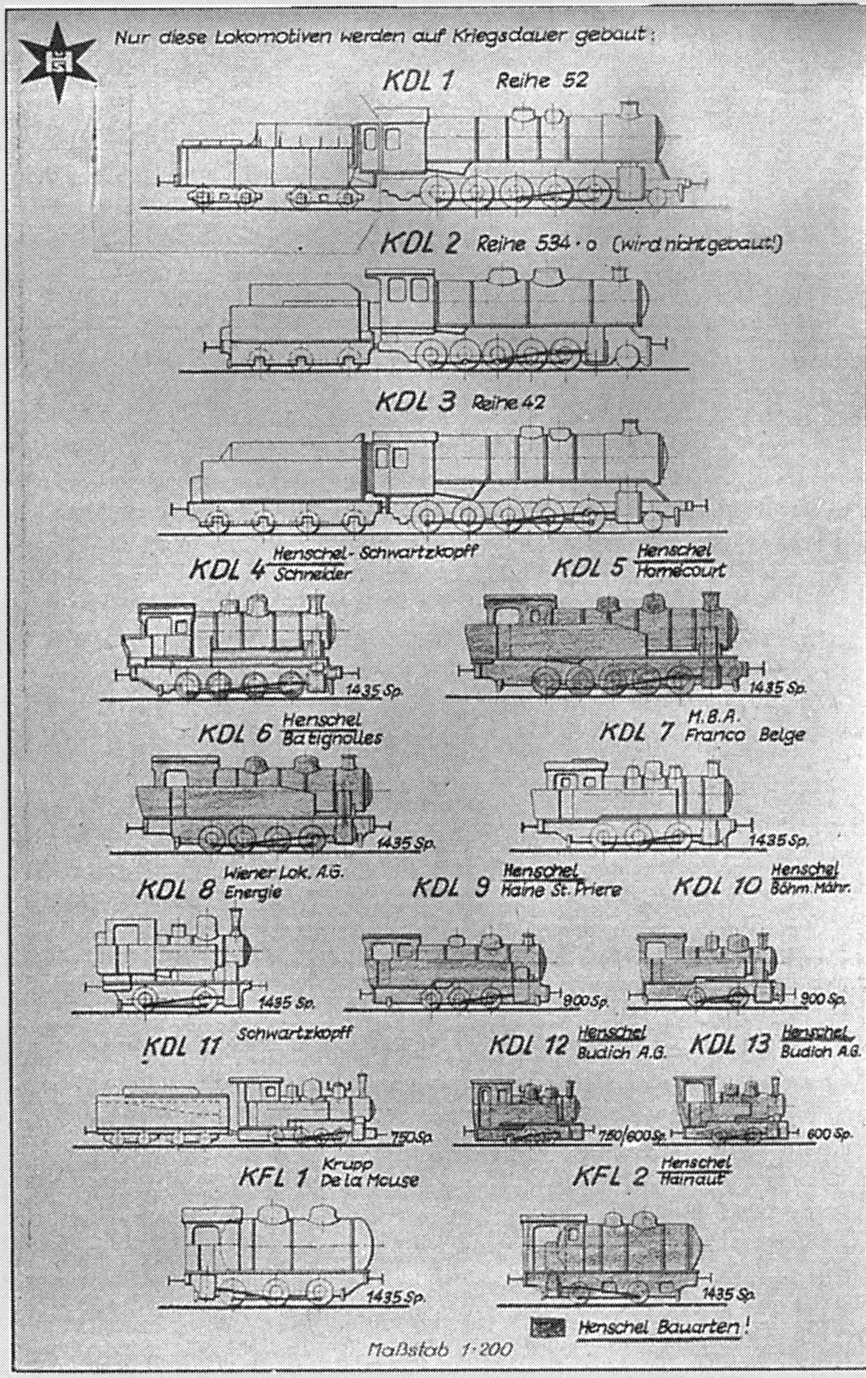

Dieses Typenblattt gibt eine Übersicht derjenigen Maschinen, die in das Programm der Kriegs-Dampflokomotiven aufgenommen wurden. Es wurde am 21. November 1942 unter besonderer Berücksichtigung der Henschel-Bauarten für den Arbeitsausschuß Typenbereinigung und Auftragsregelung aufgestellt.
(Henschel-Typenblatt Nr. 766)

3. Schmalspurlokomotiven
KDL 9 400-PS-Abraumlok (900 mm) C h2t
KDL 10 200-PS-Baulok (900 mm) B n2t
KDL 11 160-PS-Feldbahnlok (750 mm) D n2
KDL 12 70-PS-Feldbahnlok (600/750 mm) C n2t
KDL 13 70-PS-Baulok (600 mm) B n2t

B) Feuerlose Lokomotiven (KFL)
KFL 1 Krupp-Modell Cf2 KFL 2 Henschel-Modell Bf2

Es handelt sich dabei nicht um ein neues, geschlossenes Typenprogramm nach gemeinsamen Entwicklungsrichtlinien, sondern einfach um die Zusammenfassung jener Industriemodelle, die aus den Katalogen der Werke nicht mehr gestrichen werden konnten. Sie waren daher untereinander auch kaum vereinheitlicht; Ausnahmen bildeten nur die Reichsbahnloks KDL 1 und 3, die von der Fachgruppe Bau entwickelten KDL 10 und 13 sowie die Heereslokomotiven KDL 11 und 12. Die Normung der übrigen Typen kam erst 1944 bei den wichtigsten Ausrüstungsteilen in Gang[64].
Nach den Vorstellungen Degenkolbs sollten möglichst alle in der GGL zusammengefassten Lokfabriken nur die Reichsbahn-Baureihe 52 produzieren, während Aufträge über die anderen Typen nur noch im Ausland und in den besetzten Gebieten ausgeführt werden durften. Weil sich aber die alteingeführten Firmen dagegen wandten, daß ihnen nun die Bestellungen ihrer privaten Stammkunden entgehen sollten, wurde ihnen eingeräumt, auf entsprechende Anfragen weiterhin mit Angeboten – nun aus dem Typenkatalog – antworten zu dürfen. Nach Vertragsabschluss musste die Bauausführung dann intern verlagert werden. Häufig erhielt der Besteller von diesem Vorgang keine Kenntnis, weil die Loks auch Fabrikschilder und Fabriknummern der deutschen Werke besaßen. Diese besorgten auch die finanzielle Seite der Verlagerung. Darüber hinaus sah der Katalog vor, daß für besondere Betriebsverhältnisse ausnahmsweise andere Bauarten genehmigt werden konnten, die aber nicht allgemein angeboten werden durften. Nachdem der Arbeitsausschuss Auftragsregelung, Verlagerung und Typenbereinigung[65] das Fehlen eines Loktyps für 1000-mm-Spur im Programm bemängelt hatte, wurde er 1944 bei Krupp als Kriegs-Sonderdampflokomotive SDL 1 zugelassen. Dort sollte auch eine Lieferung schwerer 1'D1'-Tenderloks als SDL 2 für die Hermann-Göring-Werke entstehen, da die Essener Fabrik durch ihre weitgehende Zerstörung keine Loks mehr an die Reichsbahn liefern konnte, doch wird für diesen Typ später die Böhmisch-Mährische Maschinenfabrik angeführt[66].
Unter der Bezeichnung SDL 3 wurde bei Krauss-Maffei eine leichtere Mikado-Tenderlok genehmigt[67].
Auch für die anderen Traktionsarten wurden Kriegs-Typenprogramme aufgestellt. Wegen der anhaltenden Mineralölknappheit und des Vorranges der Wehrmacht hatte der Bevollmächtigte für die Maschinenproduktion am 1. Juli 1942 den Bau von Lokomotiven mit Verbrennungsmotor für den Zivilbedarf verboten. Diese Anordnung gestattete aber weiterhin den Bau von Motorloks für Zwecke der Reichsverteidigung sowie für wichtige Exportfälle[68]. Das Programm umfasste folgende Modelle:

C) Kriegs-Motorlokomotiven (KML)
1. Normalspur
KML 1 WR 360 C 14 (360 PS) C dh
KML 2 LDF 110/Köf II (110 PS) B dh

Während die KML 1 direkt für die Wehrmacht gebaut wurde, sollte die Kleinlok KML 2 im Rangierbereich der Reichsbahn größere Dampflokomotiven ablösen. Im Juli 1943 wurde jedoch vom OKH ein Posten von 155 Stück KML 2 bei Deutz bestellt[69].

2. Schmalspur
KML 3 Feldbahnlok HF 130 C (600–750 mm) C dh
KML 4 Feldbahnlok HF 50 B (600–750 mm) B dm
KML 5 25-PS-Baulok MD 2 (500–762 mm) B dm
KML 6 75-PS-Grubenlok (450–900 mm) B dm
KML 7 32-PS-Grubenlok (470–680 mm) B dm

Die Typen KML 3 und 4 kamen nur für das Heer in Betracht. Für die Baulok MD 2 wurden später die Varianten KML 5a mit Holz- und Torfgasantrieb sowie KML 5b für Anthrazit und Schwelkoks eingesetzt; außerdem kam als KML 8 ein 9-PS-Fahrzeug (400 – 700 mm/2,7 t/B dm)[70] hinzu. Als Lieferanten der Schmalspurloks waren Gmeinder, MBA-Montania, die Ruhrtaler Maschinenfabrik, Schöttler und Windhoff vorgesehen.

64 Ndschr. 28 (13. März 1944), S. 11.

65 Rundschreiben Nr. A 36 des Arbeitsausschusses Auftragsregelung vom 2. Februar 1943.

66 Ndschr. 28 (13. März 1944), Anlage 13; Nschr. 31 (20. Juli 1944), S. 14; Rundschreiben Nr. II – 27 des AA Auftrags- und Kostenregelung vom 19. Oktober 1944.

67 Ebenda. Daneben vermutet J. Töpelmann, die KDL 6 sei auch mit Überhitzer und größeren Zylindern gebaut worden.

68 HAS-Anordnung Nr. 59 (8. August 1942); Nachrichten des Hauptausschusses Schienenfahrzeuge Nr. 2, S. 3; Reichsanzeiger und Preußischer Staatsanzeiger 1942, S.151.

69 Kriegstagebuch AA Auftragsregelung, 2. Juli 1943.

70 HAS-Anordnung Nr. 109 (12. Februar 1943). Im Gegensatz zu diesen Beschlüssen wurden jedoch 1943 Ausnahmegenehmigungen erteilt, die bereits in Auftrag befindlichen Motorloks zu fertigen, soweit dafür das Material vorhanden war. So kam es, daß die Ruhrtaler Maschinenfabrik erst 1946 ihre erste KML 8 und 1947 ihre erste KML 7 abliefern konnte, nachdem gegen Ende des Krieges auch die Motoren für diese Modelle nicht mehr zur Verfügung gestanden hatten.

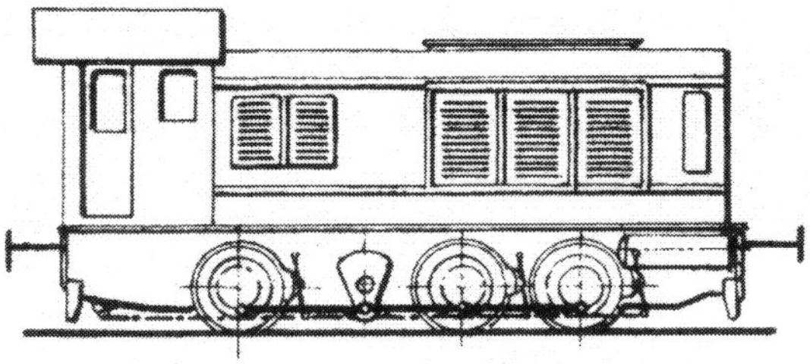

– KML 1 –
M.~1:130

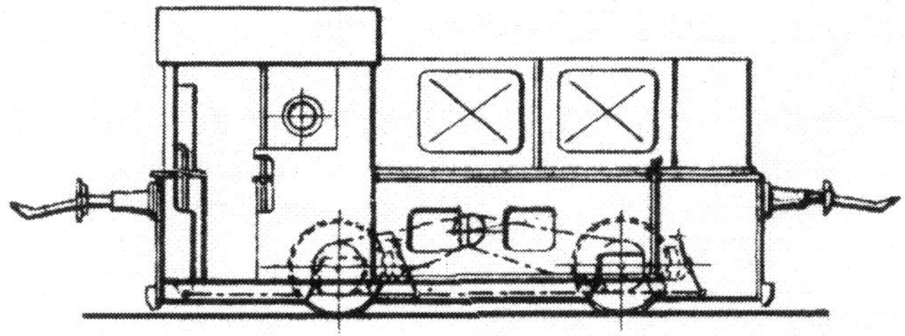

– KML 2 –
M.~1:90

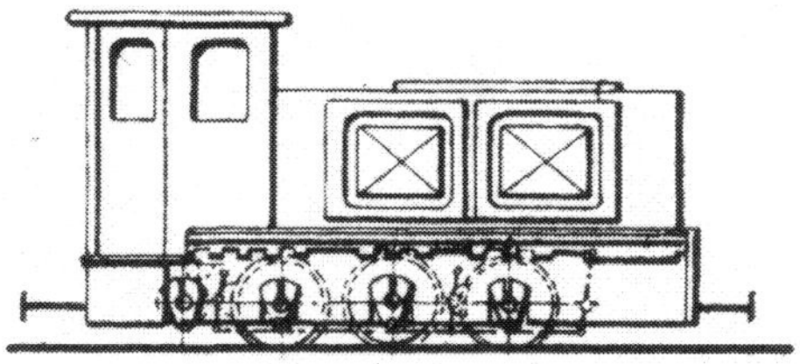

– KML 3 –
M.~1:90

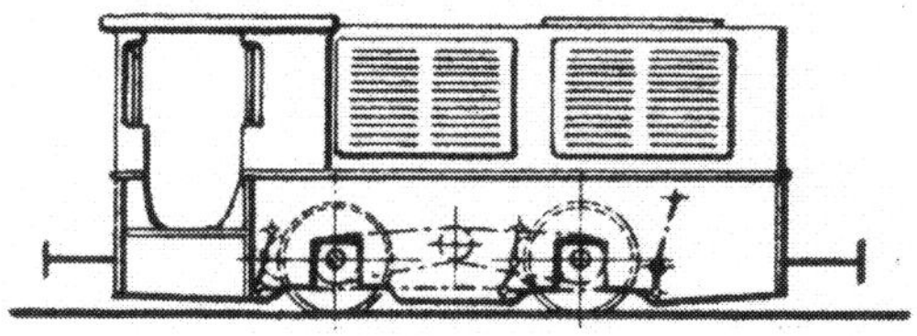

– KML 4 –
M.~1:80

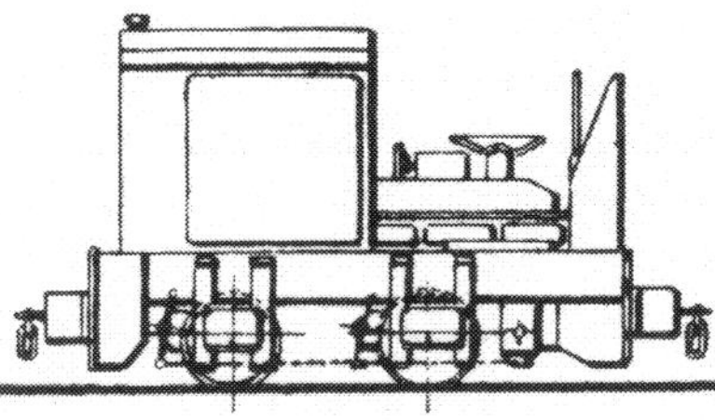

– KML 5 –
M. 1:60

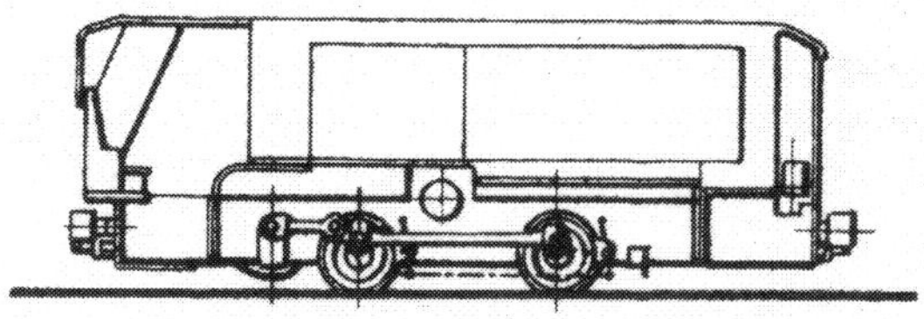

– KML 6 –
M. 1:80

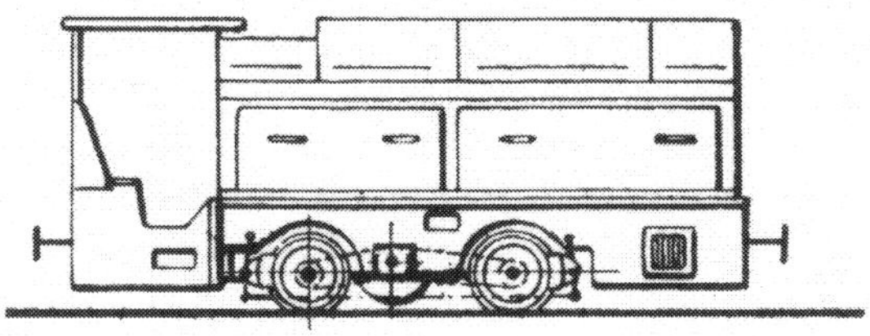

– KML 7 –
M. 1:60

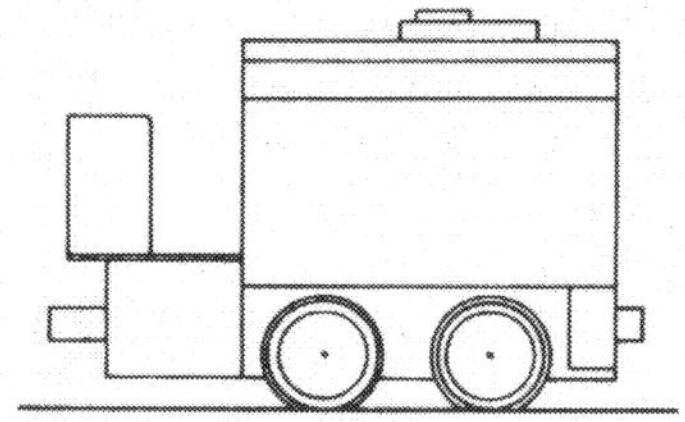

KML 8

Das Typenprogramm der Kriegs-Motorlokomotiven enthielt zwei maschinen für Normalspur und sechs Modell für Schmalspur.
(Henschel-Zeichnung Nr. Sk XI 1132/1943)

D) Kriegs-Elektrolokomotiven (KEL)
1. Normalspur
KEL 1 Baureihe E 94 Co'Co'
KEL 2 Baureihe E 44 Bo'Bo'
KEL 3 1200/ 1500-V-Abraumlok Bo'Bo'Bo'

2. Schmalspur
KEL 4 1200-V-Abraumlok (900 mm) Bo'Bo'
KEL 5 220-V-Industrielok (550/630 mm) Bo
KEL 6 220-V-Grubenlok (500/630 mm) Bo
KEL 7 Akku-Grubenlok (500/630 mm) Bo (31 kW)
KEL 8 Akku-Grubenlok (500/630 mm) Bo (17 kW)
KEL 9 Akku-Grubenlok 1500/630 mm) Bo(11 kW)

E) Kriegs-Druckluftlokomotive (KDrl)
KDrL 1 40-PS-Streckenlok (475 – 720 mm) B
KDrL 2 14-PS-Abbaulok (500 – 620 mm) B
Der Fülldruck der beiden Druckluftlokomotiven betrug einheitlich 200 bar[71].

Wohl enthielt der Typenkatalog noch immer über 30 verschiedene Modelle von teilweise recht geringer Bedeutung doch war deren Herstellung in kleineren Werkstätten und das Ausland verdrängt. In den Fabriken des Deutschen Reiches wurden nur die wichtigsten Normalspurmaschinen gefertigt, zunächst vor allem die KDL 1.

Die Bestellungen der ersten Vergabe

Am 15. August 1942 wurde der große, 15 000 Stück umfassende Auftrag, in 7000 Lokomotiven der BR 52 (lieferbar bis Februar 1944) und in 8000 Lokomotiven der bereits geplanten, aber noch nicht durchkonstruierten BR 42 aufgeschlüsselt, an die Industrie weitergegeben[72]. Die Baulose umfassten jeweils 250 Einheiten; außerdem entschied sich der Hauptausschuss wegen der größeren Wirkung, welche die neue Baureihennummer der Kriegslok in der Öffentlichkeit haben sollte, dazu, die Mehrzahl der ab Herbst 1942 auszugliedernden Loks der Ausführung 50 ÜK, nämlich die Maschinen 50 2773 – 2777 ÜK und 50 3045 – 3387 ÜK (348 Lokomotiven), mit niedrigen Betriebsnummern der BR 52 zu bezeichnen, da sie dem Entwurf der Kriegslok 52 001 bereits näher zu sein schienen als der Ausgangsbauart, BR 50. Die erste Vergabe der BR 52 deren Betriebsnummern und Quoten nach dem Alphabet und abhängig von der Kapazität der Werke verteilt wurden, hatte folgendes Aussehen:

52 001	Borsig (Vorauslok)	1	
52 002-349	BR 50 (ÜK)	348	
52 350-1099	Borsig-BLW	750	
52 1100-1349	DMW/Posen	250	
52 1350-1599	Esslingen	250	
52 1600-1849	Graffenstaden	250	
52 1850-2089	Henschel & Sohn (Kondenslok)	240	} 1250
52 2090-3099	Henschel & Sohn	1010	
52 3100-3349	Jung	250	
52 3350-4049	Krauss-Maffei	700	
52 4050-4749	Fr. Krupp	700	
52 4750-5124	MBA-Orenstein& Koppel	375	
52 5125-5374	Oberschles. Lokwerke Krenau	250	
52 5375-5874	F.Schichau	500	
52 5875-6624	Schwartzkopff-BMAG	750	
52 6625-6684	Skoda	60	
52 6685-7434	WLF-Floridsdorf	750	
52 7435-7559	Warschau	125	
insgesamt		7559	

Der Wunsch der Hanomag, auch wieder Lokomotiven zu bauen, konnte wegen anderer Rüstungsaufträge für ihre Werke nicht berücksichtigt werden. Daneben hatte die Reichsbahn am 24. Juli 1942 mit vier der sieben belgischen Lokomotivfabriken, die gerade an 200 Einheiten der BR 50 arbeiteten, Vorverträge über jeweils 50 Loks der BR 52 abgeschlossen: John Cockerill, Seraing (52 8001-8050); Forges, Usines et Fonderies, Haine-Saint-Pierre (52 8051-8100); Ateliers Métallurgiques, Tubize (52 8101-8150) und Ateliers Franco-Belge, La Croyère (52 8151-8200). Erste Vorbesprechungen im Verkehrsministerium hatten bereits die Lieferung von insgesamt 20 000 Einheiten der BR 52 in drei Vergaben und nach dem Erreichen der großen sowjetischen Ölfelder weiteren 5000 ölgefeuerten Maschinen dieses Typs zum Inhalt, wurden jedoch später nicht mehr fortgesetzt.

Zulieferung von Bauteilen

Eine wesentliche Forderung des »Führerprogramms« war es, ohne Industrie-Neubauten auszukommen. Das ist durch die »Verlagerungen« tatsächlich gelungen. Die Angabe nur einer Lokfabrik bei jeder Serie bedeutet nicht, daß die jeweiligen Maschinen vollständig von den betreffenden Werken gebaut werden sollten. Schon immer waren Pumpen, Bremsen, Luftbehälter usw. von Spezialunternehmen hergestellt und zugeliefert worden. Zur zentralen Beschaffung dieser Teile in großen Mengen gründete der Hauptausschuss Schienenfahrzeuge durch Anordnung Nr. 16 am 24. April 1942 die Zulieferungs-GmbH. Sie übernahm auch die Steuerung der zunächst von den Lokfabriken selbst betriebenen Ausstellungen sowie einer Anzei-

71 HAS-Anordnung Nr. 115 (2. April 1943). Der komplette Kriegstypenkatalog wurde 1974 in zwei Teilen von Gustav Röhr in Krefeld als Faksimile nachgedruckt.

72 Am 5. September 1942 schien es so, als sei die Aufteilung in 10 000 Lokomotiven BR 52 und 5000 Lokomotiven BR 42 geändert worden, doch wird in der Folgezeit wieder die alte Aufschlüsselung genannt.

genkampagne in den Zeitungen des Reiches, mit denen Firmen des allgemeinen Maschinenbaus zur Produktion von Führerhäusern, Aschkästen und Sanddomen geworben wurden, um die Lokfabriken von diesen Fertigungen zu entlasten. Der Bau von Lokomotivtendern wurde ebenfalls an Waggon- und Maschinenbaufirmen abgegeben, die jeweils für bestimmte Werke der GGL arbeiteten. Hieran sollten zunächst auch acht schweizerische Unternehmen beteiligt werden, doch wurden wegen Devisenschwierigkeiten mit ihnen keine Verhandlungen mehr geführt. Besonders ist zu erwähnen, daß vom Arbeitsausschuss Kessel fortwährend versucht wurde, geeignete Maschinenfabriken, Werften und andere als Kessel-Zulieferer zu gewinnen. Von den zahlreichen Firmen, die sich meldeten, unterschätzten viele Ihre Umstellungsschwierigkeiten und wurden lieferungsunfähig; andere waren auf Stehkessel nicht eingestellt und konnten nur wenige Langkessel zuliefern. Zu den Firmen, deren Kessel in die BR 52 eingebaut werden konnten, gehörten[73] Bahnbedarf Rodberg (Darmstadt), Blohm & Voß (Hamburg), Erste Brünner Maschinenfabrik, Danziger Werft, Deutsche Werft (Hamburg), Deutsche Werke Kiel, Dingler (Zweibrücken), Dupuis & Co. (Mönchengladbach), Ferrum (Sosnowiece), Francke (Bremen), MF Germania (Chemnitz), Germaniawerft (Kiel), Howaldt (Hamburg), M. Jahr (Gera), MAN (Gustavsburg), Mavag (Budapest), Natorp & Eberhardt (Hohenturm bei Halle), Niesky (Mönchengladbach), E. Meyer (Gleiwitz), Oschatz (Meerane), Ottenser Eisenwerke (Altona), Schichau (Werft Danzig), Walter & Cie. (Delbrück) und Wilhelmshütte (Sprottau) sowie die RAW St. Pölten und Straßburg. Da das Kesselschild oft das einzige Kennzeichen war, nach dem man sich nach Verlust des Betriebsbuches im Ausland später noch richten konnte, werden vereinzelt auch diese Firmen als Lieferer der Lokomotiven genannt[74].

Die Ersatzbauten

Zu den einstigen ÜK-Lokomotiven sei noch bemerkt, daß Zweifel daran, wo die Grenze zwischen den BR 50 und 52 genau zu ziehen sei, zur Indienststellung der als 50 3168-3187 ÜK bestellten Maschinen 52 124-143 (I. Besetzung) unter den Nummern 50 3145-3164 ÜK führten. Sie wurden bereits den Ersatzbauten zugerechnet, welche Krupp (50 3045–3069 ÜK[II]) und MBA (50 3070–3144 ÜK[II]); 50 3145-3164 ÜK[II])[75]) 1943 an die DR lieferten. Diese Lokomotiven entstanden, nachdem bei den Werken weitere Teile der BR 50 mit dem Abschluss der Überleitungsaktion nicht mehr in die BR 52 eingebaut werden konnten, und bildeten, da zu ihrer Fertigstellung nun Teile der Kriegslok verwandt wurden, eine neue ÜK-Form der BR 50. Die Anordnung weiterer Vereinfachungsmaßnahmen an der Baureihe 44 wurde im Herbst 1942 eingestellt; Materialumstellungen gab es jedoch auch bei ihr. Die zahlenmäßige Verteilung der ÜK-Lokomotiven innerhalb der drei Ursprungsbaureihen[76] ist bereits in den von Werner Fricke veröffentlichten Listen[77] enthalten und wird auch in den Verzeichnissen von Oscar Pieper berücksichtigt, so daß ihre Darstellung hier entfallen kann. Dabei ist bemerkenswert, daß Anfang 1943 auch die Beschaffung der BR 86 nach wenigen ÜK-Serien (86 456-487 von DWM; 86 528-543 von Krupp) eingestellt wurde, während die Fertigung von 710 Loks der Bauart 44 ÜK nach dem Auslaufen der mit den deutschen Werken abgeschlossenen Verträge an die französischen Unternehmen Batignolles, Cail, Fives und Schneider (vereinzelt auch an Graffenstaden) sowie an die dänische Fabrik von Frichs (Aarhus) abgegeben wurde. Dazu mussten die französischen Werke die Konstruktion der Baureihe 44 käuflich erwerben. Die Lokomotiven 44 728 ff (Schneider 1942) wurden so fast ausnahmslos als ÜK-Maschinen an die DR, nach Kriegsende auch an die SNCF, geliefert. Trotz der Beschaffung der mittleren Kriegslok, BR 42, und der Pläne zu einer schweren Güterzugbaureihe (3. Kriegslok) wurden ÜK-44er bis Ende 1944 in Dienst gestellt.

Die ÜK-Loks der BR 50 wurden ab Mitte 1942 von all den deutschen Lokfabriken gebaut, welche sie später in die Regelausführung der BR 52 überzuleiten hatten. Sobald dieses Ziel erreicht war, wurde der ÜK-Bau eingestellt. Abgesehen von den oben erwähnten Ersatzbauten lieferten ab 1943 bis zum Kriegsende nur die belgischen Werke von Cockerill, Couillet, Energie, Franco-Belge, Haine-St. Pierre, La Meuse und Tubize unter Vermittlung der Betreuungsstelle West in Brüssel Maschinen des Typs 50 ÜK. Kleinere Serien konnten auch bei CKD (50 1907–1941 ÜK), Skoda (50 1892–1906 ÜK) und Ostrowiece (50 2638-2663 ÜK) für die Warschauer Lokfabrik ausgeführt werden.

73 Die Liste entstand unter Verwendung eines Textes von Ing. Werner Fricke; vgl. auch Rundschreiben AK 24 vom 2. September 1942.

74 So gibt z.B. der NSB-Druck 750a (Typ 63a) für die Lokomotiven 52 2843 und 52 3113 anstelle der Ablieferer Henschel und Jung die Kesselbaufirmen Mavag und Francke als Hersteller an. Griebl/Wenzel [15], passim, nennen für eine Anzahl Kriegslokomotiven auch die besonderen Fabriknummern der Kessel.

75 Nach Lage der Fabriknummern wurde die zweite Serie (13 711–790) vor der ersten (14 196–255, 14 269–283) als I. Besetzung 50 3168–3187 ÜK vergeben; bis Mitte 1943 alle bei Krupp geplant, wegen Ausbombung verlagert.

76 Fragwürdig erscheint, ob man ÜK-Bauart als eigene Baureihe 50 ÜK bezeichnen kann, da die vielen Varianten nur teilweise so große Abweichungen gegenüber der Baureihe 50 aufweisen, daß eine besondere Baureihenbezeichnung zu vertreten wäre.

77 Werner Fricke: Einheitslokomotiven der DR. – In: Mitteilungen des Vereins der Eisenbahnfreunde 1964, Blatt 66 – 69 (BR 42); Blatt 92 – 95 (BR 44), Blatt. 161 – 164 (BR 50): 1965, Blatt 68 – 70 und 92 – 94 (BR 52); ferner Oskar Pieper [29]. Siehe auch Alfred Gottwaldt: Katalog der Reichsbahn-Einheitslokomotiven – Stuttgart 1981.

Bereits am 12. September 1942 stellte die Borsig-Lokomotivwerke GmbH mit der 52 001 das Baumuster der KDL 1 vor. Die Konstruktion des Wannentenders musste aber noch einmal gründlich überarbeitet werden. Der Tender der 52 001 fasste 34 m³ Wasser.
(Foto: Slg. D. Endisch)

Als Prototyp der Kriegslok mußte die Vorauslokomotive 52 001 (BLW 15 446), abgeliefert am 12. September 1942, einen Blechrahmen erhalten, doch wurden in der Serie die Ausschnitte über dem Laufradsatz nicht mehr gemacht. *(Werkfoto)*

Im September 1942 unternahm die Leitung des Hauptausschusses Schienenfahrzeuge mit der Lokomotive 52 001, einer Maschine der Baureihe 50, dem Ausstellungszug sowie mehreren Schlafwagen eine Rundfahrt zu Werken der Gemeinschaft Großdeutscher Lokomotivfabriken, um das neue Modell vorzustellen. Das Bild zeigt den Zug auf dem Gelände der Aktiengesellschaft vormals Skodawerke in Pilsen. (Werkfoto)

Besuch des »Demonstrationszuges« bei der Wiener Lokomotivfabrik am 24. September 1942. In der ersten Reihe von rechts die Direktoren Hitzler und Lipp aus Floridsdorf, sodann Degenkolb (mit Hut), Meckel (Hand in der Hosentasche) und Konstrukteur Dr. Gilli (Riemen über der Schulter). Die Lokomotiven 50 3004 bis 3010 warteten noch auf die Tender. (Foto: Archiv)

Vom 15. bis 17. Dezember 1942 befand sich der Vorführzug des Sonderausschusses Schienenfahrzeuge im Hauptquartier »Wolfsschanze« bei Rastenburg zur Demonstration vor Adolf Hitler. In der Gruppe sind außerdem Meckel, Degenkolb und Speer zu erkennen. (Foto: Archiv)

Ablieferung der Vorauslokomotive 52 001

Die Vorauslokomotive 52 001 mit Blechrahmen wurde am 12. September 1942 von den Borsig Lokomotiv-Werken mit der Fabriknummer 15 446 fertiggestellt; den dazugehörigen Wannentender lieferte Westwaggon Köln-Deutz. Der Ablieferungszeremonie wohnten die Minister Speer und Dorpmüller bei. Als Demonstration der im gesamten Schienenfahrzeugbau unter seiner Leitung inzwischen getroffenen Maßnahmen zur Erhöhung der Produktivität veranlasste Degenkolb, daß die 52 001 für kurze Zeit in Hennigsdorf neben der regulären 50 373 aufgestellt wurde. In einem angekuppelten Zug wurden die charakteristischen Teile der Kriegslok zusammen mit Bauteilen der Friedensausführung gezeigt; die Ausstellungswagen waren selbst Vergleichsobjekte kriegsbedingter Vereinfachungen. Dazu waren in sechs G- und zwei Pwgs-Wagen Seitenwandfenster und Stirnwandtüren angebracht worden, außerdem waren
1 gedeckter Güterwagen Ghs (Bremen),
1 Kühlwagen Gkhs (Berlin),
1 gedeckter Güterwagen Glhs (Leipzig) ,
1 Güterzuggepäckwagen Pwgs,
1 Rungenwogen Rmms (Ulm),
1 offener Güterwagen Ommu (Klagenfurt),
1 offener Güterwagen Ommu mit abnehmbarem Kessel
in vereinfachter Form beigestellt, so daß der Zug insgesamt 15 Wagen hatte. Die Produktion der Lok 52 001 innerhalb so kurzer Zeit und die vielen Vereinfachungen der Konstruktion wurden in der Tagespresse und in den Fachzeitschriften[78] ausführlich gefeiert. Heute darf jedoch die Tatsache als gesichert angesehen werden, daß die Mehrzahl der alten Teile im Demonstrationszug noch aus der Länderbahnzeit stammten und bei der angegriffenen BR 50 längst nicht mehr verwendet wurde. In der Ausstellung wurden sie benutzt, um den scheinbaren Fortschritt der Kriegslokomotiv-Konstruktion bei Laien besonders hervorzuheben. Eine ähnliche Manipulation hatten wir bereits bei der Berechnung der Kupfer- Ersparnis festgestellt. Als Hitler von Speer bei ihrer Rüstungsbesprechung vom 20. bis 22. September 1942 einige Fotos und Skizzen der neuen Kriegslokomotive 52 001 vorgelegt wurden, verlangte er die Anbringung eines vom Führerstand bedienbaren Suchscheinwerfers mit Kugelgelenk sowie den Einbau

78 Berliner Börsenzeitung Nr. 483, 13. Oktober 1942; Deutsche Allgemeine Zeitung Nr. 483, 13. Oktober 1942; Warter Lehmann: Die Kriegslokomotive, eine hervorragende Leistung der deutschen Lokomotivkonstrukteure. – In: Energie 21 (1942), S. 181 – 183, 12-Uhr-Blatt, 13. Oktober 1942.

eines primitiven Klosettrohrs im Führerhaus[79]. Bis zum 6. Oktober 1942 ging der Zug auf eine 5000 km lange Rundfahrt, mit der Degenkolb die Betriebstauglichkeit der neuen Lok prüfen und mit der er sie allen für die Lieferung geplanten Werken vorführen wollte. Bei der Rückkehr nach Berlin gab er eine erste Bilanz seiner Tätigkeit, ausgedrückt durch Zahlen der jeweils in einem Monat des Jahres 1942 abgelieferten Lokomotiven:

Februar:	116
März:	137
April:	137
Mai:	167
Juni:	200
Juli:	201
August:	209
September:	223.

In Degenkolbs Ansprache im »Lokomotivhaus« am 6. Oktober 1942 vor den Leitern der Arbeits- und Betriebsausschüsse im Hauptausschuss Schienenfahrzeuge hieß es (nach einer Mitteilung Steinhausers): »Die Kriegslokomotive, die nun ihre ersten 5000 km gefahren ist, hat gezeigt, daß die Konstruktion und auch die Werkstattarbeit und das Material den Anforderungen standgehalten haben. Was an Kleinigkeiten gewesen ist, wird bei jeder Probefahrt vorkommen, einige Undichtigkeiten und sonstige kleine Änderungen, die in den nächsten Tagen noch gemacht werden. Wir haben auf dieser Fahrt viele neue Erfahrungen gesammelt. Vor allen Dingen war es interessant, wie in den einzelnen Werken Ingenieure und Arbeiter sich mit der Maschine befasst haben, sie sind drunter und drüber gekrochen. An Kritik hat es nicht gefehlt, aber auch nicht an Anerkennung. Es sind Vorschläge gemacht worden über Verbesserungen, alles Dinge, die uns sehr freuen, denn wir sehen daran, daß das Interesse groß war. Die Gründe, warum wir losgefahren sind, waren folgende: Die Maschine ist in kürzester Zeit, beinahe in Tagen zusammengebaut worden. Ich habe sie sofort auf große Fahrt geschickt, um einmal zu sehen, was damit los ist, denn wenn man eine Serie von 10 000 Stück auflegt, muss man sich klar darüber sein, ob man das verantworten kann oder nicht, denn wenn die Serie läuft und es kommen große Änderungen, kann das gesamte Programm damit aus der Bahn geworfen werden. Diese Sicherung musste ich haben, und ich glaube, daß dies auch in ihrem Interesse gelegen hat. Ich habe die Fahrt bewusst ausgedehnt auf 5000 km, weil ich mir sagte, wenn die Maschine hier irgendwo im Lande bleibt und dann einige Güterzüge von Ort zu Ort fährt, ist diese Fahrt niemals zu kontrollieren, weil man nicht weiß, welches Maschinenpersonal darauf kommt, ab das Personal die Maschine richtig behandelt, und manchmal kann etwas passieren, wo die Schuld auf die Konstruktion oder die Werkstattausführung geschoben wird, und in Wirklichkeit liegt die Schuld ganz woanders. Bei dieser Fahrt war dies ausgeschlossen. Ich war dabei und konnte genau beobachten, wie gefahren wurde und was mit der Maschine gemacht wurde, und dann war Herr Oberreichsbahnrat Witte, der erste Fachmann, den wir kennen, dabei, der sich selbst mit der Maschine befasst hat und selbst gefahren ist an den Strecken, wo große Steigungen waren und die Maschine bis zur vollsten Leistung ausgefahren werden konnte. Außerdem waren zwei alte Lokführer vom Versuchsamt Grunewald dabei, die in den letzten Jahren nichts anderes getan haben als Probefahren. Es ist also die Gewähr gegeben, daß wirklich sachlich mit der Maschine umgegangen wurde. Wir sind im Gouvernement und in den besetzten Gebieten auf den schlechtesten Strecken gefahren, mit Kurven mit ganz kleinen Krümmungsradien. Hierbei ergab sich, daß bei dem Tender noch einige Konstruktionsänderungen nötig sind.«

Auf Vorschlag des Ministers Dorpmüller berief Hitler am 12. Dezember 1942 Degenkolb in den Beirat der Deutschen Reichsbahn. Vom 15. bis 17. Dezember befand sich der Zug mit den beiden Loks im Führerhauptquartier, wo ihn Hitler mit dem Vorsitzer Degenkolb und Mitarbeitern des Hauptausschusses Schienenfahrzeuge besichtigte. Erst am 14. Februar 1943 stand er dem Versuchsamt Grunewald wieder zur Verfügung.

Ehe wir unsere Aufmerksamkeit nun der Massenproduktion der Kriegslokomotive 1942, Baureihe 52, sowie der weiteren Geschichte des Hauptausschusses in den Jahren 1943 und 1944 zuwenden können, soll nachfolgend der technische Aufbau der Maschine in den wichtigsten Teilen beschrieben werden. Es wird die Bauart zugrunde gelegt, wie sie ab Lok 52 350 von den Fabriken eigentlich geliefert werden musste, obwohl der AA Konstruktion im April 1943 feststellte, daß die BR 52 anfangs durchaus nicht artrein gebaut wurde. Da über diese Vorgänge selbst damals keine genauen Unterlagen geführt wurden, weil der Umfang der Vereinfachungsmaßnahmen überaus groß war, und weil die Kriegslok durch die technische und wirtschaftspolitische Entwicklung einer ständigen Wandlung unterworfen war, kann dies nur in Umrissen erfolgen.

79 Boelcke [8], S. 28 und 187.

3 Technischer Aufbau

Fahrgestell, Laufwerk und Dampfmaschine

Im Gegensatz zu dem bei Einheitslokomotiven der Reichsbahnbauart üblichen Barrenrahmen von 100 bis 120 mm Plattenstärke sollte bei der BR 52 wieder ein Blechrahmen verwendet werden, weil die Lieferwerke beim Abwalzen dieser für andere Zwecke dringender benötigten Dimensionen entlastet werden mussten. Auch hoffte man, diese Rahmenform noch in Stahlbaufirmen außerhalb der Lokwerke fertigen zu können. Mit Ausnahme der Vorauslok 52 001 wurden jedoch zu Beginn der Fertigung jene 328 Maschinen der BR 52 mit Barrenrahmen geliefert, die noch als ÜK-Lokomotiven der BR 50 angearbeitet worden waren. Aber auch die folgenden ersten Serien der eigentlichen Kriegslok wurden noch zum größten Teil mit Barrenrahmen versehen, da die bei den einzelnen Werken in unterschiedlichen Mengen lagernden Barrenrahmenplatten teilweise erst im Frühsommer 1943 aufgebraucht waren. So waren die ersten BR-52-Baulose der Firmen

Esslingen	52 1350-1471,
Henschel & Sohn	52 2090-2159,
Jung	52 3100 ff,
Krauss-Maffei	52 3350-3444,
MBA	52 4750ff.,
Schichau	52 5375-5501,
Schwartzkopff	52 5875-5964 und
Floridsdorf	52 6713-6764

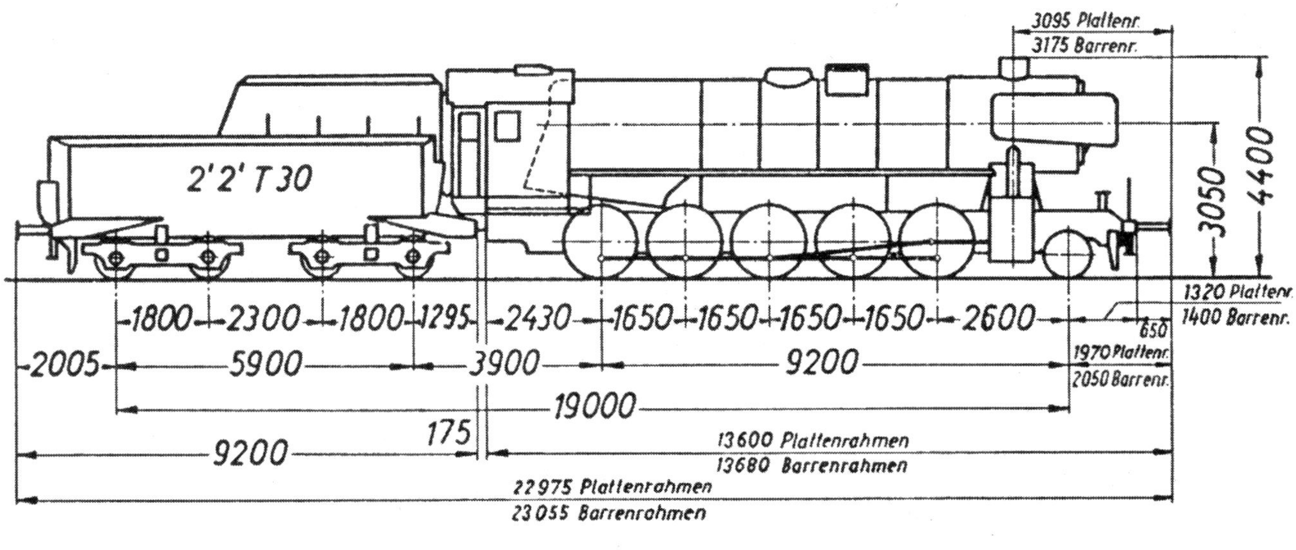

Übersichtsskizze der Baureihe 52 aus dem Merkbuch für Dampflokomotiven der Deutschen Bundesbahn mit den unterschiedlichen Maßen für Lokomotiven mit Barrenrahmen (wie Reihe 50) und mit Blechrahmen.

zumindest teilweise mit Barrenrahmen ausgerüstet, wobei die beiden Rahmenarten selbst innerhalb einer Serie oft vermischt vorkamen. Betriebs- und Werkstättendienst der DR sprachen sich zunächst entschieden gegen den Blechrahmen aus, mussten ihn aber annehmen, weil die Kriegslok nur eine sehr beschränkte Lebensdauer haben sollte. Im Folgenden werden beide Rahmenformen mit Ausnahme besonders begründeter Fälle gemeinsam behandelt. Der Laufradsatz war schon bei der BR 50 mit dem vorderen Kuppelradsatz in einem Krauss-Helmholtz-Gestell von 2600 mm Radsatzstand vereinigt. Alle mit Blechrahmen gebauten Loks der BR 52 hatten nur ein vereinfachtes, schwächeres Gestell, bei dem auch die Wickelfelder entfallen waren. Da die Deichsel des Lenkgestells in der ersten Bauform schon nach kurzer Zeit Schäden aufwies, wurde bis Ende 1943 die Konstruktion mehrfach verstärkt. Die Tragfelder des Laufradsatzes legte man, wie es nach dem Krieg allgemein üblich wurde, über die Rahmenwangen, um eventuelle Federlagenbrüche leichter erkennen zu lassen. Um einen Gleisbogen von 100 m Halbmesser zwanglos befahren zu können, wurde der Ausschlag des Laufradsatzes wie bereits bei der BR 50 mit 125 mm bemessen, der erste und fünfte Kuppelradsatz je 25 mm seitenverschiebbar angeordnet und der Spurkranz des Treibradsatzes um 15 mm geschwächt. Die bisherige Radreifenstärke am Laufkreis von 75 mm wurde durch Anweisung 16 vom 6. Juni 1942 bis Mitte 1943 vorübergehend auf 50 mm reduziert. Die Treibradsatzlager waren als Mangold-Lager mit dreiteiligen Lagerschalen ausgebildet. Als Radsatzlagerführungen dienten Pressstoffgleitplatten ohne Stellkeile, da man davon ausging, beim Osteinsatz der Lokomotiven könne dort weder mit besonders geschulten Fachkräften noch mit den erforderlichen Gruben zum regelmäßigen Nachstellen der Keile gerechnet werden; die erst beabsichtigte Einführung stählerner Buchsenlager in den Stangenköpfen hätte dies aber unbedingt erfordert (bei Überschreiten der für Buchsenlager festgesetzten Stichmaße bestand sonst die Gefahr des Heißlaufens und Ausschmelzens der Lager). Im Betrieb hingegen zeigte sich bald, daß der Verschleiß der Gleitplatten durch das Schlagen der Lager häufig vorzeitig einsetzte, so daß die Lok einen Unterhaltungsabschnitt nicht störungsfrei durchlaufen konnte. Da auch die Versuche mit gußeisernen Gleitplatten an der Lok 52 040 keinen Gewinn erbrachte, kam man beim Entwurf der BR 42 von der stellkeillosen Radsatzlagerführung wieder ab. Durch Anweisung 140 des AA Konstruktion vom 29. November 1943 wurden die Firmen Graffenstaden, Jung, MBA, Skoda, DWM/Posen, Krenau und die belgischen Werke wieder zum Einbau von Steilkeilen auch an der BR 52 aufgefordert, während die restlichen Lokfabriken, bei denen die BR 52 zugunsten der BR 42 auslaufen sollte, diese Änderung nicht mehr ausführten. Die Zylinder in den von der BR 50 übernommenen Maßen waren gut isoliert, die Ausströmkästen direkt angegossen. Wie bereits bei den letzten Lieferungen dieser Baureihe, wurde anstelle des Karl-Schultz-Druckausgleichkolbenschiebers der Regelkolbenschieber in Verbindung mit selbsttätigen Winterthur-Plattendruckausgleichern ohne Luftsaugeventil auf dem Schieberkasten geliefert. Diese Ausführung bewährte sich gleichfalls nicht, so daß sie nach Ende des Krieges bei einer Reihe von 52ern der DB wieder ausgebaut und durch den Karl-Schultz-Schieber ersetzt wurde. Die Funktion der Zylindersicherheitsventile als Schutz gegen Wasserschlag übernahmen leicht auswechselbare Bruchscheiben aus Gußeisen in den Zylinderdeckeln; Sammeltöpfe an den Zylinderentwässerungshähnen entfielen. Über eine in den Druckausgleichern einmündende Heizleitung, die gleichzeitig die Druckölleitung vor Kälte schützte, war es möglich, den Zylinderraum bei geschlossenem Regler anzuwärmen. Eine ganz entscheidende Vereinfachung war beim Bau der Stangen notwendig, denn die Industrie besaß nur Fräsmaschinen für 250 Loks pro Monat, selbst wenn Dreischichtbetrieb gefahren wurde. Bisher waren die Treib- und Kuppelstangen der Dampflokomotiven aus einem Stück geschmiedet und allseitig bearbeitet worden. Als geradezu revolutionäre Kriegsmaßnahme wurden nun »mutig primitiv« [Steinhauser] sämtliche Stangenköpfe des Triebwerks im Gesenk geschmiedet und elektrisch stumpf an rohe Stangengeschäfte aus I-Walzprofil geschweißt, so daß nur noch die Lagerflächen bearbeitet werden mussten. Die Treibstange hatte vorn ein festes Buchsenlager aus Rotguß 5, hinten ein mit Keilen nachstellbares zweiteiliges Stangenlager. In die stählernen Buchsenlager der Kuppelstangen wurde eine Rotgußschicht eingeschleudert, die ihrerseits einen Weißmetallaufguß trug und so wesentlich dazu beitrug, Nichteisenmetalle einzusparen. Bei der Steuerung lagen die Unterschiede zur herkömmlichen Ausführung im Ersatz der aufwendigen Führung der Schieberstangen durch eine Pendelaufhängung und in der Zusammenfassung von Schwingen- und Steuerwellenlagerung in einem vereinfachten Träger. Die in der Regel mit Gelenken angeschlossenen vorderen und hinteren Endkuppelstangen waren bei der BR 52 unter Verwendung durchschiebbarer Kuppelzapfen seitensteif mit den übrigen Kuppelstangen verbunden. Die Anwendung der noch recht neuen Schweißtechnik im Triebwerk war sicherlich eine der bedeutendsten und radikalsten Änderungen gegenüber dem herkömmlichen Lokomotivbau. Bis zum Kriegsbeginn begegnen wir ihr weder in Forschung und Lehre noch in der Praxis, dennoch hat sie sich gut bewährt. Brüche, wie sie bei den Treib- und Kuppelstangen anfänglich relativ häufig vorkamen, ließen sich einwandfrei auf fehlerhafte Schweißarbeit einzelner Werke zurückführen. Von der Reichsbahn durchgeführte Biegeproben mit sachgemäß gefertigten Stangen ergaben,

Mai 1943 — Heft 5

Der Erfahrungsaustausch

HERAUSGEBER: DER REICHSMINISTER FÜR BEWAFFNUNG UND MUNITION

Wir haben den Monatsdurchschnitt der Produktion des Jahres 1941 an Lokomotiven im Mai 1943 um mehr als 300 Proz. gesteigert. Diese Leistung wird im Laufe dieses Jahres mit Sicherheit noch wesentlich überboten werden.

Aus dem Bericht von Reichsminister Speer im Berliner Sportpalast.

Heutige Ausführung: Durchweg roh im Gesenk geschmiedete Teile.

Ein Musterbeispiel für die Einsparung von Einsatzgewicht, Bearbeitungszeit und Entfeinerung bietet die Kriegslokomotive. (S. auch 4. Umschlagseite)

Frühere Ausführung: Aus dem vollen freiformgeschmiedeten Rohling allseitig bearbeitetes (gefrästes) Gestänge.

daß deren Brüche nahezu immer außerhalb der Schweißnähte lagen[80], so daß man dieses Verfahren auch später hätte verwenden können. Weil sich aber die Fertigung der speziellen Walzprofile für die verschiedenen Stangen nur bei den großen Stückzahlen der Kriegszeit lohnte, ist es in der Folgezeit überwiegend bei Reparaturen (Anschweißen neuer Stangenköpfe an alte Stangen) angewandt worden[81].

Der Kessel der Baureihe 52

Der zur Konstruktion der Kriegslokomotive allgemein geltenden Konzeption, die Hauptabmessungen der BR 50 nach Möglichkeit beizubehalten, wurde beim Entwurf des Kessels im wesentlichen entsprochen[82]. So gestattete es die unveränderte Rostfläche (R) von 3,89 m^2 ebenso wie bei dem Ausgangstyp, auch minderwertige Kohle zu verfeuern. Die gleichfalls übernommene Verdampfungsheizfläche (Hv) von 177,83 m^2, die Langkesselabmessungen von 1700 mm Durchmesser und 5200 mm Rohrlänge hatten sich nach damals geltender Auffassung bei der BR 50 bereits bewährt. Unter Beibehaltung der zufriedenstellenden Überhitzung von ≈ 370°C wurde der Überhitzer Bauart Schmidt mit einteiligem Sammelkasten angewandt, also nicht mehr der Wagner-Überhitzer der BR 50.
Wie bei der Mehrzahl der 50er-Kessel wurde auch bei der BR 52 der in genügenden Mengen vorhandene und für die Dampfspannung von 16 bar vollkommen ausreichende Stahl St 34.12 verarbeitet. Von der Verwendung des Kesselbaustoffes St 47 K, den hauptsächlich die Wiener Lokfabrik Floridsdorf bei den nach Kriegsbeginn gelieferten Maschinen der BR 50 benutzt hatte, sah man von vornherein ab. Die vollständig aus alterungsbeständigem I Z II-Stahl zusammengeschweißte Feuerbüchse wurde mit stählernen Stehbolzen und Deckenstehbolzen im Stehkessel verankert, der selbst mit einem Pendelblech anstelle der Schlingerstücke auf dem Rahmen abgestützt war. Die ursprünglich vorgesehenen beweglichen Stehbolzen wurden schon kurz nach Fertigungsbeginn durch feste ersetzt, um dadurch die Produktion größerer Stückzahlen zu erleichtern. Die fünf Lokomotiven 52 002 (Ablieferung 30. September 1942) bis 006 waren auf Risiko von Henschel mit leicht gewölbter Feuerbüchsdecke ausgerüstet, wie sie später ab 42 501 zur Anwendung kam. Die Deckenstehbolzen waren etwa radial angeordnet; ein weiterer, durch den parallelen Einbau von Feuerbüchs- und Stehkesseldecke zu erzielender Fortschritt wurde aus fertigungstechnischen Gründen jedoch wieder verworfen. Der aus zwei Schüssen bestehende Langkessel trug nur noch den Reglerdom und – wie bereits bei den letzten ÜK-Lieferungen der BR 50 – anstelle der beiden gußeisernen nur noch einen geschweißten Sandkasten , dessen Leitungen zu den vier vorderen gekuppelten Radsätzen führten. Die Rohrwand wurde in den vorderen der beiden Kesselschüsse, deren Wandstärke 17,5 mm betrug, eingenietet. Daran schloss sich nach vorn die 2571 mm lange Rauchkammer an, bei deren Tür man auf den Zentralverschluss verzichtete und es bei den acht Vorreibern bewenden ließ. Die Rauchkammerstreben entfielen; Funkenfänger, Bläser und Rauchkammerspritzrohr wurden zwar teilweise vereinfacht, erfüllten aber den von der Reichsbahnnorm geforderten Zweck. Wenn auch die Strahlungsheizfläche (H_{VS}) des Kessels der BR 50 (und damit auch der BR 52) mit 15,90 m^2 nur eine durchschnittliche Größe erreichte und das Strahlungsverhältnis $\phi_S = H_{vs} : R$ deshalb nur 4,09 betrug, so hatte man doch 1938 aus dem missratenen Bau der Baureihen 06 und 45 beim Entwurf der BR 50 bezüglich der Abstimmung der Heizflächen und des Wertes einer relativ großen Strahlungsheizfläche bereits gewisse Konsequenzen gezogen. Das Verhältnis $\phi_H = H_{vb}, : H_{vs}$, der indirekten zur direkten Heizfläche wurde mit 10,18 so bemessen, daß die Feuerraumbelastungen bei höherer Beanspruchung nun schwer Werte erreichen konnten, die der Haltbarkeit der Feuerbüchse abträglich sind. Unter Berücksichtigung der damals üblichen Grenzbelastungen für Kessel der Reichsbahnbauart b_H = 57 kg/m^2h, ergibt sich für die BR 52 folgende größte Dampferzeugung:
$D_N = b_H \times H_v = 57 \times 177{,}83 \approx 10\,120$ kg/h.
Während sich also die Hauptabmessungen der beiden Kessel kaum voneinander unterschieden, werden die Vereinfachungen, die an der BR 50 zur Entwicklung in die BR 52 vorgenommen wurden, bei Betrachtung der Grobausrüstung deutlicher sichtbar: Der bei der Reichsbahn bisher übliche Oberflächenvorwärmer entfiel vollständig, da man annahm, daß weder der Vorwärmer selbst noch seine Speisepumpe dem russischen Winter gewachsen sein würden, wie sich

80 Hierauf wird u. a. im Hilfsheft 605 der DR [4] mit Nachdruck hingewiesen. Vgl. auch Ndschr. 25/26 (18./19. Januar 1944), Anlage 10.

81 So etwa beiden Österreichischen Bundesbahnen (Mitteilung Ing. Walter Kramer)

82 Alle Maßangaben nach DV 939 a [7].

Abbildung links:
Selbst auf das Titelbild einer Fachzeitschrift wurde die moderne Fertigungsweise der Stangen für die Kriegslokomotive gebracht: Der Treibstangenkopf für die Kriegslokomotiven wurde im Gesenk geschmiedet und hierauf mit besonderen Walzprofilstangen zusammengeschweißt. Auf eine weitere Oberflächenbearbeitung wurde ebenso wie auf die bisherigen Schmiergefäßverschlüsse verzichtet. Unten im Bild ein Stangenkopf der Friedensausführung: Stange und Kopf sind aus einem Teil in Freiform geschmiedet und hierauf allseitig durch Fräsen bearbeitet.

das bereits im Jahre 1941 an den älteren preußischen Maschinen gezeigt hatte. Man glaubte, ihn umso eher entbehren zu können, als die Wirksamkeit des Abdampfvorwärmers in hohem Maße von seiner sachgerechten Bedienung abhing und die besonderen Betriebsverhältnisse während des Krieges mit häufig recht langen Standzeiten der Lokomotiven vor den Zügen die Möglichkeiten für den sinnvollen Einsatz dieser Einrichtung ohnehin stark einschränkten. Der Fortfall des immer pflegebedürftigen Speisewasserreinigers erschien aufgrund ähnlicher Überlegungen ebenfalls gerechtfertigt, da sich die Abscheideeinrichtungen dieser empfindlichen Anlage bei unregelmäßiger Reinigung zusetzten und dadurch unwirksam wurden. So sah man unter der Stiefelknechtplatte nur ein vereinfachtes Gestra-Abschlammventil mit Handbetätigung vor. Das Speisen des Kessels wurde von zwei auf der linken Stehkesselseite angebrachten Dampfstrahlpumpen mit je 180 l/min Förderleistung besorgt. Viele Heizer hatten den Eindruck, daß diese beiden Strahlpumpen bei voller Kesselanstrengung nur knapp in der Lage waren, den Wasserverbrauch zu ersetzen. Die Speisewasserdruckleitungen lagen mit Gefälle unter der Kesselverkleidung; die beiden Speiseventile an der linken Langkesselseite waren meist mit einem Schutzkasten umgeben. Bei den Maschinen 52 005 und 006 waren die Pumpen versuchsweise an der Stehkesselrückwand angebracht, die Speiserohre führten von dort durch den Stehkesselraum in den Langkessel. Im Führerhaus befand sich auf dem Stehkessel ein gemeinsamer Dampfentnahmestutzen für die Dampfheizung, die Lichtmaschine, den Hilfsbläser und die beiden Strahlpumpen. Mit Ausnahme der Luftpumpe, deren Ventil rechts neben dem Reglerdom über ein Gestänge bedient wurde, waren so alle Ventile der Hilfseinrichtungen mit ihren Handrädern frostgeschützt und zugänglich angeordnet. Die Verlegung der Lichtmaschine auf den Stehkesselscheitel vor das Führerhaus unterstrich noch die Abkehr vom bisherigen Grundsatz der Reichsbahn, alle Armaturen direkt am Kessel anzuordnen. Anstelle der bei Reichsbahnlokomotiven sonst üblichen beiden sichtbaren Wasserstände waren nur noch ein Wasserstandsglas und zwei Probierventile vorhanden. Die Hochhub-Sicherheitsventile nach Ackermann hatten Stahlgußgehäuse erhalten. Die Pfeife entsprach wieder preußischer Bauart und war damit klein und billig; das Läutewerk war entfallen. Der Aschkasten bestand aus dem Ober- und zwei Unterteilen. Er besaß zwei Bodenklappen, je eine Luftklappe mit Funkensieb vorn und hinten sowie weitere Luftklappen in den schrägen Seitenwänden. Bei der BR 50 und den Barrenrahmenloks bei der BR 52 genügte diese Bauweise völlig, aber bei dem Blechrahmen (und später bei der BR 42) wurde der Aschkasten bis dicht unter den Rast hochgezogen, so daß auf den Seitenfeldern Luftmangel mit unvollkommener Verbrennung außen, Überlastung der Rastmitte und allgemein instabiler Verdampfung auftrat, bis die DB für Abhilfe sorgte.

Allgemeine Einrichtungen, Frostschutz, Bremse

Das äußere Bild der deutschen Kriegslokomotive wurde zum einen durch die Vereinfachungen, daneben aber besonders durch die Frostschutzmaßnahmen bestimmt. Erste Ansätze, die Lokomotiven der Reichsbahn dem Einsatz in der Sowjetunion anzupassen, hatte es bereits im Herbst 1940 gegeben, als beim Versuchsamt Grunewald probeweise eine preußische G 10 (BR 57^{10}) mit einem zusätzlichen Wasserwagen aus dem Tender 2'2' T 21,5 (pr) und mit Holzverkleidungen für Pumpen und Rohrleitungen an den beiden Kesselseiten ausgestattet worden war. In der Praxis des Winters 1941/42 hatte sich aber gezeigt, daß diese Vorkehrungen bei weitem nicht ausreichten, die Loks winterfest zu machen. Mit Rücksicht auf die in beiden Fahrtrichtungen gleiche Höchstgeschwindigkeit wurde das Führerhaus allseitig geschlossen und doppelwandig ausgeführt, so daß es nicht nur das Personal, sondern auch die zu diesem Zweck in den Führerstand verlegten frostanfälligen Armaturen gut gegen niedrige Temperaturen schützte. Zur Kohlenentnahme vom Tender war in der Führerhausrückwand ein durch einen runden Faltenbalg geschützter Ausschnitt vorhanden. Gepolsterte Sitzkästen und eine jeder Lok beigegebene Hängematte machten den Aufenthalt im Führerhaus auch bei längeren Standzeiten der Lok angenehmer als bei den meisten anderen Reichsbahn-Maschinen. Die Frostschutzmaßnahmen gemäß Anweisung 4 des Hauptausschusses Schienenfahrzeuge umfassten daneben Blechverkleidungen mit Glasgespinstisolierungen aller im Freien liegenden Bauteile, wie Dampfentnahmestutzen, Kesselventile, Rohrleitungen usw. Durch die Anweisung 39 des Hauptausschusses vom 21. Juli 1942 wurde der Anforderung des Transportchefs der Wehrmacht auf 2500 stärker frostgesicherte Maschinen durch den »erweiterten Frostschutz« entsprochen: Der gesamte Kessel sowie der Tenderwasserkasten wurden zusätzlich mit Glasfasermatten isoliert, über eine Mischdüse konnte das Tenderwasser angewärmt werden. Bei einem Kesseldruck von mindestens 8 bar, dicht verschlossenem Aschkasten und Schornstein, Tenderwassertemperatur von 20 °C und Dampfentnahme nur für die Luftpumpe und die Tenderheizung war es so möglich, eine ungeheizte Lok längere Zeit unbeschadet im Freien abzustellen. In Anweisung 44 (25. August 1942) wurde die Verteilung dieser Bauart auf die einzelnen Hersteller bekannt gegeben; Anweisung 62 (31. Oktober 1942) des Konstruktionsausschusses machte ihre Zahl jedoch von den beiden Ten-

Auch die letzten Lieferungen der Übergangs-Kriegslokomotiven waren bereits stark frostgeschützt. Zwar waren bei den von Krauss-Maffei im Januar 1943 fertiggestellten Maschinen 50 2838 ÜK und 50 2840 ÜK die Lichtmaschinen auf dem Kessel noch nicht verkleidet, doch die Schornsteinabdeckung ermöglichte längere Abstellzeiten im Freien.
(Foto: Sammlung Buchholz)

Im Winter 1942/43 spielte der Frostschutz für die Kriegslokomotiven eine wichtige Rolle. Die im Februar 1943 von Henschel & Sohn gebaute 52 2132 war mit dem erweiterten Frostschutz ausgestattet, der äußerlich an der Schornsteinabdeckung und dem isolierten Tenderwasserkasten zuerkennen war. Die Tenderbauart ist von der Baureihe 50 übernommen. *(Foto: Maey)*

Auch die von Krauss-Maffei unter der Fabriknummer 16 504 im April 1943 abgelieferte Lokomotive 52 3378 besaß den erweiterten Frostschutz, war jedoch mit dem Wiener Kastentender K 4 T 30 gekuppelt. *(Werkfoto)*

dertypen 2'2 ,T 26 und K4 T 30 abhängig, von denen bis zur Produktion des Wannentenders nur 1208 Einheiten bestellt waren:

Frostschutz nach	**Anw. 44**	**Anw. 62**
Borsig	230	100
Esslingen	90	50
Henschel	710	155
Jung	85	65
Krauss-Maffei	305	108
Krupp	–	100
MBA	240	160
Schwartzkopff	460	97
Schichau	–	130
Skoda	–	40
WLF	380	203
	2500	1208

Unter normalen Betriebsbedingungen ist der erweiterte Frostschutz, nach Ausfall Krupps in 1108 Einheiten geliefert, häufig abgebaut worden. Die Bremse war in der bei schweren Güterzugloks üblichen Anordnung ausgeführt: Die Einkammer-Druckluftbremse Bauart Knorr mit Zusatzbremse wirkte einseitig auf alle gekuppelten Radsätze; der Laufradsatz war ungebremst. Da die Gesamtwirkung der Bremse beibehalten werden musste, beschränkten sich die Vereinfachungen auf kleinere Einzelteile. Das Dampfteil der Doppelverbund-Luftpumpe wurde zusammen mit ihrer DK-Schmierpumpe auf der rechten Langkesselseite in einem beheizten Frostschutzkasten untergebracht. Die verschiedenen mit der BR 52 gekuppelten Tenderbauarten waren neben der Druckluftbremse mit einer Handbremse ausgerüstet und so gering abgebremst, daß die Höchstgeschwindigkeit der allein fahrenden Lok sowohl vorwärts wie rückwärts auf 70 km/h begrenzt werden musste. Außer den bereits erwähnten allgemeinen Einrichtungen zum Schutz des Personals (Führerhaus) und zum sicheren Betrieb (Sandstreuer, Pfeife, Bahnräumer, usw.) verdienen die Windleitbleche der Kriegslokomotive besondere Beachtung, da sie auf diesem Gebiet die seitherigen Erkenntnisse völlig verdrängten. Das ursprüngliche Vorhaben, die materialaufwendigen Bleche erst nach der Wiederkehr normaler Verhältnisse anzubringen, erschien bald unvorteilhaft da sich die bisher übliche Annahme, bei der relativ niedrigen Höchstgeschwindigkeit der Kriegslok werde Dampf und Rauch weit genug nach oben ausgeschleudert, als unrichtig erwies[83]. Um diesem Übelstand abzuhelfen, griff das Personal auch bei vielen ÜK-Loks zur Selbsthilfe und brachte auf den einzelnen Maschinen Umleitebleche an der Rauchkammeroberkante, Schornsteinfahnen ähnlich jenen der Stromlinienlok, und auch sogenannte Holz-Windleite in Form der alten, großen Bleche an. Parallel dazu verliefen Versuche der DR unter Friedrich Witte, der die herkömmliche Auffassung bezweifelte, daß der Kanälen ähnliche feste Verband aus der Verkleidung von der Pufferbohle bis zum Umlauf und zu den großen Blechen die wirksamste Lösung sei und durch Probefahrten mit der Lok 52 180 feststellte, daß die beiden unteren Bestandteile hier tatsächlich eine unbedeutende Rolle spielten. Sein Vorschlag, nur noch den Teil der Bleche anzubauen, der oberhalb des (gedachten) Umlaufes liegt, wurde in Zu-

83 Vgl. hierzu ausführlich bei Friedrich Witte: Windleitvorrichtungen bei Dampflokomotiven. – In: Die Bundesbahn 22 (1948), S. 96; ferner Ndschr. 17 (16. April 1943), Anlage 23, S. 99; Ndschr. 19 (28. Mai 1943), Anlage 6 S. 29.

An der Lokomotive 52 2328 (geliefert von Henschel unter Fabriknummer 27 496) wurden im Juni 1943 die letzten Versuche mit Windleitvorrichtungen gefahren, aus denen das »Witte-Windleitblech« entstand.
(Foto: Witte)

Der große Wannentender mit der Typenbezeichnung 2'2' T 34 (leicht) war ein unmittelbarer Vorläufer des Kriegsloktenders. Diese Probeausführung wurde von den Borsig-Lokomotivwerken Hennigsdorf mit der Maschine 44 1263 ÜK gekuppelt, die im Sommer 1942 mit Fabriknummer 15 149 von der Reichsbahn übernommen wurde. *(Werkfoto)*

sammenarbeit mit Professor Friedrich Mölbert, Hannover, durch Windkanalversuche mit der Lok 52 2328 weiter vereinfacht, bis schließlich 1943 das bekannte »Witte-Blech« entstanden war, dessen Vorteile sogleich bestachen: Bei verbesserter Wirkung auf die Sicht des Personals konnte der Materialbedarf von 1000 kg Stahl je Paar auf 200 kg gesenkt werden. Durch Anweisung 127 des AA Konstruktion vom 22. Juli 1943 wurden sie an der BR 52 eingeführt. Schließlich ist hier noch die gegen Kriegsende angebrachte Teilpanzerung des Kessels und des Führerhauses zu erwähnen. Bereits Anfang 1943 hatte die militärische Führung eine wirksame Vollpanzerung gegen Tieffliegerbeschuss gefordert, deren Einführung aber an dem zusätzlichen Bedarf von 10 t Stahl gescheitert war. Daraufhin hatte man versucht, zumindest den Abdampf der Loks unsichtbar zu machen, weil er jeden Zug dem Flugzeug von weitem ankündigte, und die Lok 50 1694 probeweise mit zwei kleinen Kondensatoren vorn auf dem Umlauf ausgestattet[84], doch war der Versuch zu aufwendig. Als nun 1944 die Ausfallziffern – ein Schuss in den Kessel genügte, um die Lok und ihren Zug stillzulegen – stark anstiegen, wurde die Teilpanzerung eingeführt. Die Kesselpanzerung fiel bald wieder weg; das Personal sollte bei den Baureihen 52 und 42 wie bei anderen Loktypen durch Kisten aus 40 mm starkem Stahl (»Panzerkojen«) geschützt werden, die sich bei Hinterkesselbeschädigungen jedoch als tödliche Fallen erwiesen. Im Januar 1945 ordnete der AA Konstruktion für beide Kriegsloks noch eine Formtarnung durch unregelmäßige Bleche und Tarnanstrich an, die nur vereinzelt ausgeführt wurden[85].

Tenderbauarten

Bereits zu Anfang des Jahres 1940 hatten die Borsig-Lokomotivwerke dem RZA Vorschläge für einen Leichtbautender ausgearbeitet, bei dem in höherem Maße als bisher Grundsätze aus dem Großraum-Güterwagenbau auf Dampflok-Tender angewandt worden waren[86]. Der damals als Ersatz für den 2'3' T 38 der BR 01^{10} entworfene Tender versprach auf Anhieb eine hohe Ersparnis an Leergewicht bei unveränderten Vorräten, wurde jedoch mit Rücksicht auf die Produktionseinstellung bei Schnellzugloks in Anlehnung an den bisherigen Einheitstender 2'2' T 34 (BR 01, 03, 03^{10}, 41, 43, 44) verkleinert, um an dessen Stelle auf H-Strecken, möglichst auch mit einer Stromlinienverkleidung, bei Fahrgeschwindigkeiten bis zu 150 km/h benutzt zu werden. Der nach diesen Plänen im März 1941 in vier Exemplaren bestellte, hingegen erst ab Juli 1942 von BLW abgelieferte Tender 2'2' T 34 (leicht) entsprach in Material, Verarbeitung usw. durchaus noch der »Friedensqualität«, erbrachte aber gegenüber dem Einheitstender bei Anwendung der Schweißtechnik bereits ein Mindergewicht von 4600 kg und

84 Stockklausner/Weinstötter [38], S. 116 und 121 (mit Bild); außerdem zeigten sich während des Krieges noch Krupp, Henschel und WLF (Ndschr. 18, 11. Mai 1943, S. 5) sowie Borsig (Ndschr. 20, 18. Juni 1943, S. 7) an weiteren Prototypen interessiert.

85 Vgl. hierzu die Anweisungen des AA Konstruktion: Nr. 176 vom 28. September 1944; Nr. 187 vom 14. November 1944. 193 vom 4. Januar 1945.

86 Ausführlich bei Adolf Wolff: Untergestellfreie Leichtbautender. In: Glas. Ann. 66 (1942), S. 213; ferner Ndschr. 15 (4./5. März 1943), Anlagen 13–15; Ndschr. 17 (16. April 1943), Anlage 26, und Ndschr. 21 (16. Juli 1943), Anlagen 10–11.

Die im September 1943 von Maschinenbau-Bahnbedarf gebaute 52 4885 war, wie die überwiegende Mehrzahl der Kriegslokomotiven, mit dem Wannentender vom Typ 2'2' T 30 verbunden, der von Westwaggon nach den Grundsätzen des Kesselwagenbaues entwickelt worden war. Die Herstellung besorgten zahlreiche Fahrzeug- und Maschinenbaufirmen im gesamten Reichsgebiet für die einzelnen Lokfabriken. (Foto: Hubert)

wurde mit der BR 44 gekuppelt. Inzwischen hatte sich die Lage so angespannt, daß eine grundlegende Vereinfachung des Tenders, eher einer Neukonstruktion vergleichbar, vorgenommen werden musste. Begünstigt von der vermutlich kurzen Lebensdauer und der auf 80 km/h begrenzten Höchstgeschwindigkeit der zur Verwendung mit dem Tender vorgesehenen Kriegslok entstand zunächst der Tender 2'2' T 34 (überleicht) mit geringerer Wandstärke des Wasserkastens, verkleinerten Radsätzen, leicht veränderten Güterwagen-Drehgestellen von Westwaggon mit Preßblechrahmen sowie wesentlich vereinfachter Bremse. Mit Rücksicht auf die Abmessungen der BR 52 wurde der Entwurf jedoch nochmals überarbeitet und am 6. August 1942 zur endgültigen Ausführung als K 2'2' T 32 der Firma Westwaggon übertragen, die innerhalb weniger Wochen zwei Probetender fertigstellen konnte. Gegenüber dem geschweißten 50er-Tender 2'2' T 26 wurden etwa 50 Prozent an Arbeitsstunden und 31 Prozent an Material-Einsatzgewicht gespart. Das spezifische Tendergewicht Gπ: (W + B) konnte von 750 kg/t auf 467,5 kg/t, eine Höchstleistung im deutschen Tenderbau, verringert werden. Zur Kupplung mit der Lokomotive 52 7000 stellte Westwaggon noch 1942 eine als Ka-

Um der Reichsbahn mit der Kriegslokomotive auch den Verzicht auf den Güterzug-Gepäckwagen zu ermöglichen, entwickelte Westwaggon auf der Grundlage des Wannentenders ein Modell mit Zugführerkabine. Es wurde bereits im September 1947 fertiggestellt und soll zur Kupplung mit der Lok 52 7000 vorgesehen worden sein. (Werkfoto)

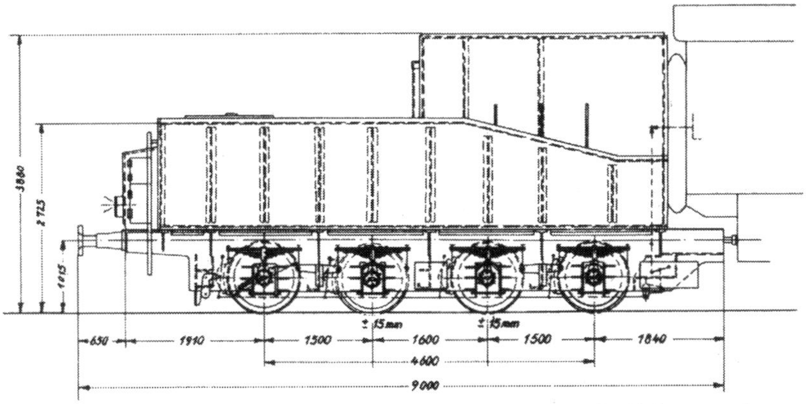

Unter den ersten Serien der Baureihe 52 wurde der »Wiener Steifrahmentender« K 4 T 30 vielfach verwendet. *(WLF)*

binentender ausgebildete Variante des Wannentenders vor. Eine zweite Tendergrundform der Kriegslokomotiven geht darauf zurück, daß die Wiener Lokfabrik gleichzeitig mit den Projekten 8636 einen neuen Tender vorgeschlagen hatte. Nach der Einstellung der Arbeiten an diesen Lokomotiven verlangte das RVM jedoch die beschleunigte Weiterentwicklung der Tenderkonstruktion zur Kupplung mit der BR 50. Der hierauf noch vor dem K 2'2' T 32 entstandene 4 T 30 ähnelte in seinem Äußeren sehr den vierachsigen Steifrahmentendern österreichischer Schnellzuglokomotiven. Gegenüber dem Tender 2'2' T 26 erbrachte er bei einer Lohnkostenersparnis von ungefähr 30 Prozent eine Verringerung des Einsatzgewichtes von 36,6 t auf 28,9 t (-21 Prozent) und der Anzahl der Teile von 8837 auf 5136 (-42 Prozent). Versuchsweise wurde die Lok 50 2955 von Floridsdorf mit einem österreichischen Tender früherer Konstruktion verbunden und auf der Strecke Kasatin – Christinowka Probefahrten unterzogen. Kurz darauf gab man zehn Exemplare der neuen Bauart 4 T 30, darunter ein Tender bereits mit dem erweiterten Frostschutz ähnlich der späteren Anweisung 39 des Hauptausschusses ausgerüstet, in der Wiener Neustadt zum Bau. Sie bewährten sich dank eines neuen, patentierten Querausgleiches sowie einer neuartigen Anfederung der querverschiebbaren Radsätze mit Rollenlagern besonders auch beim Bogenlauf gut, obwohl Witte die Arbeitsausführung mehrfach bemängelte. Noch während dieser Arbeiten hatte das Konstruktionsbüro der WLF – parallel zum BLW-Westwaggon – Entwurf des 2'2' T 34 (überleicht) – als Antwort auf die Anforderung eines für die BR 52 geeigneten Tenders den 4 T 36 (10 t Kohlenkasteninhalt) projektiert, der bezüglich der Verhältnisse G_{TI}, : G_{TD} und G_{TI}, : (W + B) = 459,0 kg/t ebenso günstige, teilweise sogar günstigere Werte aufwies als der K 2'2' T 32, aber durch Fortfall der Drehgestelle, weitere Vereinfachung der Bremse (einseitige Abbremsung) und der Abfederung erneute Arbeitsstundenersparnisse

Steifrahmentender der Bauart K 4 T 30 nach dem Entwurf der Wiener Lokfabrik zur Kupplung mit der Baureihe 52. Deutlich sind der runde Rahmen für den Faltenbalg zum Führerhaus und die dicken Isolierungen des Wasserkastens als »erweiterter Frostschutz« zu erkennen. (Foto: Meyer)

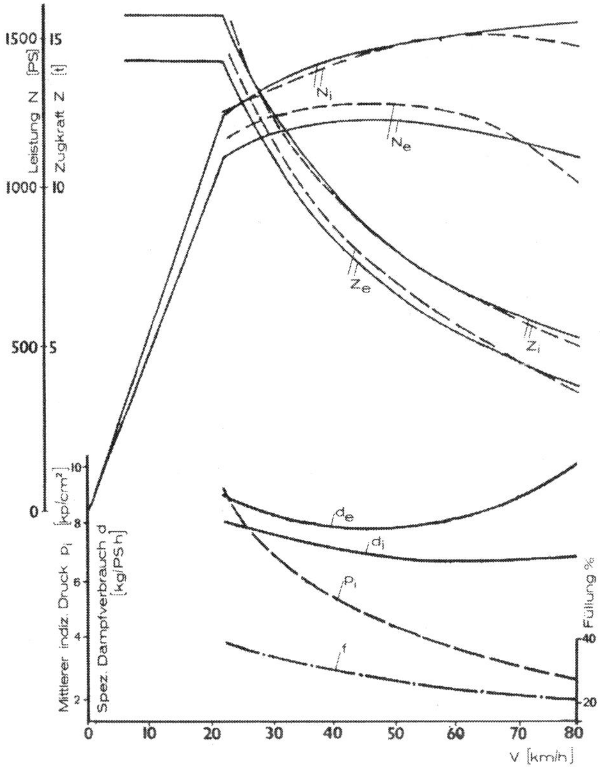

Leistung und Zugkraft der Baureihen 50/52 bei 57 kg/m²h Heizflächenbelastung (voll gezeichnet) rechnerisch, für Lokomotive 52 180 (durchbrochen) durch Versuchsfahrt ermittelt. Der untere Teil zeigt die dabei für die 52 180 festgestellten Werte von d_e, d_i und p_i mit den zugehörigen Füllungen. *(Nach Buttazoni/Velan)*

versprach. Da Westwaggon aber seine beiden Baumuster bereits innerhalb weniger Wochen vorstellen konnte, entschied man sich für die bereits ausgeführte Bauart. Schon früher war jedoch, um noch ungenutzte Kapazitäten auszulasten, die Tenderbauart 4 T 30 ebenfalls auf ihre Verwendbarkeit mit der BR 52 überprüft und nach Anpassung an das allseitig geschlossene Führerhaus der Kriegslokomotive (hauptsächlich Entfall der Schutzwand) als K 4 T 30 in größerer Stückzahl bestellt worden. Für diesen Tender ergab sich nun ein Verhältnis G_{Tl} : (W + B) von 623,3 kg/t. Die Wiener Lokfabrik wurde veranlasst, alle von ihr gelieferten Kriegsloks BR 52 mit Steifrahmentendern zu kuppeln, die bei den Rax-Werken in Wiener Neustadt und bei den Eisenwerken Kaiserslautern hergestellt wurden. Dieser Tender wurde jedoch auch von anderen Lokfabriken ihren Maschinen beigegeben. Der Steifrahmentender der Lokomotive 52 6768 wurde versuchsweise mit Beugniot-Gestellen ausgerüstet. Im Mai 1943 ergab dann eine Ausliterung der Wannentender-Bauart, daß sie nur über 30 ml Wasserkasteninhalt verfügte und deshalb nun als K 2'2'T 30 bezeichnet werden musste. Die oben genannte spezifische Tendermasse von 467,5 kg/t bezog sich bereits auf den neu ermittelten Wasservorrat (Ndschr. 19 S. 9). Die beiden Kondenstender-Bauarten 3'2' T 16 Kon und 2'2' T 13,5 Kon sind im Abschnitt »Kondenslokomotiven« beschrieben.

Versuchsergebnisse und Bewährung im Betrieb

Infolge der weitgehenden Identität der die Leistungsdaten bestimmenden Hauptabmessungen der Baureihen 50 und 52 sind die für erstere errechneten und ermittelten Leistungsdiagramme in vielen Fällen auch für die Kriegslokomotive gültig[87] Durch das Fehlen der Vorwärmeranlage ist jedoch bei der BR 52 theoretisch bei b_H= 57 kg/m²h der Wärmeaufwand je Kilogramm Dampf höher; durch die stärkere Rostbelastung zur Erzielung der Nenndampfleistung ist der Kesselwirkungsgrad in diesem Bereich folglich niedriger als bei der BR 50. Hieraus müsste sich für die Kriegslok ein Kohlenmehrverbrauch gegenüber der Aus-

87 Die Ergebnisse der Baureihe 50/52 können erst im Vergleich mit den anderen Einheitsloks der Reichsbahn richtig ausgewertet werden. Siehe daher die umfassende Veröffentlichung der Versuchsergebnisse von Reichsbahnlokomotiven bei Hans Nordmann: Theorie der Dampflokomotive auf versuchsmäßiger Grundlage. – In: Organ f. d. Fortschritte des Eisenbahnwesens 85 (1930), S. 225 – 270. Leider wurden Versuche oberhalb der Kesselgrenze nur zaghaft durchgeführt.

Tabelle 3: Abmessungen der Kriegslok-Tender

	Tenderleermasse t	Kohlevorrat t	Tendergesamtmasse t	Tenderleermasse kg je t Vorrat	Erster Beschaffungspreis RM
2'2'T 26	25,5	8	59,5	750,0	32 000
K 4 T 30	23,8	8	61,8	626,3	25 000
K 2'2 T 30	18,7	10	58,7	467,3	
2'2 ,T 13,5 Kon	41,6	9	65,7	1848,9	88 100
3'2'T 16 Kon	48,6	9	74,3	1944,0	96 300

gangsbauart für die gleiche Nutzleistung sowie eine geringere Überlastbarkeit ergeben. Sieht man davon ab, daß der Vorwärmer-Ausnutzungsgrad von 100 Prozent im Betrieb nie erreicht werden kann, so hat auch der von der Theorie wenig beachtete Übergang vom Überhitzer nach Wagner zum alten Schmidt-Überhitzer bei der BR 52 in der Praxis dann zu einer abweichenden Erscheinung geführt. Während nämlich die systematischen (Messwagen-) Versuche bei hohen Kesselbelastungen für die BR 52 gegenüber der BR 50 einen Kohlenmehrverbrauch bis zu 45 Prozent auswiesen, ergaben die Betriebsstatistiken scheinbar ein anderes Bild: Auf der 21. Sitzung des AA Konstruktion (Anl. 5, S. 20 f.) wurde für die BR 50 ein Kohlenverbrauch von 23,9 t/1000 km, für die BR 52 aber nur 19,15 t/1000 km angegeben, also 18 Prozent Ersparnis der Kriegslok. Es fehlt jedoch der Hinweis, ob beide Typen hier tatsächlich im gleichen Dienstplan mit den gleichen Lastwerten eingesetzt waren, während wirklich eindeutige Daten, etwa in [t/106 tkm], nicht mitgeteilt werden. Ergebnisse des LVA Grunewald liegen nur in bescheidenem Umfang und nur für den Barrenrahmentyp vor. Da die 52 001 durch die Rundfahrt nicht zur Verfügung stand, wurde die 52 180 (BMAG 12 185, Dezember 1942, vorgesehen als 50 3224 ÜK) dazu verwendet[88]. Das Schaubild zeigt die damals ermittelten Werte der 52 180 durchbrochen, die sich mit den errechneten Werten für die BR 50/52, deren Übereinstimmung unterstellt wurde, in befriedigender Ähnlichkeit befinden. Der untere Teil des Diagramms zeigt den spezifischen Dampfverbrauch (d_e und d_i), den mittleren indizierten Druck (p_i) und die diesen Werten zugeordneten Füllungen bei b_H = 57 kg/m²h, jedoch ohne Vergleichswerte für die BR 50. Nach Buttazoni/Velan liegt für die BR 52 der günstigste indizierte Dampfverbrauch bei 6,7 kg/PS_ih bei V = 66 km/h. Die entsprechenden Effektivwerte lauten d_e = 7,8 kg/PS_eh und 47 km/h, liegen also in dem für Güterzugloks wichtigsten Bereich zwischen 40 und 50 km/h. Diese Werte stammen von einer Lok mit Barrenrahmen. Messfahrten mit den Maschinen 50 001 und 50 137 hatten bereits früher ergeben, daß dieser Typ als niedrigsten Wert d_i = 6,25 kg/PSh erreichte. Aus diesen Zahlen lassen sich bei b_H = 57 und D_N = 10 125 als indizierte Leistung N_i = 1480 PS, für die BR 52, aber 1590 PS_i für die alte BR 50 errechnen. Bei den Loks mit Blechrahmen, die ja das Gros der Kriegslokomotiven stellten, mögen die Ziffern theoretisch ähnlich ausgesehen haben; Messfahrten sind allerdings nicht bekannt. In der Praxis erwiesen sie sich hingegen durch den hohen Aschkasten mit seinen Luftproblemen als nicht voll auslastbar, weil sonst der Kesseldruck abfiel und Dampfmangel eintrat. Es bleibt daher auch offen, ob sich die in Tabelle 4 mitgeteilten Belastungstafeln aus dem Merkbuch DV 939 a auf genügend lange Beharrungszeiten stützten, oder einem vereinfachten Feststellungsverfahren der Kriegszeit entsprangen. Beim Lokpersonal waren die Kriegslokomotiven der Baureihe 52 nicht so unbeliebt, wie man bei der spartanischen Ausrüstung hätte erwarten können. Das allseitig geschlossene Führerhaus verschaffte der Maschine viel Anerkennung. Durch den Wegfall mancher Ausrüstungsteile waren auch viele Störungsquellen entfernt worden. Beim Wannentender und besonders beim Wiener Kastentender wurde gelobt, daß die Kohle sich von allein im Kohlenkasten nach unten zum Führerhaus bewegte, weil die Neigung des Bodens steiler als bei der Reihe 50 gewählt war. Auf die Schwierigkeiten mit den stellkeillosen Radsatzlagerführungen wurde bereits hingewiesen.

88 Dargestellt bei Buttazoni/Velan: Die Kriegslokomotiven der Deutschen Reichsbahn. – In: Maschinenbau und Wärmewirtschaft 5 (1950), S. 25–50. Vgl. auch Ndschr. 24 (21. Oktober 1943), Anlage 3, S. 19.

Tabelle 4: Schlepplastentafeln für die Baureihen 50 und 52 (in t)

Steigung	BR 50					BR 52					BR 52 Kon[1]				
	25	40	55	70	80	25	40	52	70	80	25	40	55	70	80
	km/h					km/h					km/h				
1 : ∞	–	–	1670	960	670	–	–	1680	960	635	–	–	1630	910	605
1 : 500	–	1685	1035	640	460	–	1705	1050	635	435	–	1650	1005	600	405
1 : 200	1660	995	630	400	290	1710	1010	640	405	275	1690	965	605	370	250
1 : 100	930	555	350	220	155	960	565	360	225	145	945	535	330	195	120
1 : 50	455	255	145	–	–	475	260	155	–	–	455	235	125	–	–

1 für beide Tenderbauarten

4 Sonderbauarten

Trotz der für die Kriegslokomotiven angestrebten größtmöglichen Einheitlichkeit der Maschinen befanden sich unter den von der DR bestellten Lokomotiven 305 und unter den an die DR gelieferten Einheiten noch 223 von den beiden Regelausführungen nach Fld 1.01 Bl 049 abweichende Lokomotiven[89]. Der Anteil der Sonderausführungen an den Lieferungen betrug damit 3,6 Prozent.

Die einzelnen Sonderformen sind nach Planung und Lieferung in der auf Seite 118 folgenden »Lieferungsliste« aufgeführt, wobei die Lokomotiven

52 524 – 525	vollständig geschweißte Blechrahmen (im August 1943 fertiggestellt, 4400 kg Materialersparnis, aber unverminderter Zeitaufwand; sollte zunächst an Loks mit Lentz-Ventilsteuerung versucht werden),
52 5058 – 5074	geschweißte Langkessel,
52 7468 – 7493	eingeschweißte gewindelose Stehbolzen

sowie die Einzelstücke mit verschiedenen Vorwärmern keiner näheren Erläuterung bedürfen. Die Mehrzahl davon wurde – wie auch die zur Ausstattung mit Wellrohrfeuerbüchse und Ventilsteuerung vorgesehenen Einheiten – entworfen, um Arbeitsstunden und Qualitätswerkstoffe zu sparen und um Bauteile zu erproben, die benutzt werden könnten, falls eine Werkstoffverknappung die Verwendung der üblichen Teile nicht mehr gestatten sollte. Daneben waren es die besonderen klimatischen Gegebenheiten der als Ersatzgebiete der Kriegslokomotiven vorgesehenen Länder, die den Entwurf und den Bau neuer Untertypen erforderlich machten.

89 Loks mit erweitertem Frostschutz noch Anweisung 39 des Hauptausschusses werden nicht als Sonderbauarten betrachtet. Daneben wurden unzählige Versuche mit abgeänderten Ausrüstungsteilen unternommen, deren Verstreuung auf eine Vielzahl von Maschinen Klagen des Betriebs nach sich zog. Im März 1944 (Ndschr. 28, 13. März 1942, Anlage 8) wurde deshalb beschlossen, diese Abweichungen von der Regelbauart in kleineren Versuchsgruppen zusammenzufassen.

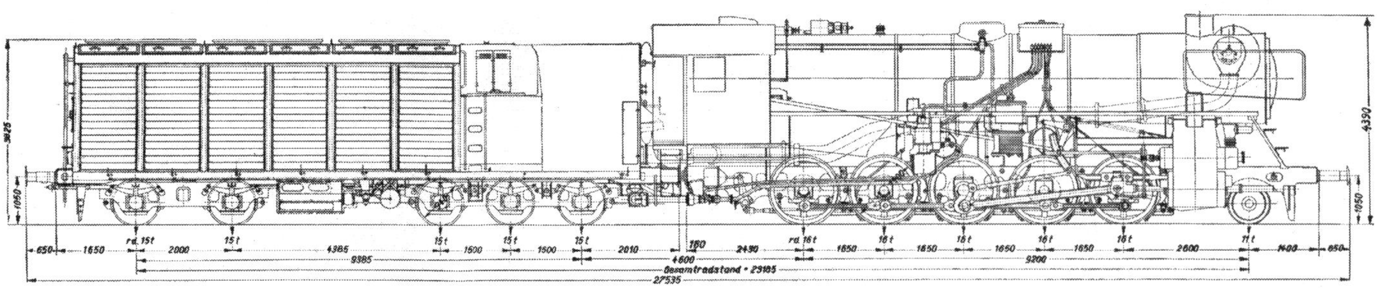

Gesamtansicht der Kondenslokomotive mit fünfachsigem Tender, entwickelt für den Betrieb in der Sowjetunion. *(Henschel)*

Kondenslokomotiven

Die erste Kondenslokomotive der Reihe 52 von Henschel, Maschine 52 1850 mit Fabriknummer 27 178, wurde im Februar/März 1943 geliefert. Die Form des Qualms läßt erkennen, daß er von einer Saugzugturbine (und nicht von Abdampf) gefördert wurde. (Werkfoto)

Zu dieser letzteren Gruppe zählten neben den 1108 Lokomotiven mit erweitertem Frostschutz jene Maschinen, die zum Betrieb im südwestlichen Teil der Sowjetunion mit einem Kondensationstender zur Rückgewinnung des Speisewassers verbunden waren. Die Einrichtung war sowohl in sehr trockenen Gebieten als auch in Gegenden mit kalkhaltigem Wasser von großem Nutzen. Henschel hatte sie seit 1931 bereits mit einigem Erfolg nach Argentinien, in die UdSSR und den Irak geliefert. Bei ihr entwich der Zylinderabdampf nicht durch den Auspuff ins Freie, vielmehr wurde er niedergeschlagen und dem Speisesystem erneut zugeführt.

Den Weg des Dampfes mit dem Abdampf der Speisepumpen, der Lichtmaschine und eines Sicherheitsventils über ein Saugzuggebläse zur Feueranfachung und den Plattenölabscheider zum Tender zeigt die Skizze. Drei Ventilatoren von 2000 mm Durchmesser saugten die Kühlluft durch Kfz-Kühlern ähnliche Kühlelemente und drückten die erwärmte Luft nach oben aus dem Tender. Dabei wurde der Dampf gerade so weit abgekühlt, daß er kondensierte und als Wasser von ca. 90°C wieder zur Kesselspeisung herangezogen werden konnte. Mit Ausnahme von 4 bis 8 Prozent Rohwasser, das als Ersatz für Undichtigkeiten, Heizungsverluste usw. zugesetzt werden mußte, wurde der Kessel also mit Kondensat gespeist, was der Anlage zusätzlich noch die Charakteristik eines Vorwärmers mit Kesselschonung und Kohlenersparnis gab. Da die Kondensationsanlage durch die im Abdampf noch enthaltende Energie betrieben werden konnte, blieb sie fast ohne Rückwirkungen auf die Leistung der Lok[90], welche bei voller Auslastung mit einer Tenderfüllung etwa 1000 km, also je nach Jahreszeit etwa das Siebenfache der Regelausführung, zurücklegen konnte.

Zum Leiter des Arbeitsausschusses Kondenslokomotiven wurde Dr.-Ing. Richard Roosen von der Firma Henschel bestimmt, der die Bauart seit 1931 als Chef des Studienbüros in diesem Unternehmen entwickelt hatte. Bereits am 28. Februar 1943 konnte die 52 1850 als erste Kondenslok einer mit 240 Einheiten bei Henschel (F.-Nr. 27 178 ff.) geplanten Serie abgeliefert werden. Sie kam zuerst zum LVA Grunewald, wurde dort im Juli 1944 jedoch durch die 52 1949 ersetzt. Der Bau der Kondensloks verlief zunächst stockend, weil die Kondensatorelemente von Hand hergestellt[91] werden mußten, ehe man dazu überging, sie maschinell zu fertigen, zu verzinken und zusammenzulöten. Durch die großen Serien der Kriegsloks war es Henschel nicht möglich, diesen Tender in Kassel zu bauen. Zunächst wurde versucht, ihn bei der Demag in Benrath fertigen zu lassen, doch schließlich übernahm die Waggonfabrik Uerdingen den Auftrag. 1944 wurde als zweites Lieferwerk die Waggonfabrik Fuchs in Heidelberg hinzugezogen. Die Kondensatoren kamen von der Gea-Luftkühlergesellschaft in Bochum; dort mußte statt des üblichen Kupfers nun Stahlrohr eingesetzt werden. Als besonders bemerkenswerte Verlagerung von Zulieferteilen war die Herstellung der Abdampfturbinen für Saugzug- und Lüfterantrieb an die schweizerische Firma Escher Wyss in Zürich und an die französische Firma Rateau in La Courneuve bei Paris anzusehen.

Die ersten Kondensloks mit den Nummern 52 1851 bis 1889 kamen bei der RVD Rastaw (Don) zum Einsatz; bald wurden auch die Bereiche Riga, Königsberg, Berlin und Brüssel damit beliefert. Ihre ursprünglichen Einsatzgebiete waren deutscher Betriebsführung schon wieder entglitten, doch schätzte man sehr ihre Reserve bei der überstürzten Räumung weiter Gebiete, als sie von der Wasserversorgung weitgehend unabhängig waren und auch dort noch Züge fahren konnten, wo die Führer der Regelloks wegen

90 Vgl. die Tabelle im vorstehenden Abschnitt, ferner DV 939 a [7].

91 Zur Konstruktionsgeschichte siehe Richard Roosen: Ein Leben für die Lokomotive. – Stuttgart 1976, S. 61. Die Kondensatoren bestanden aus flach gezogenen Rohren, an die in Abständen von 4 mm 0,4 mm starke verzinkte Bleche und in Abständen von 6 mm ebensolche stärkere Bleche aufgesetzt waren, so daß sie sich jeweils übergreifen konnten. Die Rohre waren 10 mm voneinander entfernt; die Kondensationsfläche betrug insgesamt etwa 1800 m^2.

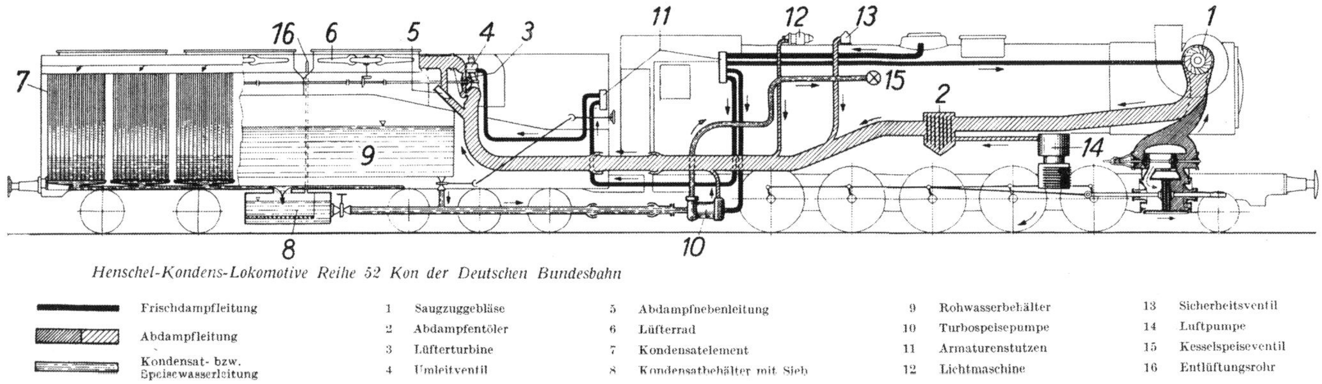

Wirkungsschema der Kondenslokomotiv-Bauart 52; 1 Saugzuggebläse, 2 Abdampfentöler, 3 Lüfterturbine, 4 Umleitventil, 5 Abdampfnebenleitung, 6 Lüfterrad, 7 Kondensatorelemente, 8 Kondensatbehälter, 9 Rohwasserbehälter, 10 Turbospeisepumpe, 11 Armaturenstutzen, 12 Lichtmaschine, 13 Sicherheitsventil, 14 Luftpumpe, 15 Kesselspeiseventil. (Aus Ewald [18] S. 405)

Wassermangels das Feuer herausreißen mußten. Im Westen wurde als vorteilhaft empfunden, daß sie feindlichen Fliegern weniger auffielen, weil sie keine Abdampffahne zeigten.
Dennoch gehört es zu den schwer verständlichen Kapiteln der Kriegslokgeschichte, weshalb diese teuere und aufwendige Bauart bis über den Tag der Kapitulation hinaus geliefert wurde. Zwar wurde schon am 5. Oktober 1943[92] festgestellt, die Reichsbahn benötige durch die veränderte Lage künftig weniger Kondensloks, so daß man die BR 42 Kon nicht aufzulegen brauche, doch die auf 240 Einheiten bemessene Serie der BR 52 Kon wurde weiter gebaut. Allerdings herrschte immer wieder Mangel an Kondensatoren, so daß ab Anfang 1944 nur noch fünf der sechs Felder im Tender mit Kondensatorelementen bestückt und das letzte Feld mit Blechtafeln blind verschlossen wurden. Die Kühlleistung reichte für mitteleuropäische Verhältnisse noch aus. Anschließend ist für diese Kühlleistung der Tender als Ganzes auf zwei zweiachsige Drehgestelle umkonstruiert worden, was den Betriebseinsatz im Reich sehr erleichterte.
Während des Einsatzes in Mitteleuropa stieß man nämlich beim Versuch, die Lok zu wenden, zunächst auf erhebliche Schwierigkeiten, da man den mit der Lok gekuppelten Tender 3'2'T 16 Kon (9 t Kohlenkasteninhalt) im Hinblick auf die Verwendung in der Sowjetunion und die dort möglichen Gleisdreiecke ohne Rücksicht auf die Länge ausgebildet hatte. Die hierdurch hervorgerufene Länge über Puffer von 27 535 mm bei einem Gesamtradsatzstand von 23 185 mm verhinderte nun – so die offizielle Begründung für die Verwendung kleinerer Tender – die Benutzung der 23-m-Drehscheibe, so daß ab Mitte 1944 und ab Lok 52 1987 der Tender 2'2'T 13,5 mit unverändertem Kohlenvorrat beigestellt wurde[93], durch dessen Verwendung sich als LüP 26 205 und als a_G 21 755 mm ergaben.
Mit beiden Tendern war den Kondenslokomotiven das Befahren von Ablaufbergen nicht gestattet, da die Leitungskupplungen mit dem Tender nicht über die notwendige Beweglichkeit verfügten. Daneben wurde, gleichfalls mit Rücksicht auf den das Lichtraumprofil (Anlage F der BO) ausfüllenden Tender und die dadurch sehr eingeschränkte Streckensicht, zunächst erwogen, die BR 52 Kon ausschließlich zur Vorwärtsfahrt zuzulassen. Aus betrieblichen Gründen wurde hiervon jedoch abgesehen und die Fahrgeschwindigkeit vorwärts/rückwärts auf 80/50 km/h festgesetzt.
Bis Kriegsende waren 169 Lokomotiven dieser Gattung angeliefert; bis Januar 1946 wurden weitere neun Maschinen fertiggestellt. Um den Einsatz aller Kondenslokomotiven zu ermöglichen, die in den drei westlichen Besatzungszonen verblieben waren, lieferte Henschel vom Januar 1946 bis zum April 1949 weitere 29 Tender der kürzeren Bauart 2'2'T 13,5 Kon (F.-Nr. 27 357 – 385), die anstelle der fünfachsigen Tender Verwendung fanden; die Betriebsnummern 52 2028 – 2089 wurden nicht mehr besetzt.
Schon bald nach Kriegsende wurden die Kondenslokomotiven der Westzonen im Raum Westfalen (ED Münster), jene der Ostzone im Bw Cottbus zusammengezogen. Da die Möglichkeit für wirtschaftlichen Einsatz in Deutschland mit seinem dichten Netz der Wasserstationen jedoch kaum bestand, wurden die Lokomotiven der BR 52 Kon bei der DB mit der allgemeinen Ausmusterung der Kriegslok ebenfalls aus dem Verkehr gezogen und von 1954 an in einzel-

92 Sitzung der Leiter der Arbeits- und Betriebsausschüsse vom 5. Oktober 1943. Die endgültige Entscheidung über den Bau der Kondens-42 wurde auf Januar 1944 vertagt.

93 Über den Zeitpunkt und die Betriebsnummer des Wechsels bestand einige Unklarheit, die jedoch als beseitigt gelten darf.

nen Stücken als Heizlokomotiven verwandt[94]. Die bei der DR verbliebenen Kondensloks wurden, nachdem auch erwogen worden war, sie an die UdSSR abzugeben, aus Gründen der Typenbereinigung in die Normalausführung umgebaut und unter ihren alten Betriebsnummern wieder in Dienst gestellt. Da die bei der DB durch die Ausmusterung frei gewordenen Tender aber noch in recht gutem Gesamtzustand waren, wurden sie nicht wie die Mehrzahl der Lokomotiven verschrottet, sondern bereits seit Ende 1949 in den Werken von Orenstein & Koppel AG unter Beibehaltung des Fahrgestells in Schüttgut-Großgüterwagen umgearbeitet[95]. Zwei weitere Tender der vierachsigen Bauart ließ die Abteilung für Wärmetechnik der Versuchsanstalt Minden (Westf.) 1959 und 1961 im AW Bremen mit Puffern und Kupplung versehen, baute dann eine Vorrichtung zur Minderung hoher Dampfdrücke und -temperaturen ein und verwendet sie seitdem bei Abnahmeuntersuchungen an ortsfesten Dampferzeugern der DB, um ständig eine konstante Versuchslast einstellen zu können. Dabei wurde der Dampf nicht, wie oft üblich, ins Freie abgelassen, sondern niedergeschlagen und dem Speisewasserbehälter der untersuchten Anlage wieder zugeführt. Vor ihrer Umzeichnung auf »Prüfwagen 5011 Han« und »5012 Han« waren die beiden Tender mit den Lokomotiven 52 1994 und 52 1972 gekuppelt. Über den anteilmäßigen Verbleib der 178 Kondensmaschinen bei den verschiedenen Bahnen gibt nachstehende Aufstellung Auskunft:

94 So z.B. 52 1893, 1895 und 1898 als Kat.-Nr. 93, 475 und 476 in Rosenheim, 52 2025 als Kat.-Nr. 1008 in Nürnberg. Vgl. auch Griebl/Wenzel [15], S. 63.

95 Werk Dorstfeld: 1949/ 50 – 25 KKt 46; 5achsig. 1953 – 25 KKt 46; 5achsig. Werk Spandau: 1954 – 4 OOt 53; 5achsig. – 9 OOt 53; 4achsig. – 12 KKt 44; 5achsig. Somit wurden 66 fünfachsige und 9 vierachsige Kondenstender zu Großgüterwagen umgearbeitet.

Dieser Blick auf die Kondensationslokomotive 52 1953 läßt deutlich die drei Kühlerlüfter auf dem Tender erkennen, mit deren Hilfe der Abdampf niedergeschlagen und wieder dem Speisewasserbehälter zugeführt werden konnte. Dadurch war es möglich, etwa 1000 km ohne Wassernehmen zu fahren. Die hier gezeigte Lokomotive wurde von Henschel im Februar 1944 (Fabriknummer 27 281) mit dem langen fünfachsigen Tender geliefert, hat jedoch zum Betrieb in den deutschen Westzonen bereits den kleineren Tender vom Typ 2'2' T 13,5 Kon erhalten. Sie wurde 1952 ausgemustert. (Werkfoto)

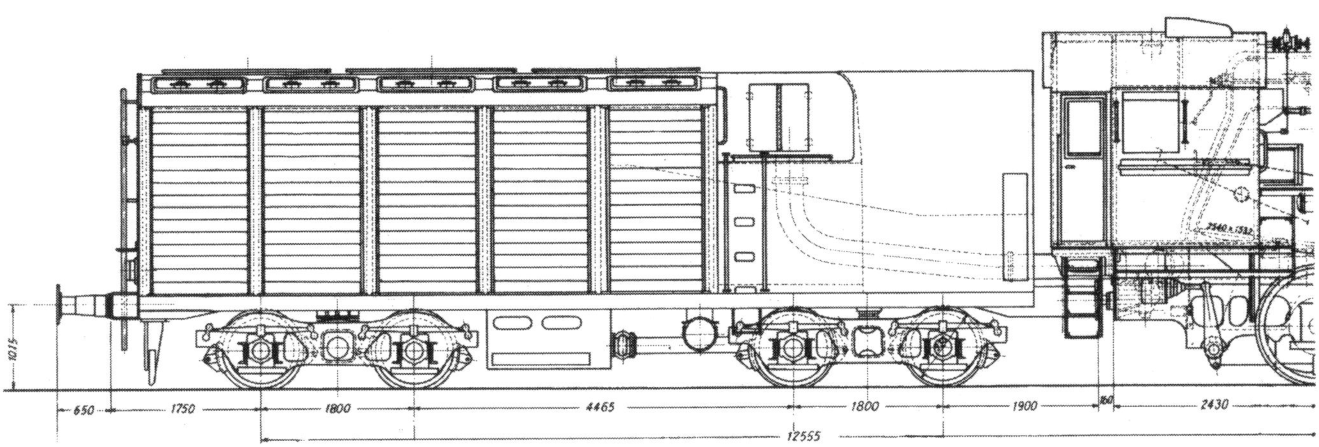

Vierachsiger Kondenstender für den Einsatz in Mitteleuropa, entstanden 1944. *(BZA Minden, Zeichnung Nr. Fld. 1.01 Blatt 47)*

DB	116	
DR	25	
Ausgem. vor 1947	3	(52 1870, 1901, 1933)
PKP	8	(52 1909, 1926, 1956, 1958, 1975, 1981, 1998 und 52 2010)
SNCB*	(3)	(52 1973, 1977, 1992)
SNCF	1	(52 1993)
U.S. Army	1	(52 2006)
Unbekannt	24	
Insgesamt	178	

*) 1950 zurück an DB; im DB-Bestand (116) enthalten.

Die Mehrzahl der 24 Lokomotiven, deren Verbleib unbekannt ist, hat sich bei Kriegsende vermutlich in der südlichen UdSSR befunden. Auskünfte darüber, ob sie dort von der SZD (evtl. auch in Normalausführung) wieder in Betrieb genommen wurden, liegen nicht vor. Während bei den meisten Bahnen die Kondensmaschinen Anfang der fünfziger Jahre aus dem Verkehr gezogen werden mußten, da keine Ersatzteile mehr zur Verfügung standen, befand sich die bei den SNCF hinterlassene 52 1993 bis zu ihrer Ausmusterung am 7. April 1959 beim Depot Hausbergen als Kondenslokomotive im Einsatz.

Besondere Kesselbauarten

Um den Versuch mit dem Krauss-Wellrohrkessel verständlich zu machen, muß erwähnt werden, daß Degenkolb als Maschinenbauer ohne spezielle Kenntnisse der Lokomotivkonstruktion der üblichen Stehkesselausführung mit den komplizierten, arbeitsaufwendigen Stehbolzen sehr mißtrauisch gegenüberstand und jede Gelegenheit aufgriff, sie möglicherweise durch eine viel einfachere Bauart abzulösen. So verwundert es nicht, daß er auf die Mitteilung von Krauss-Maffei, im Wellrohrkessel sei ein solches Modell zu erblicken, sofort nach München reiste, um die Entwurfszeichnungen einzusehen. Die überraschend guten Erfahrungen, die man mit diesem Typ im ortsfesten Dampfmaschinenbau erzielt hatte, veranlaßten Degenkolb trotz der schlechten Ergebnisse im Betrieb der KPEV, am 3. August 1942 noch an Ort und Stelle bei Krauss-Maffei fünf Versuchsloks (52 3620 – 3624; F.-Nr. 16 671 – 675) mit Wellrohrfeuerbüchsen zu bestellen, bei denen der Feuerraum als Wellrohr ausgebildet war. Anstelle des Dampfdomes wurde ein Dampfsammelrohr von 521 mm Durchmesser vorgesehen, das den Dampf über einen Krümmer dem Sammelkasten zuführt (vgl. Ndschr. 24 Anl. 4 S. 29). Die 52 3620 wurde im Oktober 1943 fertiggestellt und anschließend bis März 1944 vom LVA Grunewald in Plattling erprobt.

Die Henschel-Kondenslokomotive 52 2006 wurde 1945 von einer amerikanischen Sondereinheit zusammen mit der Dampfmotorlok 19 1001 nach den USA verschifft und am 25. März 1946 in Fort Monroe, Virginia, ausgestellt. (Foto: Sammlung Haas)

Die Sonderbauart der Kriegslok mit Krauss-Wellrohrkessel unterschied sich in diesem Bauteil ganz erheblich von der Regelausführung. Der Versuch mit dem stehbolzenlosen Kessel war unternommen worden, um Arbeitsaufwand einzusparen. Fünf Maschinen mit den Betriebsnummern 52 3620 bis 52 3624 von Krauss-Maffei waren vorgesehen, hatten jedoch nicht den erhofften Erfolg. (Werkfoto)

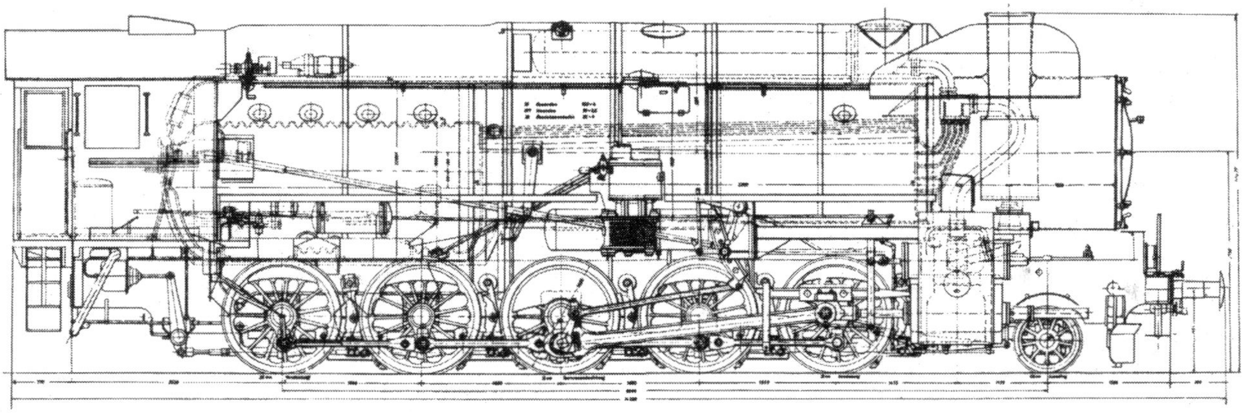

Übersichtszeichnung der Kriegslokomotiv-Sonderbauart mit Krauss-Wellrohrkessel (Krauss-Maffei-Zeichnung vom 27. Oktober 1943)

Mehrere Änderungen, die sich hierbei an der Bodenringverbindung ergaben (wo zwei rechteckige Ausschnitte für den Ascheaustritt das Kräftegleichgewicht beeinflußten), wurden auch an den im Bau befindlichen Loks vorgenommen.

Die Maschinen 52 3621 – 3623 kamen bis Ende Februar 1945 zur Ablieferung, während die fünfte Lok nur in Teilen vorhanden war und nicht mehr fertiggestellt wurde. Alle vier Maschinen erlitten Kriegsschäden unterschiedlichen Ausmaßes und kamen deshalb schon bald ins Werk zurück, das die Loks 52 3620, 3622 und 3623 nach Freigabe durch die Besatzungsmacht für das Bw Mühldorf instand setzte. Dort gingen sie nach erneuter Abnahme durch die Bahnen der US-Zone bis März 1946 in Betrieb (weshalb einige Quellen die Maschinen als Nachkriegsauslieferungen bezeichnen) und machten sich durch gute Überhitzung und reichliche Dampflieferung zunächst auch recht beliebt. Wie schon 50 Jahre früher bei den preußischen Maschinen platteten sich jedoch auch bei diesen drei Loks die von Professor Föppl entwickelten Wellrohre schon nach relativ kurzer Zeit ab, so daß die Fahrzeuge 1948 wegen der Explosionsgefahr vorläufig aus dem Betrieb gezogen werden mußten. Sie wurden später jedoch nicht mehr eingesetzt und zum 20. November 1952 bei der BD München ausgemustert, nachdem sie schon längere Zeit völlig verrostet auf dem Abstellgleis gestanden hatten.

In den Besprechungen über die Bestellung von Kriegslokomotiven der Reihen 52 und 42 mit Brotankesseln spielten immer wieder die Betriebserfahrungen mit den beiden Prototypen 50 3011 ÜK und 50 3012 ÜK eine wichtige Rolle. Sie wurden im Oktober 1942 von der Wiener Lokfabrik an die Reichsbahn abgegeben, konnten sich jedoch nicht durchsetzen. *(Werkfoto)*

Degenkolbs Wunsch nach Vorlage eines stehbolzenlosen Kessels folgend, hatte auch die bereits durch Lieferung zahlreicher Brotankessel an österreichische und ungarische Bahnen während des Ersten Weltkrieges erfahrene Wiener Lokfabrik wieder Entwürfe eines Wasserrohrkessels vorgelegt. War es 1915 jedoch hauptsächlich Kupfermangel gewesen, der zu einer Abkehr von der herkömmlichen Feuerbüchse gezwungen hatte, so bewogen nun die nachstehenden Vorteile dazu, am 26. Mai 1942 die Versuchsloks 50 3011 und 3012 ÜK bei WLF in Auftrag zu geben:

a) Ersparnis von etwa 3 t Einsatzgewicht je Kessel.

b) Ersparnis von 500 Arbeitsstunden; unberücksichtigt die durch Verlagerung eventuell weiter beschleunigte Produktion, da zahlreiche komplizierte Werkzeuge für die Kesselfertigung (Stehbolzendreheinrichtungen usw.) entfallen waren.

c) Möglichkeit leichterer Kesselreinigung; in der Folge Verlängerung der Frist zwischen zwei Auswaschtagen auf das Dreifache der üblichen Frist (20 Tage).

Um die Versuchsbasis mit dem neuen Kessel zu verbreitern, war sich der Hauptausschuß in der Sitzung vom 19. Oktober darin einig, der WLF auch die Ausführung von 50 Loks der BR 52 nach Brotan zu übertragen. Als in der Konstruktionsausschußsitzung vom 27. Januar 1943 jedoch der Entschluß gefaßt wurde, die BR 42 mit Brotankessel zu beziehen, wurde dieser Auftrag mit Anordnung HA 103 vom 28. Januar 1943 zurückgezogen. Doch auch die Betriebserfahrungen mit der 50 3011 beim LVA Grunewald und der 50 3012 beim Bw Köthen ließen die Ausschußmitglieder zögern, weitere Brotanloks zu bestellen. Große Schwierigkeiten mit der Vorkopfbefestigung (Anrisse) und das betriebsgefährliche Zusetzen der Rohre, wenn wegen des Kriegseinsatzes und der ausgesprochen schlechten Wasserverhältnisse im Osten die verlängerten Auswaschfristen nicht eingehalten werden konnten, ließen bei vollständiger Ausrüstung einer Lokbaureihe mit Brotankessel die Gefahr des plötzlichen Ausfalls ganzer Serien erkennen. Die Lok 50 3011 wurde im Dezember 1943 noch versuchweise mit geteiltem Brotankessel nach Vorschlag Nielebock ausgerüstet[96], doch konnten auch dessen betriebliche Eigen-

96 Ndschr. 25/26 (18./19. Januar 1944), Anlage 16.

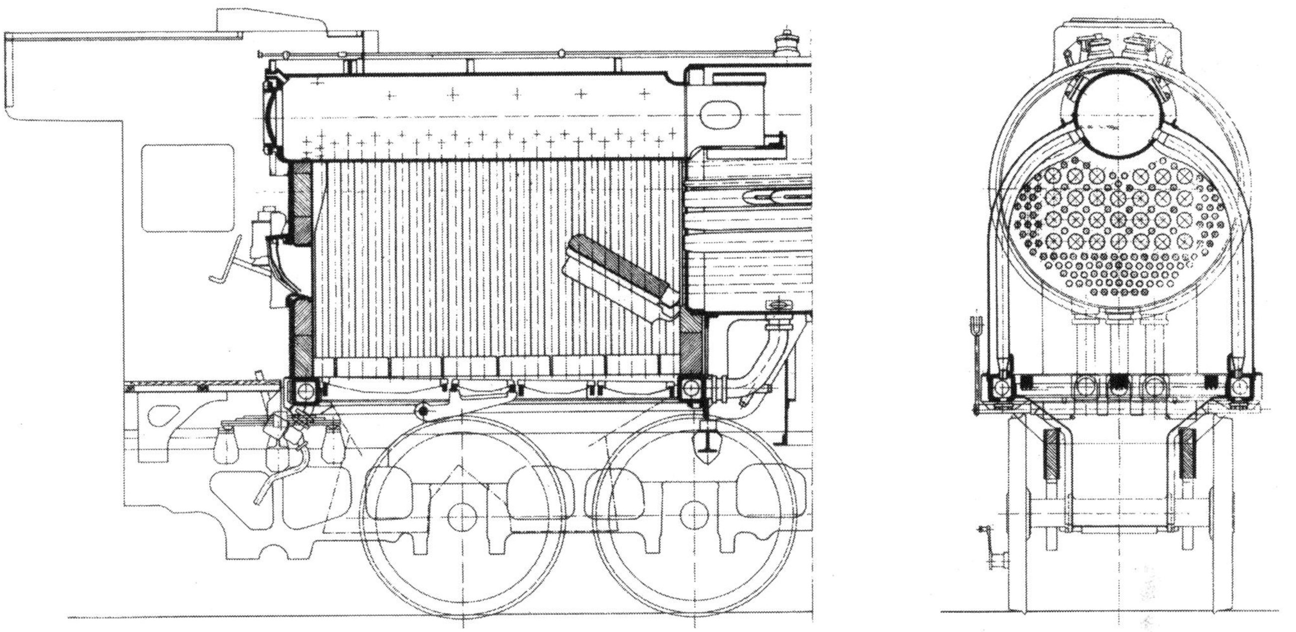

Entwurf zum Brotan-Wasserrohrkessel für die Baureihe 52. *(Aus Witte [5] Bild 15)*

schaften nicht so überzeugen, daß neben den Prototypen 42 0001 und 42 0002 weitere Brotanloks bestellt worden wären. Der Vorschlag eines Wasserrohrkessels von der Schmidt'schen Heißdampfgesellschaf[97] wurde nur kurz besprochen und dann abgelehnt, weil bis zu einer Serienreife zu viel Zeit und Arbeit aufgebracht werden mußte.

Lentz-Ventilsteuerung

Versuche mit Ventilsteuerungen verschiedener Systeme haben zur Länderbahnzeit die Bahnen Oldenburgs und Preußens vorgenommen, ohne daß sie sich durchzusetzen vermocht hätten. In den dreißiger Jahren waren es österreichische und französische Lokomotiven, deren Versuchsergebnisse zum probeweisen Einbau von Ventilsteuerungen bei den Einheitslokomotiven 03 175, 03 207 und 64 293 geführt hatten. Da sich ihre Leistungs- und Verbrauchswerte aber von denen der Normalausführungen nicht unterschieden, hielt man bei der Deutschen Reichsbahn die Ventilsteuerung für abgetan. Ihr Hauptverfechter jedoch, Baurat Hugo Lentz, ließ sich davon nicht beirren und suchte unter den Technikern in der nationalsozialistischen Partei nach Anhängern der von ihm inzwischen weiterentwickelten Steuerung. Auf deren Fürsprache ist es zurückzuführen, daß Degenkolb, der sich zunächst gegen eine so komplizierte Steuerung für die Kriegslok ausgesprochen hatte, schließlich genehmigte, die Lok 52 4915 (MBA, F.-Nr. 13 985) mit der von Blohm & Voß gebauten Lentz-Steuerung zu liefern. In ihrer jüngsten Bauvariante wurde die Nockenwelle durch eine eigene Antriebswelle betätigt, deren Bewegung mittels eines Kegelradantriebes von der Treibradsatz-Gegenkurbel abgenommen wurde. Die Lok wurde im November 1943 abgeliefert. Eine Skizze der Steuerung ist bei Stockklausner/Weinstötter[98] veröffentlicht. Die Versuche in der Umgebung von Regensburg litten unter häufigem Hängenbleiben der Auslaßventile[99], gerieten durch den Widerstand der Reichsbahn und die weitere Entwicklung des Krieges auch bald in Vergessenheit. Nach 1945 gelangte die Lokomotive 52 4915 zur DB. Dort erhielt sie 1948 eine Untersuchung L3 und kam beim Bw Minden wieder zum Einsatz; ihr Kohlenverbrauch wurde zu 18,91 t/1000 km errechnet. Immer wieder trat sie hingegen durch lange Ausfallzeiten und hohen Reparaturaufwand hervor. Ihre letzten, zwischen dem 30. Oktober 1953 und dem 23. Februar 1954 mit der vorher teilweise aufgearbeiteten Lentz-Steuerung vor dem Meßwagen 2 des BZA Minden durchgeführten Fahrten bestätigten diese unbefriedigenden Ergebnisse: Die bei einem

97 Ndschr. 18 (28. Mai 1943), Anlage 9.

98 Stockklausner/Weinstötter [38], S. 160.

99 Ndschr. 25/26 (18./19. Januar 1944), Anlage 12, S. 84–88; Ndschr. 27 (25. Februar 1944), Anlage 3, S. 23–29.

Ein weiterer Versuch wurde mit der Steuerung der Kriegslok angestellt: Die von Maschinenbau-Bahnbedarf im Jahre 1943 gelieferte Lokomotive 52 4915 wurde mit Lentz-Ventilsteuerung ausgestattet, da diese einen geringeren Dampfverbrauch ermöglichen sollte. Doch weder die Meßfahrten im Kriege noch die 1954 vom Versuchsamt der Bundesbahn in Minden durchgeführten Messungen, bei denen das Foto entstand, erbrachten überzeugende Ergebnisse. (Foto: Düring)

solchen Getriebe nach kurzer Zeit einwandfreier Funktion auftretenden Abnutzungserscheinungen verursachten ständig wachsende Abweichungen der tatsächlichen Füllungen im Indikatordiagramm von den Soll-Werten und damit, besonders bei niedrigem Schieberkostendruck, einen gegenüber der Schiebersteuerung wesentlich erhöhten spezifischen indizierten Dampfverbrauch[100]. Diese Unterlegenheit der Lentz-Ventilsteuerung ließ es nicht geraten erscheinen, die Lokomotive 52 4915 weiter zu unterhalten, so daß sie am 18. Oktober 1954 durch Verfügung der Hauptverwaltung der DB zur Ausmusterung freigegeben wurde. Am 9. Februar 1956 wurde sie vom BZA Minden (Westf.) zur Verschrottung verkauft.

100 Vgl. Theodor Düring: Kriegslok BR 52 mit Lentz-Ventilsteuerung. – In: Mitteilungen des Vereins der Eisenbahnfreunde 9/1963, Blatt 3; ferner Düring: Versuchslok 03 175 mit Lentz-Ventilsteuerung. – In: LOK-MAGAZIN 53 (1972), S. 112 – 117.

5 Fertigung der Kriegs-lokomotiv-Baureihe 52

Die Produktion von 500 Lokomotiven im Monat

Seit der Einsetzung des Hauptausschusses Schienenfahrzeuge im März 1942 bereiteten alle im Reichsgebiet liegenden Lokbauanstalten die Großserienproduktion der BR 52 vor. Die Lieferung der 1. Kriegslok-Bauart sollten den im damaligen Sinne »großdeutschen« Firmen vorbehalten bleiben, während die BR 44 zu den französischen Firmen ausgelagert wurde und die belgischen Lieferer von den Überleitungsmaßnahmen an den bei ihnen bestellten Lokomotiven der BR 50 kaum betroffen wurden, ehe sie später reine Kriegslok-Aufträge erhielten. Der von Borsig vorgetragene Plan, die BR 52 auch in Italien bauen zu lassen, scheiterte an der Devisenlage. Von den Fabriken sollten jeweils liefern, um 525 Loks pro Monat zu erreichen:

Henschel	80
Krupp	60
Schwartzkopff	50
Krauss-Maffei	45
Borsig	40
Schichau	40
MBA	25
Esslingen	20
Jung	15
Wien	80
Skoda	20
Krenau	20
DWM/Posen	15
Graffenstaden	10
BMMF	5
Warschau	...
Monatssoll	525

Die Reklame einer bekannten Lokomotivfabrik zeigte eine abstrakte Kriegslokomotive und den falschen Namen, den sich die Traditionsfirma von Orenstein & Koppel im Zweiten Weltkrieg zugelegt hatte, weil ihre Gründer nicht in die Rassenideologie der Zeit paßten. Anzeige der Maschinenbau und Bahnbedarf AG, Berlin, im »Organ für die Fortschritte des Eisenbahnwesens«, Heft 5/1943.

Ein Blick in die Werkhallen der Berliner Maschinenbau-AG, vormals L. Schwartzkopff, zeigt im Oktober 1943 eine Reihe von Kriegslokomotiven in der Endmontage. Zuvorderst die 23. von 52 in diesem Monat geplanten Maschinen der Baureihe 52. (Werkfoto)

In gewisser Weise wurde die gesamte Lokindustrie nun »wie ein Werk« betrachtet und vom HAS geführt. Jeder Arbeitsausschuß wirkte auf seinem Gebiet mit großem Eifer. Durch Typenbereinigung, Sammlung und Verlagerung von kleineren Aufträgen ins Ausland sowie das rigorose Verbot kriegsunwichtiger Konstruktions- und Entwicklungsarbeiten[101] wurden die Werkshallen für die Kriegslokomotive freigemacht. Der Bestand an Werkzeugmaschinen wurde aufgestockt, die Zahl der Arbeiter in den Werken erhöhte sich, auch durch den Einsatz sowjetischer Kriegsgefangener[102], von 25 000 im März 1942 auf 32 000 im Juni[103]. Statistisch wurden in den Lokfabriken für eine Kriegslok pro Monat 36 bis 42 Arbeiter benötigt. Weitere Kapazitäten wurden bei Textil-, Papier- und sogar Schokoladenfabriken ausfindig gemacht. Zylinder wurden bei Textilmaschinenfabriken gegossen, Führerhäuser bei Mannesmann gebaut, Aschkästen und Sandkästen bei Behälterbaufirmen hergestellt. Ein besonderer Engpaß war die Lieferung von Schrauben. Wieder andere Fabriken halfen sich gegenseitig aus; Henschel machte Zylinder für Borsig und Kessel für Schwartzkopff mit, Krupp baute Rahmen für Borsig, Schichau und Jung. Besonderer Wert wurde auf eine straffe Terminüberwachung, vor allem bei Zulieferteilen, gelegt. Auch hier wurden Bestände zwischen den Lokfabriken durch den Hauptausschuß ausgeglichen. Die gegenseitige Abrechnung dieser Maßnahmen machte erhebliche Mühe. Weite-

101 Die Behandlung dieses Themas in den HAS-Anordnungen Nr. 25 (15. Mai 1942), Nr. 28 (21. Mai 1942), Nr. 58 (28. Juli 1942) und Nr. 96 (23. Dezember 1942) zeigt, wie sehr Degenkolb den Lokfabriken die Konstruktion aus der Hand nahm. Die dadurch freiwerdenden Kräfte sollten in der Bestzeitermittlung eingesetzt werden, fanden aber in neuen Konstruktionsaufgaben (3-m-Breitspurbahn, 3. Kriegslok) Beschäftigung.

102 Janssen [20], S. 85. Im Jahre 1943 betrug der Anteil der ausländischen Arbeiter, KZ-Häftlinge und Kriegsgefangenen in der AEG-Lokomotivfabrik Borsig-Hennigsdorf 61 Prozent der gesamten Belegschaft.

103 Witte [46], S. 11.

re Schwierigkeiten entstanden, wenn die Lokfabriken sich ihre Zulieferer nach den günstigsten Angeboten aussuchen wollten, und über den Preisverhandlungen mehr Zeit verloren, als Degenkolb lieb sein konnte. Er schrieb deshalb vor, auch »Verträge ohne Preisangaben« abzuschließen und zu erfüllen, um später die Kosten zu klären.

Das Stichwort »Kriegslokomotivbedarf«, eingeführt durch HAS-Anordnung Nr. 35 vom 2. Juni 1942, sicherte allenthalben Vorrang. Indes läßt sich für den Spätsommer und Herbst 1942, mit dem neuerlichen Vorrücken der deutschen Truppen, ein gewisses Schwanken Hitlers zwischen der Tiefen- und Breitenrüstung feststellen, das an einer Verringerung der Rüstung zu erkennen war[104]. Schon am 24. Oktober 1942 wurde die am 22. Mai 1942 geforderte Monatslieferung von 625 Einheiten (ab Juni 1943) auf 500 Loks herabgesetzt und ein neuer, der zweite Loklieferplan des HAS am 5. November 1942 aufgestellt. Durch HAS-Rundschreiben Nr. 130 vom 16. November 1942 wurden die Firmen aber aufgefordert, die Mindestlieferzahlen für Juni 1943 möglichst zu überschreiten, da die Endzahl der ab Juli 1943 zu liefernden Maschinen aufgrund der bis dahin vollzogenen Aufträge festgelegt werden sollte. »Um in der Planung und bei Produktionsdispositionen die Ausschüsse möglichst geschlossen zusammenhalten zu können, beanspruchten manche Leiter die Kapazität der für ihr Programm zuständigen Betriebe ausschließlich für die Abwicklung ihres Programms, und kamen damit manchen Konkurrenzvorstellungen oder langfristigen Planungen der Betriebe [...] in die Quere«[105]. Die Werke errichteten somit Kapazitäten, die in der Folgezeit wegen der beschränkten Stahlzuteilung häufig nicht voll ausgenutzt werden konnten. Diese wurde quartalweise von der Zentralen Planung gesteuert, wo die Lokfabriken über die DR ihren Bedarf anmelden mußten. Im 111. Quartal 1942 wurden ihnen monatlich 69 500 t Stahl zugewiesen, wovon pro Lok der BR 52 nur 156 t angesetzt wurden. Bei der BR 50 hatte das Kontingent noch 165 t

104 Milward [23], S. 81.

105 Geer [13], S. 155–156.

betragen. Für die Quartale ab III/43, wenn die Höchstproduktion erreicht sein sollte, forderte der AA Kontingente im August 1942 monatlich 93 600 t Stahl für 600 Loks, erhielt aber nur 75 000 t für 500 Einheiten.

Bei der Diskussion um die Bedeutung der Konstruktion oder der Zuteilung von Material für die Kriegslokomotiven spielte eine große Rolle, welche »Kontingente« an Stahl und anderen Stoffen der Reichsbahn zwischen 1940 und 1945 zur Verfügung gestellt worden sind. Dazu stellte Richard Fiebig im Mai 1946 die folgende Übersicht zusammen: »Der Hauptausschuß Schienenfahrzeuge erhielt im Gegensatz zu allen anderen Hauptausschüssen die Kontingente nicht in eigener Verwaltung, sondern diese wurden insgesamt an die Reichsbahn gegeben. Der Hauptausschuß erhielt dann von der Reichsbahn die für den Bau der Lokomotiven und Waggons nötigen Mengen, während zum Beispiel für den Schienenbedarf die Mengen an das Rüstungslieferungsamt gegeben wurden, das die Beschaffung sicherstellte. Die Reparatur-Kontingente verwaltete die Reichsbahn über das Reichsbahn-Zentralamt selbst, das auch als Besteller auftrat. Im Jahre 1944 entfielen etwa die Hälfte der Kontingentemengen an Eisen und Stahl auf die Beschaffung von Schienen. Der Normalbedarf hierfür wurde seinerzeit von der Reichsbahn allein pro Quartal mit etwa 90 000 t angegeben. Aus der folgenden Übersicht ist dabei klar zu ersehen, daß die Versorgung der Reichsbahn mit dem nötigen Oberbaumaterial kaum noch durchführbar war, denn zum Beispiel verblieben der Reichsbahn schon 1943 nach Abzug der Lok-Kontingente in Höhe von etwa 735 000 t für den Waggon-Neubau, das gesamte Reparatur-Geschäft und das Oberbaumaterial (Neubau und Ersatz) nur noch rund 260 000 t = 65 000 t pro Quartal bei einem Normalbedarf von allein 90 000 t für Schienen pro Quartal. Es muß damit auch klar werden, daß Reserven mit dem Kriegsende bei der Reichsbahn nicht mehr vorhanden waren, und daraus fraglos besondere Anlaufschwierigkeiten für die Wiederaufnahme und Durchführung des Eisenbahnverkehrs gegeben waren.«[106]

106 Richard Fiebig: Bericht über den Hauptausschuß Schienenfahrzeuge. – Masch. verf. o. O. 1946.

Tabelle 5: Kontingente der Reichsbahn für Eisen und Stahl (in t)

	1940	1941	1942	1943	1944
I. Quartal	153 000	210 000	190 000	270 000	205 000
I. Quartal	160 000	210 000	206 000	266 000	225 000
III. Quartal	162 700	210 000	262 000	255 000	202 000
IV. Quartal	215 000	190 000	285 000	204 000	120 000

In der Tabelle 5 sind die Eisen- und Stahlkontingente der Reichsbahn aufgeführt. Der Hauptausschuß Schienenfahrzeuge verbrauchte beispielsweise 1943 bei 5253 gebauten Loks etwa

755 420 t	Eisen und Stahl,
73,5 t	Kupfer,
926,4 t	Messing,
777,44 t	Rotguß,
85,09 t	Zinn,
82,99 t	Aluminiumlegierung,
829,97 t	Bleilegierung.

Wie sich die Produktionsziffern in den ersten Monaten des Jahres 1943 entwickelten, ist aus den beiden Schaubildern Seite 71 und Seite 115 zu ersehen. Speer berichtete Hitler regelmäßig von den Steigerungen durch die Arbeit Degenkolbs, so daß dieser am 28. Juni 1943 mit einer Zuwendung von 250 000 RM in die Dotationsliste des Führers aufgenommen wurde[107]. Der Minister war mit Degenkolbs Leistungen überaus zufrieden, da dieser nach seiner Meinung von »der bis dahin handwerklichen Herstellung von Lokomotiven [...] zur Serienfertigung«[108] übergegangen war, wie Speer es sich vergebens auch bei der Erzeugung von Lastkraftwagen gewünscht hatte[109]. Dabei ließ er sich, wie schon bei der Hennigsdorfer Ausstellung vom September 1942 festgestellt, durch das prahlerische Auftreten Degenkolbs und dessen in den Lieferzahlen allzu offensichtliche Erfolge von den wirklichen Ursachen der Leistungssteigerung ablenken. Handwerkliche Fertigung von Lokomotiven hat es seit der Einführung des Austauschbaus um 1925 nur noch dort gegeben, wo die Reichsbahn durch unzureichende Kontingentierung zu kleine Serien hatte auflegen müssen, und wo die Fabriken aus Gründen der Konkurrenz die zahlreichen Sonderwünsche der privaten Besteller erfüllt hatten.

Selbstverantwortung in der Lokomotivindustrie

Wie bewährte sich nun Speers System der industriellen Selbstverantwortung im Lokomotivbau, der monatlich mit immer höheren Lieferzahlen glänzte? Die Deutsche Reichsbahn, die mit den Kriegslokomotiven ihren Betrieb zu bestreiten hatte, stand dem Verfahren sehr kritisch gegenüber[110]. Es war leicht und manchmal gerechtfertigt, die Ausschüsse zu verdächtigen, sie handelten in ihrem eigenen kapitalistischen Interesse statt in dem der Partei und des Staates[111]. An einer Erhöhung der Preise für die Maschinen war jedoch nicht zu denken, denn es galt ein Festpreissystem aller im Krieg abgeschlossenen Verträge mit drei Stufen[112]. Die Werke konnten wählen zwischen dem Gruppenpreis I, auf den sie keine Steuern zu zahlen brauchten, oder dem üblichen Gruppenpreis II. Der Gruppenpreis III für besonders aufwendige Fertigungen kam im Lokbau nicht zur Anwendung.

	2. Halbjahr 1942	1. Halbjahr 1943
I	153 000 RM	150 000 RM
II	160 000 RM	155 000 RM

Die Preise wurden noch wiederholt gesenkt, weil Degenkolb als von außen an die Lokindustrie herangetretenen Manager seinen Ehrgeiz daran setzte, billig zu produzieren. Schließlich wurden nur noch 90 000 RM für eine Lok gezahlt[113]. Demgegenüber hatten die Fabriken für eine Lok der BR 50 ursprünglich 179 000 RM erlöst.
Unter diesen Bedingungen, deren Eintreten die Leitung der DLV bei ihrem Vorgehen gegen das Reichsbahn-Zentralamt Berlin im Spätherbst 1941 keineswegs in ihre Überlegungen einbezogen hatte, war die Industrie weit entfernt von einer Besserung ihrer wirtschaftlichen Lage durch größere Aufträge. So ließen die Firmen in dem Willen, mit besonders hohen Produktionsziffern hervorzutreten, durch ihren allgemeinen Druck auf das Arbeitstempo immer wieder mangelhafte Maschinen aus den Werkshallen fahren. Ihr Bau war zwar überwacht, auch ein Abnahmeverfahren hatten sie durchlaufen, doch wurden diese ehemaligen Aufgaben der RZA-Abnahmebeamten seit dem Inkrafttreten der neuen Abnahmeordnung vom 1. Juni 1942 im Rahmen der Selbstverantwortung durch Reichsverpflichtete aus den Firmen selbst wahrgenommen. So erklären sich die unterschiedlichen Produktionsstatistiken von Steinhauser (Industrie) und Witte (Reichsbahn), weil die Bahnverwaltung nach ihren Kontrollen in den Ausbesserungswerken regelmäßig eine Anzahl von Maschinen zurückgeben mußte, die Mängel aufwiesen, oder bei denen gar der Tender fehlte.

107 Boelcke [8], S. 273.

108 Speer [36], S. 238.

109 Janssen [20], S. 89.

110 Vgl. die Meinung Wittes [46], S. 26.

111 Milward [24], S. 26.

112 Milward [23], S. 65; Lutz Graf Schwerin von Krosigk: Wie wurde der zweite Weltkrieg finanziert? – In: Bilanz des zweiten Weltkrieges. Oldenburg 1953, S. 313–328 (319).

113 Nach Wolfgang Messerschmidt: Zur Geschichte der Kriegslok BR 42 und 52. – In: Lokomotivtechnik 31 (1967), S. 33–36 (34); persönl. Mittlg. Friedrich Witte an den Verf.

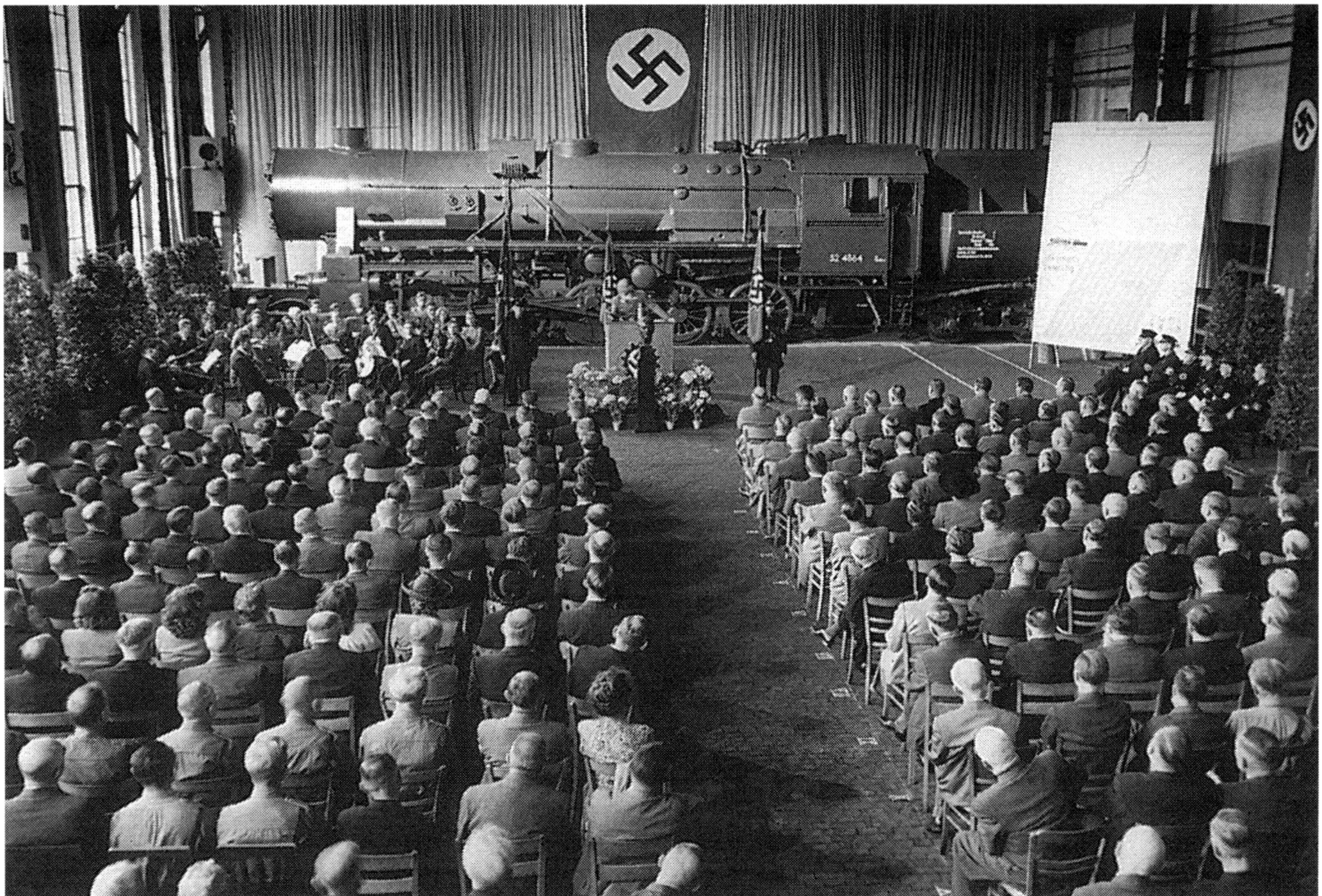

Am 3. Juli 1943 hielt Rüstungsminister Speer seine Rede vor den Arbeitern im Werk Babelsberg der Maschinenbau und Bahnbedarf AG, mit der er die Kürzung des Lokomotivprogramms und den Vorrang des Panzerbaues verkündete. (Foto: Kölling)

Auch nach der Übernahme der Maschinen verblieben im Verhältnis zur Industrie zahlreiche Probleme. Klage wurde besonders über schlechten Anstrich, ungenügende Schweißungen, fehlerhafte Montage der vorderen Treibstangenlager, undichte Sandkästen und anfällige Kesselnähte geführt[114]. Bis zum Dezember 1943 dauerte die Auseinandersetzung um die Frage, wer für die Kriegsloks gewährpflichtig sei, da das RZA Berlin zwar noch die Verträge abwickelte, es die Industrie aber nicht mehr kontrollieren konnte. Material, Konstruktion und Arbeitsausführung hatten Mängel, für die schließlich die Industrie geradestehen rnußte[115].

114 HAS-Rundschreiben vom 3. Dezember 1942.

115 Ndschr. 20 (18. Juni 1943), Anlage 8, enthält einen Entwurf neuer Gewährleistungsbestimmungen, die die Kriegsumstände berücksichtigen und die Haftung für Mängel der Konstruktion der Allgemeinheit aufbürden sollten.

Höhepunkt und Kürzung des Lokomotivprogramms im Sommer 1943

Planmäßig steuerten die deutschen Lokomotivfabriken im Frühsommer 1943 ihr Programmziel – den Bau von 500 Maschinen in einem Monat – an. Im Juni 1943 war diese Marke zum erstenmal erreicht: Am 28. Juni 1943 meldete Degenkolb voller Stolz, daß die für Ende 1944 geforderte Produktion von 500 Loks pro Monat bereits erreicht und mit 533 Loks in jenem Monat überschritten war. Anläßlich dieses Ereignisses planten Degenkolb und der Hauptausschuß Schienenfahrzeuge mehrere Demonstrationen ihrer Leistungsfähigkeit gegenüber der deutschen Bevölkerung und dem Ausland. Minister Speer sollte vor Arbeitern eines Werkes sprechen, auch Wochenschau-Aufnahmen wurden vorbereitet.

Auf den Seiten 68 – 70 eine Folge von Propagandafotos: »Parade der Kriegslokomotiven« auf dem Güterbahnhof Seddin bei Berlin, für die Wochenschau zusammengestellt am 7. Juli 1943. (Fotos: Sammlung Reinhard Schultz)

52 6046
52 2381

52 427

Sieben Kriegslokomotiven mit den Betriebsnummern 52 3496 bis 52 3502 standen am 21. Juni 1943 bei Krauss-Maffei in München zur Ablieferung bereit. *(Werkfoto)*

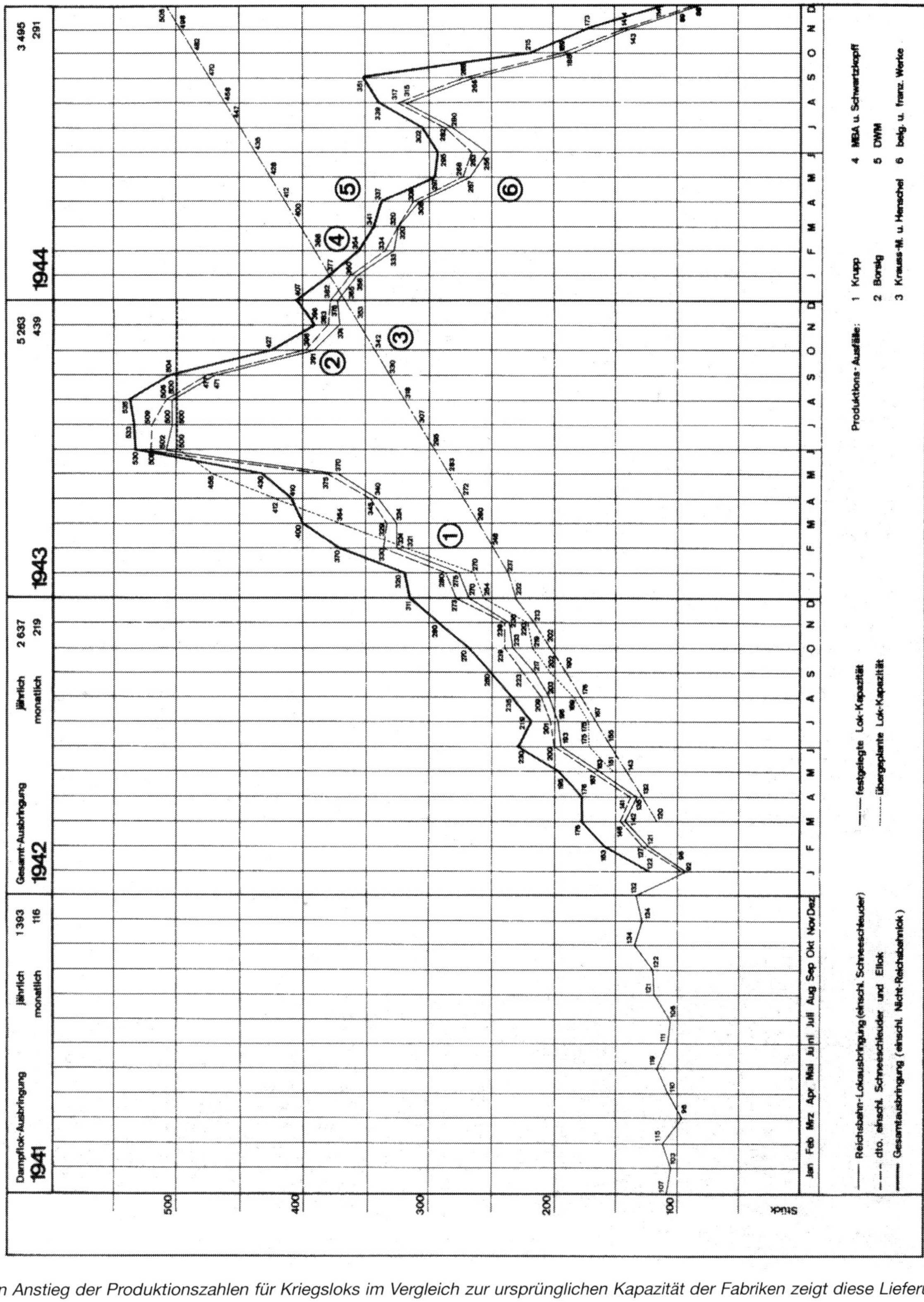

Den rapiden Anstieg der Produktionszahlen für Kriegsloks im Vergleich zur ursprünglichen Kapazität der Fabriken zeigt diese Lieferungsübersicht des Hauptausschusses Schienenfahrzeug vom 31. Dezember 1944. (Aus: Steinhauser [43] neu gezeichnet)

Am 3. Juli 1943 besuchte Albert Speer die Babelsberger Produktionsstätten der Maschinenbau und Bahnbedarf AG. In seiner dort bei einem Betriebsappell gehaltenen Rede[116] kündigte er der Lokindustrie den zweiten großen Eingriff der Kriegszeit an. Zunächst wandte er sich den Erfolgen der letzten Monate zu: »Degenkolb ist heute unumschränkter Diktator in der Lokindustrie. Im Juni 1943 hatte er das Ziel erreicht, das die Ausbringung von 5 000 Loks in einem Jahr ermöglicht«[117]. Seine Berechnungen hatten ergeben, daß in den letzten vier Jahren bereits 3000 bis 4000 moderne 1'E-Lokomotiven zur DR gekommen waren; genug, um die größten Lücken zu stopfen. Auf der anderen Seite fielen täglich mehr Loks durch Beschädigungen aus, und er fragte sich, ob ihre Reparatur nicht billiger einsatzfähige Maschinen hervorzubringen versprach als ein ungehemmter Neubau. So könnten Stahl und Arbeitskräfte anderen Kriegsaufgaben zugeführt werden[118]. Da Hitler seinen Militärs im März 1943 die Verdoppelung der Panzerzahlen versprochen hatte, mußte Speer nun in erster Linie das »Adolf-Hitler-Panzer-Programm« ausführen, von dem das Führerprogramm des Lokomotivbaus jetzt aus der Spitzengruppe der Rüstungsvorhaben verdrängt werden sollte. Der Minister beauftragte deshalb seinen Amtschef Karl Otto Saur mit der Ausführung des neuen Programms und proklamierte abschließend in Babelsberg die »Aktion Saur« zum künftigen Schwerpunkt der Kriegswirtschaft.

Der Lieferumfang von mehr als 500 Loks pro Monat wurde noch für drei Monate gehalten und sodann durch Rücknahme der Kontingente herabgesetzt. Gerade der Erfolg des Lokprogramms nährte die Auffassung, daß man hier den Stahl am einfachsten wegnehmen könnte. Angesichts dieser Entwicklung blieb die Parade der Kriegslokomotiven im Rangierbahnhof Seddin bei Berlin am 7. Juli 1943 eine hohle Propagandaveranstaltung. Auf den Gleisen des ehemaligen Ausstellungsgeländes waren 51 Maschinen, die höchste erreichte Tagesleistung aller GGL-Fabriken, gewissermaßen beim Start zur Front für Aufnahmen der Wochenschau und der Presse[119] zusammengezogen worden. Nach längeren, auch mit Beschädigungen verbundenen Proben gelang es, alle Loks gleichzeitig in Fahrt zu bringen.

Speer hatte sich also angesichts der hohen Lieferzahlen sämtlicher Fabriken gegen einen im Juni 1943 geäußerten Plan entschieden, in den Werken eine beschränkte Ersatzteilfertigung zu Lasten der Neulieferungen aufzunehmen. Er war davon ausgegangen, daß auch eine verminderte Anzahl von Firmen genügend Maschinen liefern könnte, und erließ bald darauf die entsprechenden Ausführungsbestimmungen[120]. Damit wurde die erste Dringlichkeit aller Anforderungen zum Lokomotivbau beseitigt; ferner ordnete er an, daß Borsig und Krauss-Maffei ihre Produktion in den eigenen Werkstätten einzustellen, sie an andere Unternehmen abzugeben und dafür Bedarfsreparaturen für die Reichsbahn-Ausbesserungswerke durchzuführen hätten. Ab September 1943 wurde die Lokproduktion in Hennigsdorf zugunsten der Sturmgeschützproduktion der Firma Alkett in diesen Werkshallen eingestellt. Bei Krauss-Maffei mußte der Bau von Dampfloks für die DR bis zum 15. Oktober 1943 stillgelegt werden, nur die Montage von elektrischen Lokomotiven sollte weitergehen. Die beiden betroffenen Firmen führten aber die ihnen ursprünglich zugewiesenen Aufträge auch weiterhin in ihren Listen; die Anordnung AK 157 vom 29. Oktober 1943 sah vor, daß auch die Firmenschilder und Fabriknummern von Krauss-Maffei und Borsig weiterhin angebracht werden sollten, während der tatsächliche Erbauer nur an einem zusätzlichen Kesselschild zu erkennen war. Obwohl also die Bestellungen nicht zurückgenommen wurden, ordnete das Rüstungslieferamt eine Kürzung der Kontingente um 20 Prozent an, so daß der HAS und die GGL ab Oktober 20 Prozent weniger Lokomotiven ankündigten.

Schon wenige Tage nach Verkündung dieses RLA-Erlasses erfuhr das Lokomotivprogramm die ersten Einbrüche durch dringlichere Kennungen. Es stand jetzt auf der gleichen Stufe wie die älteren Panzerkampfwagen III und IV, Panzerbefehlswagen und Panzerabwehrwaffen, der bald bevorzugte U-Boot-Bau, das Kriegsprogramm des Generalbevollmächtigten für das Kraftfahrwesen, das Flak-Programm einschließlich der Kommandogeräte, die Sprengstoffchemie im sogenannten Schnell-Plan und Flugzeuge der Muster Ju 88, Me 111 u. a.; davor jedoch stets das Mineralöl- und das Panzerprogramm. Es ist nicht bekannt, ob Degenkolb von dieser Kürzung seines Programms vorher erfahren hatte, oder ob ihn Speer in Babelsberg damit überraschte. Der Vorsitzer des Hauptausschusses Schienenfahrzeuge besaß zu diesem Zeitpunkt nur noch wenige Freunde bei Industrie und Reichsbahn. Jedenfalls sah er in dem Eingriff weniger eine Kränkung als den Ansporn, auch mit geringeren Mitteln noch Höchstleistungen zu vollbringen. Wie sehr Hitler und Speer seine organisatorischen Fähigkeiten schätzten, läßt sich daraus erkennen, daß er seit dem Frühjahr 1943 auch den Sonderausschuß A 4 zur Produktion der Rakete V 2 leitete und sich beim HAS meis-

116 Janssen [20], S. 97. Die Rede Speers befindet sich unter R 3/ 154B, fol. 3, im Bundesarchiv.

117 Boelcke [8], S. 274.

118 Im September 1943 wurden nach Pottgießer [30], S. 90, im Bereich der GVD Osten 649 Loks beschädigt, davon 357 zur Heimatreparatur, und 1943 insgesamt 5250 Loks durch Anschläge unbrauchbar gemacht. Janssen [20], S. 397, zitiert einen Bericht Ganzenmüllers, wonach 1943 durch den Luftkrieg 1512 Loks und 12 490 Waggons, durch Partisanen 4458 Loks und 19 400 Güterwagen zerstört wurden.

119 Mit Fotografien beschrieben bei Witte [46], S. 8–13; vgl. auch Berliner Illustrierte Zeitung 32/1943, S. 376; ferner allgemein Zeitschrift »Vierjahresplan« 1942, S. 575 [Kriegslokomoliven in Großserien. Baureihe 52 bedeutet Umwälzung im Lokomotivbau]; 1943, S. 184 [Bewährte Konstruktion. Der Serienbau von Kriegslokomotiven]; Der Erfahrungsaustausch, Heft 5/1943.

120 Erlaß RWA/Zi I–Mü/Kr. vom 9. August 1943.

tens von Valentin Litz vertreten ließ[121]. Am 20. September 1943 erhielt Degenkolb das Ritterkreuz zum Kriegsverdienstkreuz; sein Ruhm aus diesen beiden Programmen reichte selbst so weit, daß Hitler ihn Anfang 1945 noch zum Sonderbeauftragten für den Messerschmitt-Kreis zum Bau des Strahljägers Me 262 machte.[122]

Obwohl durch die Maßnahmen vom Sommer 1943 die Zeit des Hauptausschusses bereits ihrem Ende entgegenging, ist als dritter Sonderausschuß erst im Oktober 1943 der Ausschuß für die Rationalisierung des Feld- und Industriebahnmaterials unter Baurat Dr.-Ing. H. Lachmann und Dr. K. Freise entstanden, die besonders mit der Schaffung des vierachsigen Einheits-Rollwagens in geschweißter Bauweise für die Spurweiten 750 mm, 900 mm und 1000 mm beschäftigt waren.

Auftragsverlagerung zu westeuropäischen Fabriken

Bei der Durchführung des Lokomotivprogramms wurde auch den besetzten Ländern Westeuropas eine fest umrissene Rolle zugewiesen. Im Einklang mit dem Verhalten der übrigen Rüstungsindustrie forderten 1942 auch die Lokfabriken qualifizierte französische und belgische Arbeiter an, um die Einberufungen ihrer Fachkräfte zur Wehrmacht auszugleichen und um ihre Kapazitäten zu erweitern. Diese Zwangsarbeiter entstammten den Rekrutierungsprogrammen des Beauftragten für den Arbeitseinsatz, Gauleiter Fritz Sauckel[123], dessen Methoden im Ausland wie bei manchen Leuten im Ministerium Speer auf ständig wachsende Kritik stießen. Ab Sommer 1942 begann deshalb eine – durch den Besuch des jungen französischen Produktionsministers Jean Bichelonne in Berlin vom 16. bis 18. September 1943 von der Vichy-Regierung bestätigte – Bewegung seitens des Rüstungsministeriums, zivile und weniger wichtige militärische Fertigungen in die Werke des Westens zu verlagern, um im Reich neue Kapazitäten freizubekommen, um den Luftangriffen aus dem Weg zu gehen und um in der Frage der Zwangsarbeiter eine Beruhigung eintreten zu lassen. Im Lokomotivbau wirkte sich diese Entscheidung so aus – da Serien der Baureihen 44 und 50 schon seit längerer Zeit in Frankreich, Belgien und Dänemark noch aus Reichsbahnaufträgen gefertigt wurden –, daß unter Degenkolb noch Lose über 200 Stück der BR 52 in Belgien plaziert wurden[124]. Zu diesem Zweck bestand in Brüssel die Vermittlungsstelle West unter Hamacher, zu deren weiteren Aufgaben die Abwicklung solcher Bauverträge gehörte, die von Industriewerken und Privatbahnen über Loks aus dem KDL-Programm abgeschlossen worden waren. Wie schon dargestellt, wurden diese Verlagerungen in drei Serien ohne Kenntnis der Auftraggeber vorgenommen, um in den Fabriken der GGL ausschließlich Reichsbahn-Kriegslokomotiven bauen zu können. Einige Beispiele[125] für die Weitergabe nach Belgien sind: La Croyère baute zwölf C n2 t ähnlich KDL 7, weitere 15 Stück für Krupp wurden nicht mehr ausgeführt. Haine-St. Pierre erhielt einen Auftrag über 40 Schmalspurloks KDL 9, La Meuse über 39 KFL 1, Energie über 50 KDL 7 und Couillet über 33 KFL 2, die sämtlich nicht ausgeführt wurden. Demgegenüber baute Tubize 22 Schneeschleudern aus Henschel-Aufträgen für die Reichsbahn. Nach Frankreich, dessen Lokomotivindustrie auch noch für die eigenen Nationalbahnen Maschinen der Typen 141 P und 150 P herstellte, wurden auch folgende Loks verlagert: 70 KDL 4 zu Schneider, 18 KDL 5 nach St. Chamond, einige KDL 6 zu Batignolles, 72 Feldbahnloks KDL 11 zu Franco-Belge. Das letztgenannte Werk sollte auch zwei mechanische Teile für KEL 3 anfertigen, führte sie aber – wie auch die anderen Fabriken den größten Teil ihrer Bestellungen – vor Kriegsende nicht mehr aus. Über die tatsächlich gebauten Maschinen ist nur wenig bekannt, da Unterlagen nicht mehr vorhanden sind.

Allgemein vollzog sich die Herstellung recht schleppend, denn schon die Rohstoffbeschaffung lief aus Protest gegen die Deportation der Arbeiter nur langsam an. Hinzu kam, daß die französische Industrie ohne diese Aufträge zwar dem wirtschaftlichen Ruin und einer gewaltigen Arbeitslosigkeit ausgesetzt gewesen wäre, daß die Verlagerungen aber nicht von gleichstarken Partnern ausgehandelt und von deutscher Seite oftmals erpresserisch durchgedrückt wurden[126]. Als 1944 die Invasion der Alliierten wahrscheinlicher wurde, ließ das Arbeitstempo abermals nach. Mit dem Beginn der Landungen setzte die industrielle Rückwärtsbewegung ein. Unter dem Stichwort Rückverlagerung wanderten Maschinen, Rohstoffe und Vormaterial ins Reich – eine der übelsten Machenschaften der deutschen industriellen Kriegsführung[127]. Zwar waren der belgische und der französische Lokomotivbau wegen der Größe und Schwere ihrer Werkzeugmaschinen von dieser Rückverlagerung nur

121 Boelcke [8], S. 469; Janssen [20], S. 198; Speer [36], S. 375.

122 Albert Speer: Der Sklavenstaat. Meine Auseinandersetzungen mit der SS. – Berlin 1981, S. 290–305, S. 340–341.

123 Fritz Sauckel (geb. 27. Oktober 1894, hinger. 16. Oktober 1946) gehörte seit 1923 der NSDAP an, war ab 1933 Reichsstatthalter in Thüringen, ab 21. März 1942 Generalbevollmächtigter für den Arbeitseinsatz und damit für die Deportation der Zwangsarbeiter verantwortlich. Er wurde im Nürnberger Kriegsverbrecherprozeß zum Tode verurteilt.

124 Janssen [20], S. 151; umfangreiches Material zum Lokprogramm befindet sich in den Beständen R 3/431 und 432 des Bundesarchivs.

125 Die nachstehenden Angaben stützen sich auf eine Arbeit von Hanns Stockklausner [37].

126 Janssen [20], S. 150.

127 Ebenda, S. 152.

zum Teil betroffen, doch im Herbst 1944 streikten die Arbeiter dieser Fabriken gegen die Demontage. Die 4. Bauserie der KDL-Maschinen wurde deshalb zu den Werkstätten des Reiches zurückübertragen; die im Westen noch ausstehenden Loks kamen später teilweise zu den Staatsbahnen Belgiens und Frankreichs.

Lokomotivexporte in die Staaten Südosteuropas

Nicht alle von den GGL-Fabriken gebauten deutschen Kriegsloks kamen auch tatsächlich bei der Reichsbahn zum Einsatz. Zwar waren sie in erster Linie als ein fast direkter Beitrag zur Wehrmachtsrüstung entworfen und gebaut worden, doch sollten sie diese auch mittelbar stärken, indem man sie bei den Bahnverwaltungen Südosteuropas einsetzte. Hierzu beschritt man zwei verschiedene Wege: Wenn es um die Erweiterung einzelner Betriebsparks zugunsten deutscher Transporte in diesem Raum ging, wurden die Maschinen von einer Abwicklungsstelle bei der RBD Wien an die betreffenden Staatsbahnen vermietet. Sie blieben also Eigentum der Reichsbahn, wurden zumeist noch von ihren Werkstätten ausgebessert und kehrten später auch in ihren Bestand zurück, soweit sie nicht durch Kriegshandlungen von der Rückführung abgeschnitten wurden[128].
Eine andere Gruppe bildeten diejenigen Lokomotiven, welche diese Staaten als Gegenleistung für ihre Rohstoffe aus den mit dem Deutschen Reich geschlossenen Handelsverträgen verlangten, und solche Maschinen, die günstig an unentschlossene Bündnispartner und Neutrale verkauft wurden, um deren Übertritt zu den Alliierten möglichst zu verhindern. Ihre Abgabe ins Ausland wurde vom Wirtschaftsministerium als Zahlungsmittel gefordert und auch vom Rüstungsministerium vorgenommen, weil diese Ziele anders nicht erreicht werden konnten. Der Staatssekretär im Reichsverkehrsministerium und auch der Leiter des Hauptausschusses Schienenfahrzeuge wollten hingegen wegen des sehr knapp kontingentierten Materials und wegen der eigenen betrieblichen Schwierigkeiten nicht auf die Maschinen verzichten. Sie konnten sich aber bei Speer nicht durchsetzen und erhielten nur sein Versprechen, bei Luftangriffen auf die Gleisanlagen auch Bau- und Rüstungsarbeiter an den Schadensstellen reparieren zu lassen[129].
Für die Verhandlungen mit den Bahnen und Werken des südosteuropäischen Raumes bestand neben den verschiedenen Vertretungen der Reichsbahn und der Wehrmacht auch die Betreuungsstelle Ost des Sonderausschusses Lokomotiven, die von Dr.-Ing. Adolph Giesl-Gieslingen geleitet wurde. Als besonders problematisch erwies sich das Verhältnis zum verbündeten Rumänien, dessen Beauftragte sich sehr selbstbewußt verhielten. Ähnlich wie bei der Reichsbahn war gegen Ende der dreißiger Jahre bei den dortigen Staatsbahnen die Frage nach Ersatz und Ergänzung ihrer Klassen 140.4 (preußische G 82) und 50.1 (preußische G 10) entstanden. Wie schon früher, hatte man wieder die Absicht, dem deutschen Vorbild zu folgen und die Konstruktionszeichnungen der BR 50 anzukaufen, um diesen Typ in einer auf die rumänischen Belange abge-

128 Zu diesem Fragenkreis vgl. allgemein S. 50–53 der Auflage 1970; ferner Griebl/Wenzel [15], S. 92,102; Hans Sternhart: Die Geschichte der österreichischen Eisenbahner und ihrer Lokomotiven. – 14 Forts. in: Eisenbahn 15 (1962) bis 17 (1964) passim; Durrant [11], passim.

129 Janssen [20], S. 256.

Einen Teil des deutschen Lokomotivexports nach Rumänien besorgte 1943 die Wiener Lokomotivfabrik. Der Lokzug, bei dessen Maschinen die Treibstangen für den Transport abgenommen sind, wird von der 150.1009 angeführt. (Foto: Dr. Giesl)

stimmten Form nachzubauen. Die Verhandlungen hierüber wurden jedoch zunächst nicht abgeschlossen, weil die Rumänischen Bahnen (CFR) 100 Loks der vereinfachten Baureihe 52 mit Barrenrahmen sowie 100 weitere Barrenrahmen und Feuerbüchsen zur Fertigstellung im eigenen Land als Kompensation für die im Handelsvertrag mit dem Deutschen Reich vereinbarten Warenlieferungen und Transportleistungen forderten. Dabei konnten sie sich auf eine Zusage des Reichswirtschaftsministeriums berufen. Obwohl es sich nur um die Produktion von fünf Tagen handelte, sah Degenkolb die Reichsbahnquote von monatlich 500 Loks als wichtiger an und wollte die Verträge nicht zulassen, weil zudem die rumänischen Fabriken und Ausbesserungswerke selbst unterbeschäftigt waren. Die CFR zogen es vor, für Neubau und Reparatur deutsche Werke zu benutzen, da diese erheblich billiger lieferten und das Wirtschaftsministerium die Bezahlung übernahm. Überraschenderweise räumte Degenkolbs Stellvertreter Dr. Litz ein, daß die Lokomotivindustrie dieses Geschäft angesichts ihrer im Sommer 1943 vorübergehend freien Kapazitäten ruhig wahrnehmen solle. Inzwischen hatte aber Staatssekretär Ganzenmüller in einem persönlichen Brief an den rumänischen Verkehrsminister die Lieferung der Maschinen völlig abgelehnt, da die Werke von Resita und Rogifer trotz Lieferfähigkeit keine einzige Lok bauten und etwa 38 Prozent des CFR-Lokparks abgestellt seien, so daß Bukarest selbst zur Annahme des Vorschlags nicht mehr zu bewegen war, 100 Blechrahmen-Loks zu erhalten und die Barrenrahmen sowie Feuerbüchsen aus Italien einzuführen. Auf der Basis des Vorschlags, die brachliegenden rumänischen Fabriken mit deutschen Industrie-Auslagerungsloks zu beschäftigen und diese mit den 52ern zu kompensieren, wurde zur großen Erleichterung des Wirtschaftsministeriums endlich die Lieferung von 100 Einheiten (mit vergleichsweise hohen Fabriknummern) vereinbart:

150.1001–1020 WLF	16 144–16 163 Ba*)
150.1021–1030 Schk	12 391–12 400 Ba
150.1031–1040 MBA	13 884–13 839 Bl
150.1041–1043 MBA	13 908–13 910 Bl
150.1044–1060 Skoda	1 544–1 560 Bl
150.1061–1100 Hen	28 070–28 109 Bl

*) Ba = Barrenrahmen; Bl = Blechrahmen

Hiervon wurden die ersten 43 Maschinen noch 1943, der Rest 1944 exportiert. Zumindest die Floridsdorfer Loks hatten erweiterten Frostschutz, der ebenso wie die deutschen Tenderbauarten später entfernt wurde. Die Beschaffung weiterer 100 Loks der BR 52 unterblieb; schließlich wurden im Oktober 1943 die Zeichnungen der BR 50 doch noch übernommen, nach denen bis 1958 fast 300 Loks der Serie 150.0 gebaut wurden.

In ähnlicher Weise trat auch Bulgarien in Erscheinung, das – da traditionell ein Kunde der deutschen Lokomotivfabriken – zu Anfang der vierziger Jahre einige Bestellungen plaziert hatte, die keine Aufnahme in das Kriegstypenprogramm gefunden hatten und deshalb nicht mehr ausgeführt werden durften. Unter Beratung von Professor Dr.-Ing. Felix Meineke aus Berlin kam man überein, die 25 im Jahre 1940 von Henschel, Schwartzkopff und anderen für die Türkei als Reihe 56 gebauten, dann aber von der Reichsbahn als 58 2801 bis 2825 (1'E h2 G 56.18) in Dienst gestellten Güterzuglokomotiven an die Bulgarischen Staatsbahnen weiterzuverkaufen[130]. Insgesamt weisen die Verzeichnisse für 1942 noch 13, für 1943 sogar 31 Exportloks nach Bulgarien aus, unter denen sich wohl Kriegsloks der BR 52 befunden haben. Ihre Betriebsnummern sind aber nicht bekannt.

Die Weitergabe der zuerst für die Türkei geplanten Maschinen nach Bulgarien nimmt in der Eisenbahngeschichte eine merkwürdige Stellung ein, denn Anfang 1943 hatten sich die deutsch-türkischen Beziehungen dahin entwickelt, daß man auch dieses Land mit Lokomotiven versorgen mußte. Die Serien konnten aber wieder nicht programmgemäß abgeliefert werden, da die Fortführung des Krieges auf dem Balkan mehrmals zum Umdisponieren zwang. Einzelne Verschiebungen wurden auch durch das Konkurrenzstreben der Lokfabriken untereinander erforderlich. Ursprünglich hatten die Türkischen Staatsbahnen (TCDD) aus der BR 52 bei Schwartzkopff zehn Loks (56.501 bis 510; F.-Nr. 12 765 bis 12 774) und bei Krupp neun Loks (56 511 bis 519; F.-Nr. 3129 bis 3137) bestellt. Das zweite Los war wegen Lieferunfähigkeit aus Essen nach Kassel abgegeben worden (Henschel F.-Nr. 27 937 bis 27 945), das erste sollte nach Kroatien gehen, so daß Henschel auch diese zehn Loks (F.-Nr. 27 735 bis 27 744) noch übernommen hatte. Um die Türkei nun nicht über Gebühr auf die neuen Loks warten zu lassen, wurden vorab zwischen September 1943 und Januar 1944 die folgenden 43 Fahrzeuge aus Beständen der Reichsbahn nach dort verliehen:

52 364–368	BLW	15 461–15 465
52 4855–4865	MBA	13 918–13 928
52 6062–6063	BMAG	12 503–12 504
52 6066–6073	BMAG	12 507–12 514
52 7285–7292	WLF	16 738–16 745
52 7425–7434	WLF	16 878–16 887

Es handelte sich um neuwertige Maschinen, die nur wenige Wochen im Dienst gewesen oder sofort ab Werk in die Türkei gefahren waren. Sie sollten nach Anlieferung genügend eigener Lokomotiven wieder zur DR zurückkehren. Hierzu kam es allerdings nicht, denn nach dem Verkauf der ersten zehn Loks von Henschel war das Verhältnis zwischen

130 Siehe LOK-MAGAZIN 33 (1968), S. 158–159.

Ein Beispiel für die Auslandslieferungen der Kriegsloks war die von Henschel unter Fabriknummer 28 042 im Mai 1944 gebaute Maschine für Serbien, wo eine deutsche Militärverwaltung bestand. 15 Maschinen der Reihe 52 wurden fabrikneu dorthin gesandt.
(Werkfoto)

Die Produktion von elektrischen Lokomotiven litt im »Dritten Reich« stets unter Kupfermangel. Für die Alpenstrecken wurde die Baureihe E 94 dennoch bis 1944 mit Komponenten aus Aluminium weitergebaut. Die Maschine E 94 036 entstand 1941 bei Siemens und Krauss-Maffei.
(Foto: Siemens)

Die Produktion von elektrischen Lokomotiven litt im »Dritten Reich« stets unter Kupfermangel. Für die Alpenstrecken wurde die Baureihe E 94 dennoch bis 1944 mit Komponenten aus Aluminium weitergebaut. Die Maschine E 94 036 entstand 1941 bei Siemens und Krauss-Maffei.
(Foto: Siemens)

beiden Staaten bereits so gespannt, daß für die neun noch ausstehenden Einheiten ein neuer Kunde gefunden werden mußte. Man versuchte noch, der TCDD die Leihloks zu verkaufen, doch ist über den Erfolg dieses Unternehmens nichts bekannt. Ab Anfang 1945 trugen sie die türkischen Betriebsnummern 56.511 bis 56.553.
Nach der Besetzung und dem Zerfall Jugoslawiens im Jahre 1941 wurden dort die Staaten Serbien und Kroatien unter starkem deutschen Einfluß errichtet. 1943 belieferte Schwartzkopff die Kroatischen Staatsbahnen (HDZ) mit den zehn Kriegsloks, die erst für die Türkei gedacht waren, und schloß noch fünf weitere Maschinen an:

30 001–010	BMAG	2 765–12 774
30 011–015	BMAG	12 988–12 992
30 016–024	Hen	27 937–27 945

Bei den letzten neuen Fahrzeugen handelte es sich um die zweite Henschel-Serie für die TCDD, die nicht mehr nach dort gebracht werden konnte, und die im Herbst 1944 auf die HDZ überging. Die Serbischen Staatsbahnen (SDZ) kauften 1944 gleichfalls 15 Loks der BR 52 bei Henschel & Sohn. Die zweite Serie war mit Kesseln von Borsig ausgerüstet:

33 001–004	Hen	28 370–28 373
33 005–015	Hen	28 041–28 051

Im Zusammenhang mit den Exporten der Lokomotivfabriken muß noch erwähnt werden, daß Maschinenbau-Bahnbedarf auch zehn Loks der BR 52 an deutsche Industriewerke geliefert hat, weil die Herstellung entsprechender Fahrzeuge nach besonderer Konstruktion als zu aufwendig angesehen wurde. Es handelte sich um die Fabriknummern 13 935 bis 13 940, also die sechs Stück zwischen 52 4870 und 4871 vom Juli 1943, sowie um 14 329 bis 14 332, die vier Loks zwischen 52 5124 und 52 7749 vom September 1944.

Die beiden Kriegs-Elektrolokomotiven der Reichsbahn

Um die bereits in Fahrleitungen und die Bahnstromversorgung investierten Mittel zufriedenstellend auszunutzen, mußten auch während des Krieges elektrische Lokomotiven beschafft werden. Besonders im süddeutschen und im vormals österreichischen Netz hatte der Fahrzeugpark beträchtliche Lücken. Degenkolb mußte deshalb trotz der hohen Stückpreise und der für eine Massenfertigung zu kleinen Serien im Rahmen des Hauptausschusses Schienenfahrzeuge auch die Herstellung der Reichsbahn-Elloks E 44 und E 94 betreiben. Von diesen Typen entstanden Anfang 1942 etwa 125 E 44 und etwas mehr als 60 E 94 im Dienst.
Die vierachsige, für Personen- und leichten Güterzugdienst geeignete Baureihe E 44 war bereits seit 1932 ohne Unterbrechung beschafft worden. Allmählich waren in ihrem elektrischen Teil immer mehr Leitungen und Geräte aus Kupfer durch solche aus Aluminium ersetzt worden, um Buntmetall zu sparen. So waren ab E 44 040 alle Stromschienen im Maschinenraum, ab E 44 063 auch alle Verbindungen

Die Produktion elektrischer Lokomotiven im Krieg war zeitraubend und reich an Hindernissen. Bei Henschel in Kassel standen noch Fahrzeugteile für die Baureihe E 44, als im letzten Kriegswinter die Montagehallen durch Bombenangriffe zerstört wurden. (Foto: Henschel)

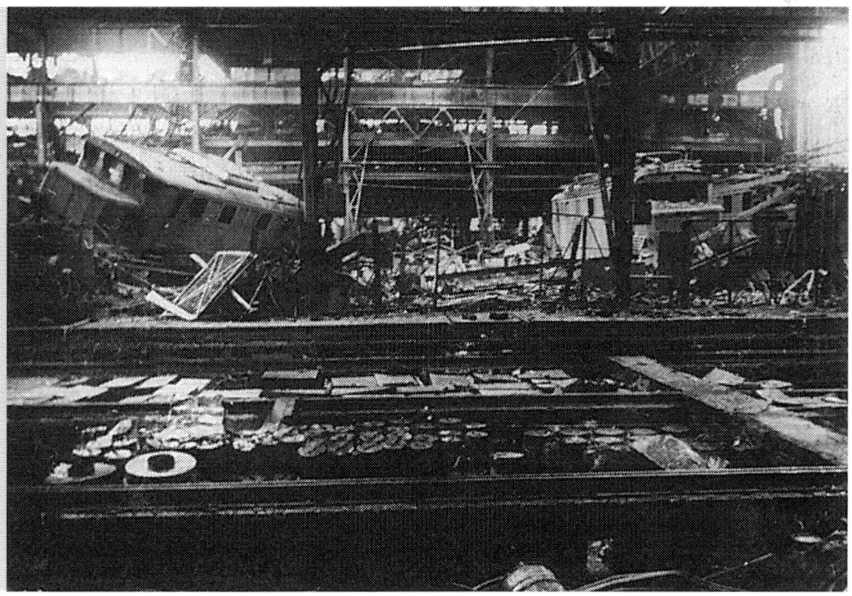

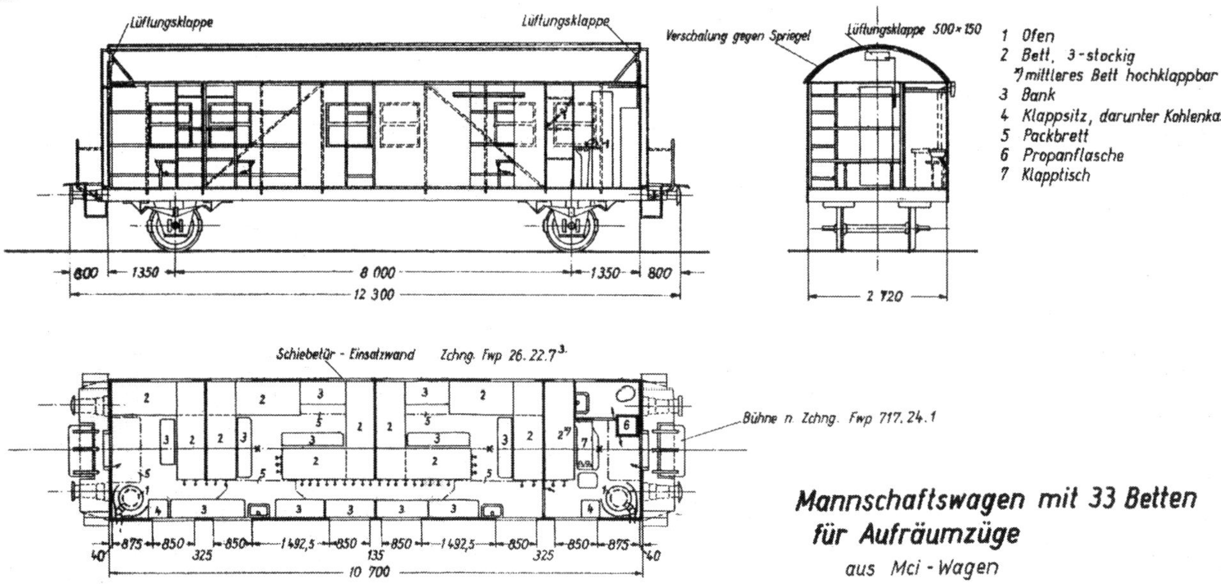

Der »Mannschaftswagen« der Bauart Mci-43 wurde mit vielen verschiedenen Inneneinrichtungen versehen. Er konnte 52 Sitzplätze oder (für Aufräumzüge) auch 33 Betten enthalten.

im Nockenschaltwerk aus Aluminium. Beim Transformator liefen im Versuch die Loks E 44 055 und 056 mit Unterspannungswicklungen und die E 44 082 mit der gesamten Trafowicklung aus Aluminium[131]. Bei dieser Probelok war man bereits so weit gegangen, daß man von den früher erforderlichen 6,5 t Kupfer etwa 3,8 t einsparen konnte[132]. Bei der nächsten Serie, E 44 103 bis 125 (Lieferjahre 1939 bis 1941), wurde die Dauerleistung des Haupttransformators durch geänderte Konstruktion und verbesserte Lüftung von 1450 kW auf 2050 kW gesteigert, um der Lok auf den vormals österreichischen Strecken mehr Durchhaltevermögen zu verleihen. Auch der Einbau einer elektrischen Widerstandsbremse für längere Gefällefahrten wurde vorbereitet.
Die sechsachsige schwere Güterzuglok E 94 war erst Ende der dreißiger Jahre entwickelt und besonders für die Alpenstrecken gebaut worden. 1940 waren die ersten Maschinen zum Betrieb gekommen. Im Jahre 1942, bevor Degenkolb sein Amt antrat, befanden sich bei der AEG die Lokomotiven E 94 063 bis 084 in zwei Serien im Bau. Bei Siemens und der Lokfabrik Henschel, die bis dahin noch nicht als Lieferer von E 94 aufgetreten war, sollten die Loks E 94 085 bis 090 angefertigt werden. Auf der anderen Seite sollten von der Baureihe E 44 bei SSW und Krauss-Maffei die Maschinen E 44 126 bis 133 sowie bei SSW und Henschel die Loks E 44 134 bis 151 in Auftrag gegeben werden. Es lag nahe, hier die Serien zusammenzufassen und bei Henschel & Sohn in Zukunft die Fahrzeugteile für alle E 44 bauen zu lassen, so daß die E 94 zu Krauss-Maffei ausgetauscht wurde[133].

Als wesentliche Neuheit erhielten die unter der Regie des Hauptausschusses gebauten E 44 ab Nr. 126 einen Haupttransformator mit Aluminiumwicklung, der 1900 kW Dauerleistung besaß. Auch wurden nun die Ständerwicklungen der Fahrmotoren in Aluminium ausgeführt, wie es an der »Heimstofflok« E 44 082 erprobt worden war. In der Bauserie 1943 (SSW/Henschel) ab Lok E 44 152 kam endlich auch die Widerstandsbremse zur Anwendung. Aus der Bestellung bis E44 191 wurden vor Kriegsende noch die Loks bis E 44 178 fertig, doch der Bau lief dann bis Nr. E 44 183 weiter. Die Serie E 44 192 bis 211 sollte wieder ohne Widerstandsbremse, aber mit einem Trafo größerer Heizleistung geliefert werden. 1954/55 ließ die DB als Nachbauloks die E 44 184 – 187 herstellen.

Die Baureihe E 94 sollte bei AEG und SSW/Krauss-Maffei gebaut werden. In den Jahren ab 1942 waren die Loks bis zur E 94 285 vorgesehen. Zwar waren sie bei Krauss-Maffei von dem Baustopp nicht betroffen – ein kleinerer Auftrag (E 94 143 bis 150) ging nach Wien an Elin/Floridsdorf –, doch das allgemeine Bautempo litt durch die Zulieferungsprobleme der zweiten Kriegshälfte sehr. Am 15. Dezember 1943 ließ Minister Speer den Bau von Elektrolokomotiven

131 Vgl. Dieter Bäzold und Günther Fiebig: Archiv elektrischer Lokomotiven. Die deutschen Einphosenwechselstrom-Lokomotiven. – 2. Auflage Berlin 1966, S. 204.

132 Hundert elektrische Bo'Bo'-Lokomotiven. – In: Glas. Ann. 64 (1940). S 98.

133 Einzelheiten finden sich bei Friedrich Schadow: Lokomotivverzeichnis der Deutschen Reichsbahn, DB und DR. Band 21: Elektrische Lokomotiven. – Krefeld o. J. [1972], S. 82–85 und S. 109–113.

(mit Ausnahme der Industrieloks) weitgehend einstellen, um Facharbeiter für die elektrische Ausrüstung von U-Booten freizubekommen. Ein Versuch, die Fahrzeugteile wie die Tender in den Maschinenbau auszulagern (etwa an Seibert/ Saarbrücken), kam wegen zu kleiner Kapazität und Bedenken der Reichsbahn nicht durch. In Wien wurden zwei Maschinen durch Kriegseinwirkungen zerstört, so daß bis Kriegsende nur 145 Einheiten E 94 abgenommen wurden. Aus vorhandenen Teilen wurden noch neun Loks für die DB und drei für die ÖBB gebaut; 1954/56 folgten als Nachbau 43 Loks, davon 24 mit stärkeren Motoren[134].

Der Bau von Eisenbahnwagen

Bei der Errichtung des Hauptausschusses im Frühjahr 1942 war neben dem Sonderausschuß Lokomotiven auch ein Sonderausschuß für Eisenbahnwagen gegründet worden, dessen erste Aufgabe ebenfalls die Steigerung der Produktionsziffern bildete. Der Leiter des Sonderausschusses, Werner Streitz, kam aus dem Reichsbahn-Zentralamt und war bereits zur Wagenbau-Vereinigung beurlaubt gewesen. In seinen zahlreichen Arbeitsausschüssen wurden deshalb vor allem die Zeichnungen der Personen- und Güterwagen für die Reichsbahn in den Details vereinfacht, indem man bei den Ausrüstungsteilen, der Materialstärke, dem Anstrich und dem Arbeitsaufwand sparte. Gleichzeitig wurde die Typenzahl beschränkt, um von jeder Wagengattung nur noch ein Modell bauen zu müssen. Die ersten Erfolge bei der Arbeit dieses Sonderausschusses wurden bereits auf der Hennigsdorfer Ausstellung im Zusammenhang mit der Lok 52 001 gezeigt.

Der Sonderausschuß Eisenbahnwagen hatte 30 Arbeitsausschüsse. Nach Stichworten von Firmensitz und Kurznamen handelte es sich bei den Waggonfabriken im Hauptausschuß Schienenfahrzeuge um folgende Unternehmen:

1. Bautzen
2. Berlin
3. Beuchelt
4. Breslau
5. Credé
6. Dessau
7. Deutz
8. Dorstfeld
9. Düsseldorf
10. Esslingen
11. Gastell
12. Görlitz
13. Gotha
14. Heidelberg
15. Lindner
16. Lüttgens
17. Niesky
18. Nürnberg
19. Rastatt
20. Rathgeber
21. Siegen
22. Steinfurt
23. Talbot
24. Uerdingen
25. Wegmann
26. Wismar
27. Danzig
28. Graz
29. Leipa
30. Nesselsdorf
31. Stauding
32. Wien
33. Brünn
34. Kolin
35. Prag
36. Brühl
37. Darmstadt
38. v. Dietrich
39. Elze
40. Hameln
41. Königshütte
42. Quedlinburg
43. Werdau

134 Vgl. Heinrich Lehmann und Erhard Pflug: Der Fahrzeugpark der Deutschen Bundesbahn und neue, von der Industrie entwickelte Schienenfahrzeuge. – Berlin o. J. [1956] S. 33-34.

In der betrieblichen Praxis der Reichsbahn war der Mangel an Wagen nicht so schwerwiegend wie das Fehlen von Lokomotiven, da man sich mit »angemieteten« und erbeuteten Fahrzeugen aus anderen Ländern hier leichter behelfen konnte.

Ende 1942 mußte im Reichsbahn-Zentralamt Berlin ein möglichst großräumiger und einfacher Eisenbahnwagen für militärische und eisenbahntechnische Zwecke konstruiert werden. Auf der Grundlage des gedeckten Güterwagens Glm (früher Gattungsbezirk Leipzig) wurde deshalb 1943 ein stark vereinfachter Mannschafts- und Behelfspersonenwagen[135] mit der Bezeichnung Mci-43 entwickelt und in die Fertigung gegeben. Sein Kastengerippe war vollkommen geschweißt und nur innen durch Holz verkleidet. Der Zugang erfolgte durch schmale offene Plattformen, die an den Stirnseiten der Wagen über den Puffern angebracht und auch mit Übergangsbrücken ausgerüstet waren. Die Wagen boten nur wenig Fahrbequemlichkeit, besaßen einfache Holzbänke und nur das Minimum an Heizungs- und Beleuchtungseinrichtungen. Bei der Konstruktion wurde bereits vorgesehen, die Wagen später dem Güterverkehr zuzuführen. Bei der Waggonfabrik Steinfurt in Königsberg wurden bis zum Kriegsende monatlich 180 bis 200 dieser Wagen gebaut, später auch bei der mährischen Waggonfabrik Stauding. Bis Kriegsende kamen so etwa 6000 Exemplare heraus. Mehr als 50 verschiedene Grundrisse und Ausstattungen dieses Universalwagens wurden geplant (Landserschlafwagen, Lazarettwagen, Wohnwagen für Flakbatterien, Wechselwagen für Personen- und Güterverkehr, Behelfspersonenwagen) und gebaut[136]. Ende 1943 wurde nach den guten Erfahrungen mit diesen Behelfsfahrzeugen auch ein Behelfs-D-Zugwagen entwickelt, Bauart Mc4i-44. Es wurden 100 Wagenkästen in der sehr auffälligen Bauart mit außenliegendem Rautenfachwerk bestellt, die auf Drehgestelle zerstörter Wagen gesetzt werden sollten. Bis Kriegsende wurden aber nur etwa 80 Stück fertiggestellt. Dieser Typ hatte gleichfalls offene Endbühnen, innen aber einen Seitengang mit neun Abteilen. In diesem »Landserschlafwagen« konnten 72 Soldaten tagsüber sitzend, nachts schlafend befördert werden. Daneben wurden drei- und vierachsige Untergestelle abgebrannter Reisezugwagen für den Bau entsprechender Behelfspersonenwagen verwendet.

135 Vgl. Werner Deinert und Werner Ohme: Wagenkunde. – Leipzig 1959, S. 169–170; Erhard Born: Lokomotiven und Wagen der deutschen Eisenbahnen. – 2. Auflage Mainz 1961, S. 139–140. Siehe auch Schroeter: Zur Geschichte des 26,4-m-Wagens. – In: LOK-MAGAZIN 105 (1980) S. 443.

136 Die Deutsche Bundesbahn übernahm davon 5001 Stück, rüstete einen Teil mit Polstersitzen aus, baute einige Wagen zu Leig-Einheiten um und führte einen weiteren Teil dem Güterwagenpark zu. Ab 1955 lief ein Umbauprogramm an, in dessen Verlauf jeweils zwei dieser Wagen zusammengesetzt, mit Sprengwerken und neuen Hauptquerträgern ausgerüstet und auf Drehgestelle montiert wurden, so daß daraus 238 Gepäck- und Expreßgutwagen MPw 4 ie-54 und MPw 4 ie-55 entstanden. Siehe hierzu Lehmann/Pflug (Anm. [134]), S. 155-156.

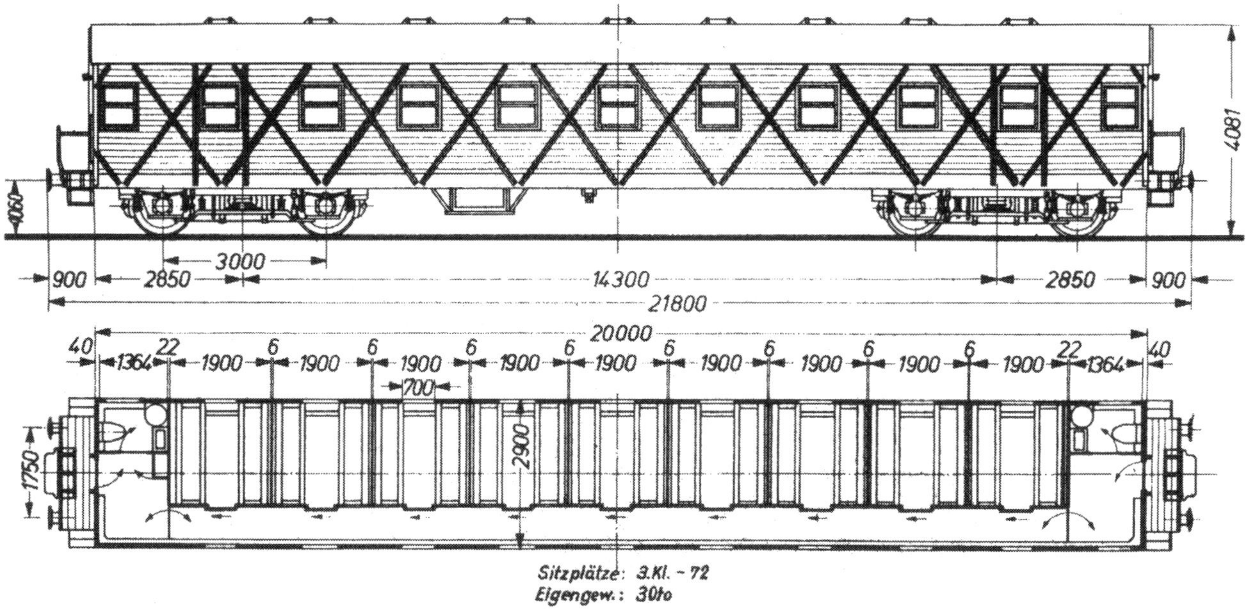

Der vierachsige »Landserschlafwagen« wurde zwar nur in etwa 100 Exemplaren beschafft, doch bildete seine Konstruktion einen wichtigen Vorläufer zum 26,4-m-Wagen der Bundesbahn in der Nachkriegszeit. Er wurde in der Nummernreihe 320 001 bis 100 geführt.

Eine weitere »wagenbauliche« Besonderheit der Kriegsproduktion waren die beweglichen Wohnbehälter mit dem Namen »Kaue». Sie waren konstruktiv eng an den Mci-Wagen angelehnt und konnten zu drei Stück auf Rungenwagen so verladen werden, daß seitlich noch ein schmaler Gang für Bahnbeamte blieb. Mit Kränen waren sie leicht abzusetzen. Weitgehend aus Holz gefertigt, ersetzten sie Bauwerke im besetzten Osten und nach Kriegsschäden auch im Reichsgebiet. Man unterschied Wohn-, Werkstatt-, Büro- und Waschkauen. In zehn Waggonfabriken wurden bis Kriegsende über 100 000 Kauen hergestellt.

Daneben beschaffte man für die Reichsbahn eine Vielzahl unterschiedlich großer Serien von Kühlwagen, Tiefladewagen, Kesselwagen, Heizwagen, Kranwagen und Schneepflügen.

Der Sonderausschuß war aber nicht nur für die Wagen der Reichsbahn zuständig, sondern betrieb außerdem noch den Bau von Spezialwagen für die Wehrmacht, soweit sie in den Werken der Waggonbau-Vereinigung hergestellt werden sollten. Es handelte sich dabei um die Auswahl, Kontingentierung, Bauüberwachung und Abrechnung einer Vielzahl kleiner Serien.

Nach einer Statistik des Reichsbahn-Zentralamtes verteilten sich die im Krieg beschafften Güterwagen in folgende Gruppen:

Offene Wagen	100 160
Gedeckte Wagen	37 974
Kühlwagen	6 646
Kesselwagen	1 144
SSla, SSys	5 000
SSyms	981
R, Rm, Rmm	28 789
Sonstige Wagen	15 684
Insgesamt	196 378

Diese Güterwagen verteilten sich auf die Lieferjahre innerhalb des Krieges wie folgt:

1939	13 465
1940	22 977
1941	41 581
1942	43 068
1943	47 072
1944	26 765
1945	ca. 1 450
Insgesamt	196 378

Die Beschaffung von Güterwagen für die Reichsbahn wurde zwischen 1939 und 1945 in folgende Länder vergeben:

Um die Herstellung und die Unterhaltung ihrer Lokomotiven wirtschaftlich durchführen zu können, ließ die Wehrmacht sie nach dem Baukastensystem zusammenstellen. Die abgebildete Lok der Bauart WH 360 C 14 wurde 1940 von Jung hergestellt; weitere Serien kamen von Deutz, Henschel, Krupp, Orenstein & Koppel und Schwartzkopff. (Werkfoto)

Deutschland	142 210
Ostgebiete	9 245
Österreich	8 291
Tschechoslowakei	16 501
Niederlande	6 268
Dänemark	600
Belgien	10 604
Frankreich	2 659
Insgesamt	196 378

Wehrmachts-Diesellokomotiven

Bei den deutschen Kriegslokomotiven handelte es sich um Fahrzeuge, die der Wehrmacht mittelbar nützten, indem sie der Reichsbahn zur Bewältigung der Rüstungs- und Truppentransporte dienten. Daraus erklärt sich auch ihre eigenartige Stellung in der Kriegswirtschaft, die von ihrer gleichzeitigen Zugehörigkeit zum militärischen und zum zivilen Bereich herrührt. Bereits bei der Behandlung der Kriegslokomotiven wurde vereinzelt darauf hingewiesen, daß die deutsche Wehrmacht in ihren eigenen Anlagen und im Frontbereich den Bahnbetrieb selbst durchführte, daß sie darüber hinaus auch Waffen und Gerät besaß, die ausschließlich für die Verwendung auf Schienen entwickelt worden waren. Die auf diese Weise entstandenen Fahrzeuge der Wehrmacht waren in ihrem Einsatz vom Netz der Reichsbahn abhängig und wurden deshalb schon bei der Konstruktion mit ihr abgestimmt. Dabei ging man sehr verschwiegen vor: »Über eine Art von bemerkenswerten Schienenfahrzeugen besonderer Bauart schweigt sich aber das vorliegende Heft [d. i. Heft 11/1940; A. G.] aus, und das zur Zeit mit Recht! Es sind dies die seit der Aufrüstung unseres Heeres in enger Zusammenarbeit zwischen der Wehrmacht, Industrie und Reichsbahn entstandenen Schienensonderfahrzeuge. Ingenieure der Reichsbahn und der Industrie, die an diesen Werken der Technik arbeiteten, nehmen es pflichtgemäß gern in Kauf, daß sie ihre Arbeiten der Fachwelt vorenthalten müssen, wenn nur ihre Schöpfungen kräftig dazu beitragen, den uns aufgezwungenen Freiheitskampf siegreich zu beenden«.[137] Die Quellenlage ist dementsprechend ungünstig; nur ein Teil der Wehrmachts-Schienenfahrzeuge ist heute bekannt. Eigene Veröffentlichungen liegen zur Geschichte der Heeresfeld-

137 Geleitwort zum Fachheft »Schienenfahrzeuge besonderer Bauart« der Zeitschrift »Glasers Annalen», von Curt Emmelius, Präsident des Reichsbahn-Zentralamtes Berlin. – In: Glas. Ann. 64 (1940). S. 101. Zu den normalspurigen Diesellokomotiven der Wehrmacht siehe Rolf Löttgers: Die Dieselloks der Baureihen V 20 und V 36. – Stuttgart 1986. Zu einer Sonderbauart der dieselelektrischen Wehrmachtslokomotive siehe Ralf Roman Rossberg: Die Diesellokomotiven der BR 288. Für den Krieg projektiert – aber auch im friedlichen Eisenbahnverkehr eingesetzt. – In: Lokomotivtechnik 6/1972, S. 51–56, mit zahlreichen Verweisen. Zu den Schmalspurfahrzeugen der Wehrmacht siehe Alfred Gottwaldt: Heeresfeldbahnen. Bau und Einsatz der militärischen Schmalspurbahnen in zwei Weltkriegen. – Stuttgart 1986. Zu den Eisenbahngeschützen siehe Lusar, [21] und [22]; von Senger, Etterlin [35]; Franz Kosar: Schwere Geschütze und Eisenbahngeschütze. – München 1978; Gerhard Taube: Eisenbahngeschütz Dora. Das größte Geschütz aller Zeiten. – Stuttgart 1979.

bahnlokomotiven, der Wehrmachtsdiesellokomotiven und der Eisenbahngeschütze der Wehrmacht vor. Wie schon erwähnt, wurden im Kriegstypenkatalog der Motorlokomotiven mehrere Baureihen für die Wehrmacht weiterhin aufgeführt, doch waren die nach Ende 1942 noch gebauten Stückzahlen sehr klein. Der zweite Kriegswinter in der Sowjetunion und die Niederlage der deutschen Truppen in Stalingrad markierten den Beginn eines neuen Zeitraums.

Produktionsrückgang durch Luftangriffe

Bereits Mitte März 1943 war die Lokfabrik der Fried. Krupp AG in Essen durch alliierte Luftangriffe ausgefallen. Die anderen Werke hatten deren Aufträge noch übernehmen können, so daß nach der Reparatur dort nur noch Ersatzbauten der Reihe 50 und kleinere Serien der verschiedensten Typen angesetzt wurden. Ab Oktober 1943 war die Montage bei Henschel – nach dem Ausscheiden Krupps zunächst mit einem Auftragsbestand von über 1000 Loks – durch Bombenschäden gleichfalls beeinträchtigt. Anfang 1944 wurden auch Krenau, die zuliefernden Ostrowieczer Werke Warschau und die WLF-Tenderfabrik-Raxwerke weitgehend zur Reparatur statt zur Neufertigung herangezogen. Bei vielen anderen Fabriken – zum Beispiel bei Jung und Westwaggon – kam es durch Bombentreffer wiederholt zu Stockungen in der Fertigmontage. Der Hauptausschuß selbst wurde nun wegen der Bombengefahr mit den meisten Arbeitsausschüssen und dem GGL-Büro aus dem Lokomotivhaus in Berlin nach dem sächsischen Mittweida verlegt, wo man ihn im Gebäude der Ingenieurschule einquartierte. Ab Herbst 1943 bestand in Berlin nur noch die Verbindungsstelle, um den Verlagerungsort geheimzuhalten. Bei einem Luftangriff auf Berlin am 22. November 1943 wurde das »Lokomotivhaus« in der Bismarckstraße zerstört.

Da Staatssekretär Ganzenmüller für Februar und März 1944 ein neues Verkehrschaos ankündigte, beschloß man in der Zentralen Planung, die Stahlzuteilung für das I. Quartal 1944 nicht nochmals zu kürzen[138]. Einen weiteren Rückgang der 52er-Abnahmen hatte jedoch der im Januar aufgenommene Serienbau der neuen BR 42 zur Folge. Esslingen, Schichau, Schwartzkopff und die Wiener Lokfabrik drosselten den Ausstoß an Lokomotiven der ersten Kriegsbauart oder gaben ihn vollständig auf, da dieser Typ nicht – wie im Juni 1942 geplant – in Frankreich gefertigt werden konnte. Zunächst war daneben auch Henschel für die BR 42 vorgesehen, schied jedoch wegen Bombenschäden wieder aus.

Bevor nun der Lokomotivbau im letzten Kriegsjahr beschrieben wird, ist es deshalb angebracht, zuvor auf die Entstehung und auf die Technik dieses zweiten Kriegsloktyps sowie auf weitere Projekte einzugehen, die Ende 1943 entstanden sind.

138 Janssen [20], S. 256.

6 Die Kriegslokomotive Baureihe 42

Entwurf einer mittelschweren Güterzuglok

Im Gegensatz zur Baureihe 52 handelt es sich bei der 2. Kriegsbauart, der BR 42, um einen Typ, der nicht auf eine Reichsbahn-Einheitsgattung zurückgeführt werden kann. Vielmehr ist die BR 42 eine Lokomotive, deren Planung lange vor der Errichtung des Arbeitsausschusses Konstruktion in Angriff genommen worden war und deren Entwurf in der Folgezeit mehrfach überholt wurde, um auch sie unter Kriegsbedingungen produzieren zu können.

Betrachtet man die Entwicklung im Schnellzugdienst der DR, wo neben der Einheitslokomotive 01 (2'C 1'h2 S 36.20) für die Reichsbahnstrecken mittlerer Tragfähigkeit 298 Einheiten der leichteren Baureihe 03 (2'C 1'h2 S 36.18) beschafft werden mußten, so überrascht es zunächst festzustellen, daß dieser Vorgang selbst fast zehn Jahre später noch keine Analogie bei den Güterzug-Streckenlokomotiven gefunden hatte, obwohl der Streckenumbau langsamer als geplant vorangegangen war. Bis zum Einsatz deutscher Triebfahrzeuge aus der Länderbahnzeit auf den Strecken Österreichs, Polens und der Tschechoslowakei hatten die alten Maschinen für den Bedarf der DR jedoch ausgereicht. Indes vertrat der Betriebsdienst ab 1939/40 die Auffassung, daß der Einsatz von 15-t-Typen auf den 18-t-Strecken der besetzten Länder nach einer Übergangszeit sehr unwirtschaftlich sei, da die Streckenkapazität nicht ausgenutzt werde. Die hiervon besonders betroffene Ostbahn ließ deshalb im Werk Krenau Entwürfe zu einem Ty-41-Zwilling aufstellen und nahm für 1942 die Beschaffung von 20 dieser Maschinen in Angriff. Etwas früher war jedoch auch für die Strecken des Reiches eine leistungsfähige Güterzuglokomotive 1'E h2 G 56.18 gefordert worden, die, wie es gern

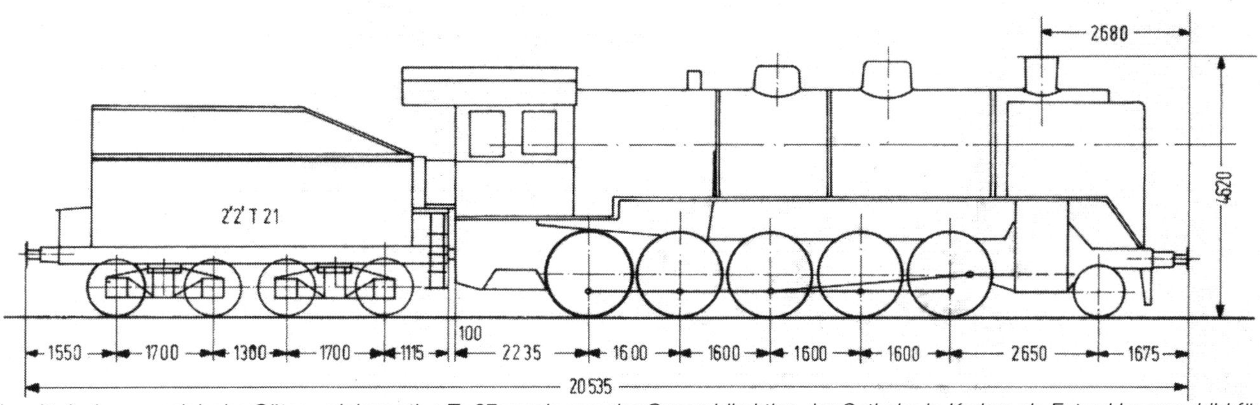

Die mittelschwere polnische Güterzuglokomotive Ty 37 wurde von der Generaldirektion der Ostbahn in Krakau als Entwcklungsvorbild für die 2. Reichsbahn-Kriegslokomotive, Baureihe 42, empfohlen. (Skizze: Buchholz)

heißt, den »Kessel der BR 44 auf dem Laufwerk der BR 50« erhalten sollte. Das geringere Gewicht sollte durch Entfall des Innentriebwerks und Verkürzung der Rohre auf 5500 mm bei unveränderter Rohrteilung erzielt werden; Ziel waren 5 x 18 = 90 t Reibungsmasse. Als diese Pläne Anfang 1941 baureif durchgezeichnet waren, stornierte auch die Ostbahn ihren Auftrag bei Krenau und erwartete die ersten Lieferungen der neuen DR-Gattung für Spätsommer 1942 nach Krakau.

Entwürfe zur Baureihe 42 der Reichsbahn

Die besonderen Richtlinien für die Kriegsproduktion ließen jedoch 1942 die Lieferung einer durchaus noch »friedensmäßig« erstellten Konstruktion nicht mehr zu, so daß unter anderem in der Sitzung des Arbeitsausschusses Konstruktion vom März 1942 angeregt wurde, den Entwurf nach den für die BR 52 geltenden Vorschriften zu revidieren. Auf Anraten der Generaldirektion der Ostbahn wurde die polnische Gattung Ty 37 als Vorbild für die einzureichenden Entwürfe besonders hervorgehoben[139]. Mit Rundschreiben

139 Nach der Besetzung Polens wurden 29 Einheiten Ty 37 als 58 2901–2929 (die

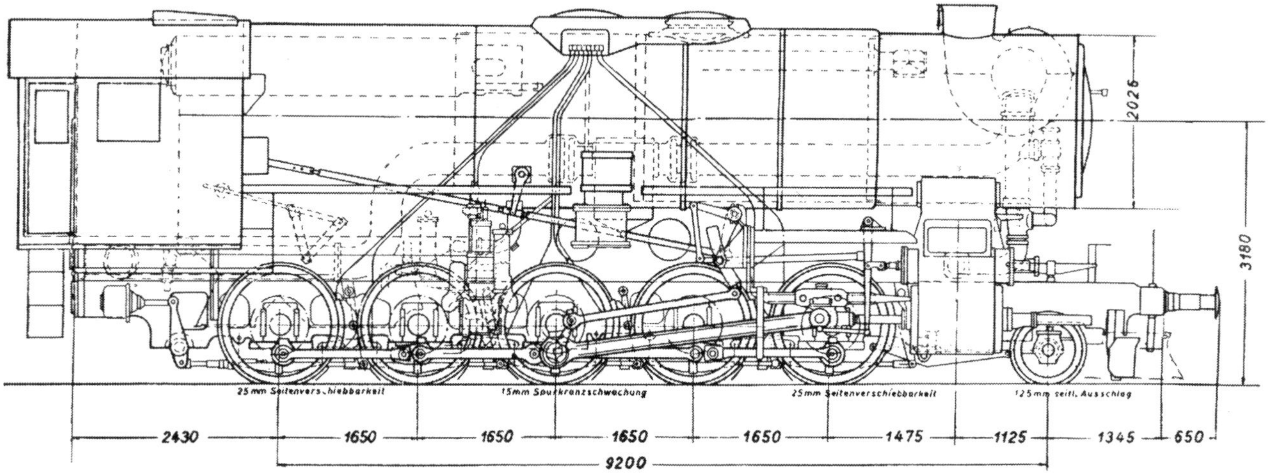

Entwurf Henschel zur 2. Kriegslok mit Barrenrahmen, Brotankessel und Kondensationsanlage.
(Henschel-Zeichnung Nr. Sk II 1016 vom 15. April 1943)

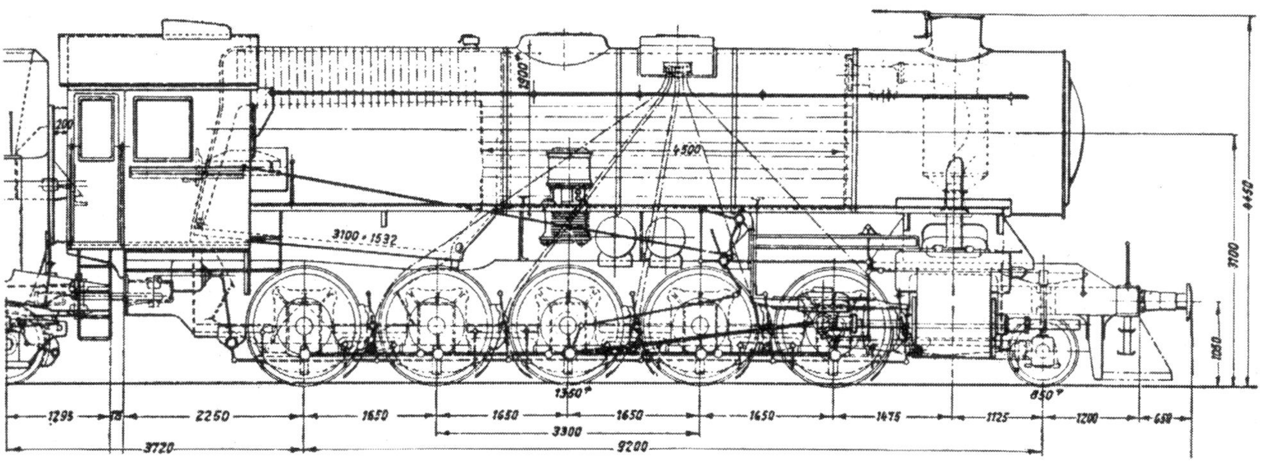

Alternativentwurf des Arbeitsausschusses Konstruktion mit Blechrahmen und Regelkessel. *(Aus: Stockklausner/Weinstötter [38], S. 168)*

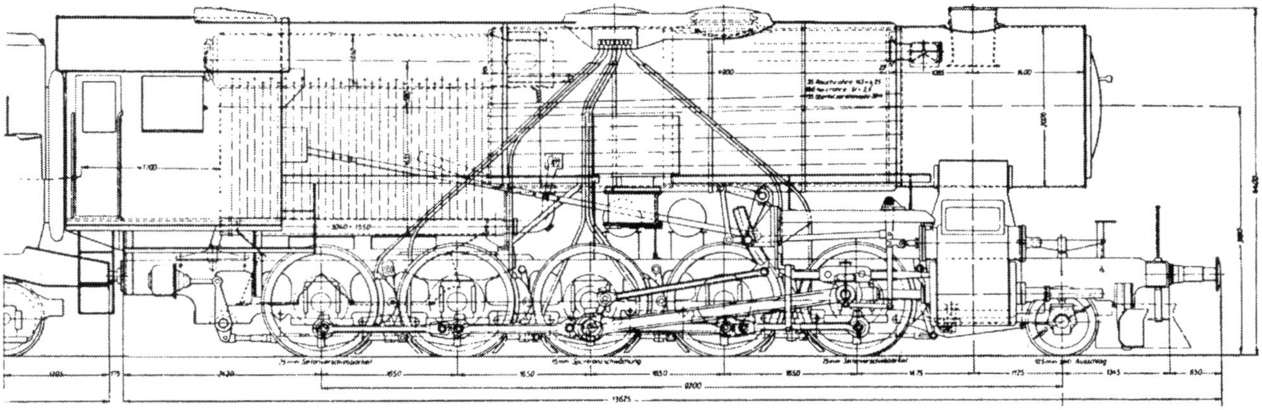

Zweiter Entwurf des Arbeitsausschusses Konstruktion, ausgerüstet mit Barrenrahmen und Brotankessel.
(Aus: Stockklausner/Weinstötter [38], S. 168)

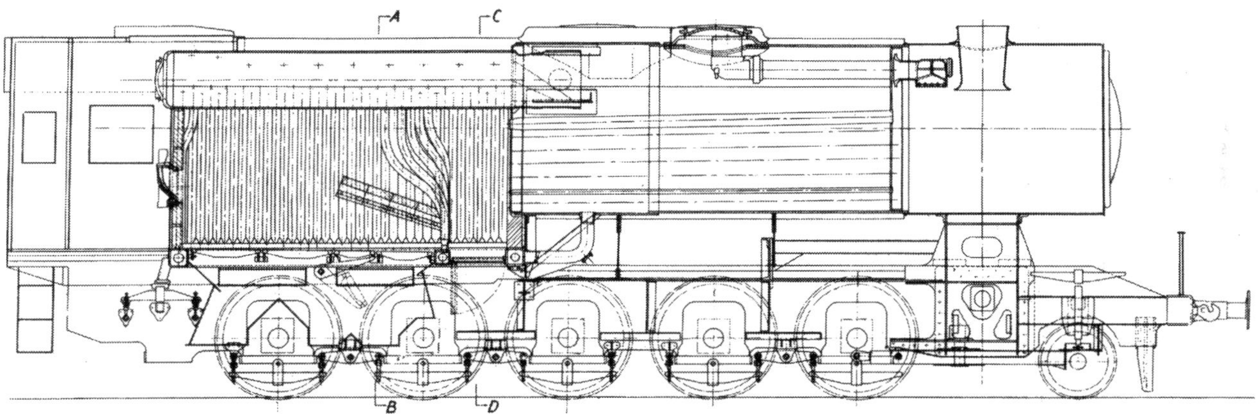

Im März 1943 legte die Wiener Lokomotivfabrik einen Entwurf zum Brotankessel mit Verbrennungskammer vor, der auf dem Blechrahmen laufen sollte. *(Ndschr. 17, Anlage 25)*

AK 17 vom 4. August 1942 wurde den Firmen freigestellt, bis zum 31. August 1942 hierzu Entwürfe aufzustellen, wenn sie neue Gesichtspunkte vorschlagen konnten. Die Bedingungen lauteten:

	PKP Ty 37 G 56.17	**Richtwerte BR 42**	
2 Q	17	18 (+ 3%)	t
d	630	650	mm
D	1450	1400	mm
H_v	197,8	200	m²
$H_Ü$	...	75	m²

Loks 58 2919–2823 bis Oktober 1941 zunächst als 58 2718–2722) in den Reichsbahnbestand eingereiht. Zur allgemeinen Geschichte der Ostbahn im damaligen Generalgouvernement siehe auch Adolf Gerteis: Die Ostbahn. – In: Ztg. des Vereins Mitteleuropäischer Eisenbahnverwaltungen (1941), S. 373 ff.; Werner Pischel: Die Generaldirektion der Ostbahn in Krakau 1939–1945. Ein Beitrag zur Geschichte der deutschen Eisenbahnen im zweiten Weltkrieg. – In: Archiv f. Eisenbahnwesen 74 (1964), S. 1–80.

Daneben verfügte die Ty 37 über 4,5 m² Rostfläche, 16,5 m² Strahlungsheizfläche, 98,5 t Dienstmasse und 86,4 t Reibungsmasse. Etwa 20 Vorschläge gingen bis Ende 1942 ein, so zum Beispiel von Borsig am 28. August 1942 ein Projekt mit Verbrennungskammer, am 4. Dezember 1942 ein Modell mit Brotankessel.

Schon lange Zeit vorher, am 8. April 1942, wollte dos RVM 1500 Einheiten der BR 42 bestellen, was Degenkolb bereits am 23. April abgelehnt hatte, wie er sich auch am 17. August 1942 gegen eine Vorserie von zehn Einheiten noch für 1943 aussprach. Die Entwürfe umfaßten nahezu alle Varianten einer Normalspur-Güterzuglok, zumal die Firmen häufig die Merkmale ihrer jeweils neuesten Auslandslieferungen und Eigenkonstruktionen auf das Projekt übertragen hatten. Allen Regelkessel-Vorschlägen gemeinsam war eine gewölbte Feuerbüchsdecke, wie sie sich gerade bei 52 002 – 006

in Arbeit befand. Nur der Henschel-Vertreter im Konstruktionsausschuß, Böhmig, schlug konsequent auch eine zur Feuerbüchsdecke parallele Stehkesseldecke vor. Einzelne Firmen hingegen, so etwa Arnold Jung, beteiligten sich wegen weiterer Auslastung ihrer Kapazitäten nicht an der Ausschreibung.
Eine solche Vielzahl verschiedener Entwürfe gerade zu Kriegszeiten erscheint dem unbefangenen Betrachter zunächst wenig sinnvoll, wurde jedoch seitens des Hauptausschusses bewußt angestrebt, um Auskunft über zahlreiche Ausweichmöglichkeiten für den Fall einer Störung des Zulieferungssystems zu erhalten. Aus den eingegangenen Projekten wählte man elf Entwürfe, um aus ihnen eine Gruppe von Typen nach der Austauschbauweise für die 17/18-t-Lokomotivreihe der DR im Februar 1943 vorzulegen. Zwei Hauptbauarten der 2. Kriegslok wurden festgelegt:

a) Typ mit Blechrahmen und Brotankessel;
b) Typ mit Barrenrahmen und Stehbolzenkessel.

Hiervon waren nach den in der Hauptausschußsitzung vom 5. August 1942 gefaßten Beschlüssen 8000 Einheiten, nach dem Beschluß vom 5. September 1942 nur noch 5000 Einheiten zur Beschaffung vorzusehen. Da man sich von der Brotanbauart fertigungstechnische und betriebliche Vorteile versprach, sollte zunächst nur der Typ nach a) beschafft werden, gegen den sich in der Folgezeit aber (abhängig von der Auswertung aller mit den Maschinen 50 3011 – 3012 ÜK gewonnenen Erfahrungen) ein immer größerer Widerstand richtete. Als Vertreter der DR wies Friedrich Witte, Vorsitzender des Arbeitsausschusses Verbindung Reichsbahn, besonders auf die Gefahr hin, einen trotz der Bewährung dieses Kesseltyps bei tschechoslowakischen, österreichischen und ungarischen Bahnen dennoch relativ unerprobten Stehkessel etwa an der Südostfront einsetzen zu müssen, wo bereits der herkömmliche Stehbolzenkessel bis an die Grenze beansprucht werde. In der ausgedehnten Debatte auf der 17. Konstruktionsausschußsitzung vom 16. April 1943 einigte man sich schließlich von den drei möglichen Dispositionen – nämlich den Stehbolzenkessel zunächst aufzulegen und den Brotankessel an wenigen Loks zu erproben oder den Brotankessel doch in Serie zu bauen und später notfalls rasch umzustellen oder aber, die Serie von vornherein zu teilen, also praktisch zwei Loktypen zu bauen – auf die letztgenannte. Hierauf hatte bereits ein Verteilungsvorschlag abgezielt, nach dem bestellt werden sollten: 2300 Loks mit Barrenrahmen und Stehbolzenkessel sowie 1150 Loks mit Blechrahmen und Brotankessel. 650 Lokomotiven mit Brotanfeuerbüchse sollten Henschel-Abdampfkondensation mit fünfachsigen Tendern erhalten, nachdem zunächst nur 50 Kondensloks der BR 42 vorgesehen waren[140].

Bau von Vorauslokomotiven der Baureihe 42

Inzwischen lief der bereits in der 15. Sitzung vom 4. und 5. März 1943 an Henschel & Sohn (Barrenrahmen, Laufwerk, Montage) und die Wiener Lokfabrik (Brotankessel)

140 So nach dem Anschlußprotokoll vom 5. August 1942. Auch 500 Wasserwagen zur Baureihe 42 waren geplant.

Kurz vor ihrer Ablieferung an die Reichsbahn im Juli 1943 wurde der Prototyp der 2. Kriegslokbauart, die Lokomotive 42 0001 mit Wiener Brotankessel auf dem Gelände der Erbauerfirma Henschel in Kassel neben der leichten Kriegslok 52 2444 aufgestellt. (Werkfoto)

Mittelschwere Kriegslokomotive 42 1900 aus der Wiener Lokomotivfabrik (Fabriknummer 17 372) vom August 1944. (Foto: Lofag-Geschichtswerkstatt)

vergebene Auftrag über die schon im voraus kontigentierte Probelok 42 0001 weiter, als Liefertermin war der 1. August 1943 genannt. Auch die 42 0002 wurde statt mit dem vorgesehenen Blechrahmen aller Brotanlokomotiven mit Barrenrahmen bestellt[141]. Die Auslieferung der Hauptserien sollte ab Januar 1944 bei Borsig, Esslingen, Krauss-Maffei, Schwartzkopff, Schichau und WLF statt der BR 52 erfolgen; als Übergangsfrist waren drei Monate vereinbart worden. Die ersten 42er von Henschel wurden hingegen erst im Oktober 1944 erwartet, da das Werk außerdem die BR 42 Kon (Prototyp im Mai 1944) zu liefern und die BR 52 Kon fortzuführen hatte. Auf der Grundlage einer Monatslieferung von 500 Maschinen hatte Staatssekretär Ganzenmüller ursprünglich folgende Verteilung auf die verschiedenen Typen vorgesehen:

250	Loks BR 52
30	Loks BR 52 Kon
204	Loks BR 42
16	Loks BR 42 Kon.

Bereits Ende April 1943, kurze Zeit nach Friedrich Wittes Stellungnahme gegen den Brotankessel im Konstruktionsausschuß, hatte Degenkolb jedoch entschieden, daß nur noch die WLF die BR 42 Brotan bauen sollte, um das Risiko einzugrenzen. Bis zur 20. Sitzung am 18. Juli 1943 ordnete er vorläufig die ausschließliche Serienfertigung der Stehbolzenausführung an, wovon Schwartzkopff noch vor Jahresende 1943 zwei Einheiten abliefern sollte.

Schon in den letzten Julitagen konnte die 42 0001 (Henschel F.-Nr. 29 000; Kessel WLF-Nr. 10881/1) zu Probefahrten starten; die Abnahme im RAW Göttingen war am 5. August 1943. Wie Ende 1942 die Lok 52 001, ging sie bis zum 10. September 1943 auf eine Rundfahrt zu den Lokomotivfabriken in der GGL. Die Versuche ergaben zunächst keinen Anlaß zu größeren Beanstandungen. Wie bereits 1942, als die Produktion der Baureihe 52 aufgenommen worden war, betrieb die Industrie ein Jahr später auch die Umstellung auf die 2. Kriegslok mit großer Energie. Vorläufig waren kaum vorstellbare Lose, nämlich Pakete über jeweils 500 Maschinen zugesprochen worden:

42 0001–0500	Henschel
42 0501–1000	Schwartzkopff
42 1001–1500	Schichau
42 1501–1800	Esslingen
42 1801–2300	Borsig
42 2301–2800	Floridsdorf
42 2801–3300	Krauss-Maffei.

Die militärisch-politische Entwicklung hatte jedoch bereits neue Maßstäbe gesetzt, so daß es üblich wurde, die Verträge über je 20 Maschinen aus diesen Serien abzuschließen. Dies entsprach den mittlerweile recht eingeschränkten Möglichkeiten der Industrie weit eher, denn von den sieben

141 Ndschr. 15 (5. März 1943), Anlage 1; Ndschr. 17 (16. April 1943), Anlage 2. Krauss-Maffei soll jedoch technisch nicht mehr in der Lage gewesen sein, Barrenrahmen herzustellen.

vorgesehenen 42er-Lieferfirmen waren Borsig und Krauss-Maffei im Herbst 1943 gerade zu Bedarfsreparaturen für die Reichsbahn-Ausbesserungswerke übergegangen[142], so daß für die Fertigung der neuen Lokomotiven nur noch die Lokbauanstalten Esslingen, Henschel, Schwartzkopff, Schichau und WLF zur Verfügung standen, die jedoch auch nicht mehr uneingeschränkt lieferfähig waren. Nachdem die 42 0001 im Einsatz stand und bald darauf die 42 0002 (H & S, F.-Nr. 28 001; WLF F.-Nr. 10 881/II) gefolgt war, traf man bei Henschel in Kassel nur noch vorbereitende Maßnahmen, um den Brotantyp mit Wannentender in Zusammenarbeit mit der Wiener Lokfabrik möglicherweise noch zu fertigen. Als dieses Modell aber ausfiel und auf einer Sitzung der Leiter aller Arbeits- und Betriebsausschüsse am 5. Oktober 1943 darüber gesprochen werden sollte, wie nun die mit Brotankessel vorgesehenen 650 Kondensloks der BR 42 auszuführen seien, erklärte die Reichsbahn, sie benötige durch die veränderte militärische und betriebliche Lage weniger Maschinen mit dieser Einrichtung. Eine endgültige Entscheidung, ob neben den 240 Einheiten der BR 52 Kon noch eine Reihe 42 Kon aufgelegt werden müsse, wurde auf Januar 1944 vertagt. Zu diesem Zeitpunkt machte jedoch auch die Lokfabrik Henschel ihre Bedenken geltend, daß sie bei durch Kriegseinwirkungen beeinträchtigter Produktion nicht mehr in der Lage sei, auch nur die Tender 2'2' T 13,5 Kon für die BR 52 in ausreichender Anzahl herzustellen. Somit haben beide Bauarten der BR 42 mit Brotankessel weder im Bau noch im Einsatz bei der DR eine wesentliche Rolle gespielt.

Etwas später als geplant erschien die 42 501 (auch 42 0501; Schwartzkopff F.-Nr. 12 818) Mitte Januar 1944. Anläßlich ihrer Besichtigung wurden die 25. und 26. Sitzung des Konstruktionsausschusses in Wildau abgehalten (18./19. Januar 1944), wo endgültig von der Ausführung der Brotan-42er, auch in der inzwischen wieder erwogenen Kleinserie von 30 Maschinen, Abstand genommen wurde. Die in der Literatur[143] erwähnten Lieferschwierigkeiten der Röhrenhersteller hatten zu diesem Zeitpunkt wohl keinen Einfluß auf die Entscheidung.

Zu den beiden Standardausführungen der BR 42 wurden jedoch noch mehrere Varianten vorgeschlagen. Die Wiener Lokfabrik empfahl bereits im März 1943 auch einen Brotankessel mit Verbrennungskammer, falls ihr erster Entwurf nur im Detail beanstandet werden sollte. Er wurde aber von Degenkolb gleichfalls abgelehnt. Daneben sind hier die Bemühungen um einen mechanischen Rostbeschicker zu erwähnen, der dem Heizer seine Tätigkeit erleichtern sollte. Ursprünglich hatte Schneider-Creusot einige Loks der BR 44 mit Stoker liefern sollen, um die deutsche Produktion damit nicht zu stören. Als hier Verzögerungen durch den französischen Widerstand gegen die Deportation von Arbeitern zu den Rüstungsfabriken des Reiches eintraten, war bei der 21. Sitzung des Konstruktionsausschusses am 16. Juli 1943 die Firma Schwartzkopff mit der Projektierung von 10 bis 20 Loks der BR 42 mit Stoker beauftragt worden. Am 21. Oktober 1943 (24. Sitzung) wurden die ersten Pläne vorgelegt, wonach die Antriebsmaschine des Stokers auf der Lok untergebracht werden sollte. Ein Schüttelrost war nicht vorgesehen. In Zusammenarbeit mit Henschel sollten Stokeranlagen für Kondensloks untersucht werden, so daß eventuell 40 Maschinen diese Einrichtung erhalten sollten. Auf der 25. und 26. Sitzung in Wildau legte die BMAG die Pläne zur Versuchsausführung vor, die zwar den Hulsonrost aufwiesen; dennoch wurde auch ein Versuch mit festem Rost und engen Spalten vorgesehen. Die praktische Ausführung der Anlage wurde indes zurückgestellt.

142 Dies wegen der inzwischen begonnenen »Aktion Saur«.

143 Pieper [29], S. 232; Stockklausner/Weinstötter [38], S. 175; Born [10], S. 30.

7 Technischer Aufbau

Rahmen, Laufwerk und Dampfmaschine

War der Blechrahmen wegen Stahlmangels zunächst auch für umfangreiche Lieferungen der BR 42 vorgesehen, so verhinderte doch nicht nur die Verbindung mit Brotankessel und Kondensanlage seine Anwendung völlig, auch der Betriebsdienst hatte wiederholt die relative Unzugänglichkeit und Unübersichtlichkeit des alten Blechrahmens bemängelt. Der Übergang vom Siemens- zum Thomas-Stahl ermöglichte es, die 2. Kriegslok mit einem kriegsmäßig vereinfachten Barrenrahmen, dessen Ausschnitte autogen ausgebrannt waren, zu bauen und in Betrieb zu nehmen. Der Langkessel und das Stehkesselende waren mit dem Rahmen durch Pendelbleche verbunden. Die Verbindung der Rahmenplatten bestand in einem waagerechten, vom Rauchkammerträger bis zum Gleitbahnträger durchlaufenden Versteifungsblech, ergänzt durch weitere Querverbindungen. Gleichfalls gegensätzlich zur BR 52 wurden wieder Stellkeile in den Radsatzlagern angeordnet, da sich deren Fehlen schon nach kurzer Zeit als möglicherweise größter Nachteil der Kriegsfertigung erwiesen hatte, wenn die vorgeschriebenen Anfangstoleranzen nicht eingehalten wurden.

Da der gleiche Gesamtachsstand von 19 m gefordert war, entsprach das eigentliche Laufwerk in hohem Maße jenem der BR 52. Auslenkung des Laufradsatzes (± 125 mm), Seitenverschieblichkeit des äußeren Kuppelradsatzes (±25 mm) und Spurkranzschwächung des Treibradsatzes (15 mm) waren an beiden Baureihen gleich, so daß auch die Bogenlaufverhältnisse übereinstimmten. Für Strecken mit besonders häufig wiederkehrenden engen Gleisbögen war an die Verwendung einer Spurkranzschmierung am ersten und letzten Kuppelradsatz nach Wiederkehr normaler Verhältnisse im Werkstättendienst gedacht; 20 Loks sollten bereits probeweise damit ausgerüstet werden. Erstmalig bei Lokomotiven der Reichsbahnbauart kamen in der BR 42 runde Radsatzlagerschalen zur Anwendung, die mehrfach gegen axiale Verschiebung und Verdrehen gesichert waren. Um Schmiedearbeit einzusparen, waren die Radsatzwellen ohne Bunde ausgeführt, so daß die Radnaben die seitlichen Anlaufkräfte übernahmen. Dazu wurden die Anlaufflächen wesentlich vergrößert und mit Weißmetallauflage WM 10 versehen.

Die beiden Zylinder (d = 630 mm, s = 660 mm) lagen waagerecht 70 mm über dem Achsmittel. Besondere Isolierung, angegossene Ausströmkästen, Bruchscheiben und Kolbenschieber (300 mm Durchmesser) entsprachen der 1. Kriegslokomotive. Der Winterthur-Druckausgleicher unterschied sich von der Ausführung der BR 52 dadurch, daß die Dichtungsflächen in einer Ebene lagen. Die Naßdampfanwärmung der Zylinderräume blieb unverändert. Der Kreuzkopf hatte die bei den Einheitsloks der DR übliche einschienige Führung. Das Gestänge war wie bei der BR 52 durch Stumpfschweißung der im Gesenk geschmiedeten Stangenköpfe mit dem Stangenschaft aus Walzprofil hergestellt. Alle Stangenköpfe hatten nicht nachstellbare Buchsenlager; die Schmiergefäße waren auf die Stangenköpfe aufgeschweißt. Die Heusingersteuerung war in der gleichen Weise wie bei der 1. Kriegslokomotive vereinfacht durchgebildet; die Bilder geben hierüber Auskunft.

Die Kesselbauarten

Der Kessel war durch eine relativ große Feuerbüchse und demzufolge auch eine größere Rostfläche (3070 x 1530 mm = ca. 4,7 m^2) ausgesprochen geringer Neigung (1: 22,41) gekennzeichnet; dies hauptsächlich mit Rücksicht auf die im vierten Kriegsjahr qualitativ unzureichende Lokomotivkohle. Der gleiche Grund galt für die Ausrüstung des Asch-

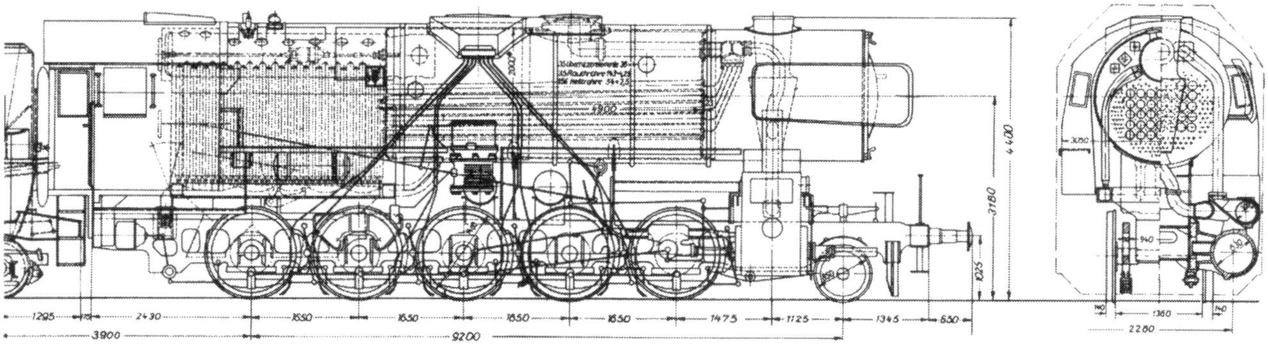

Güterzug-Kriegslokomotive der Baureihe 42 mit Wiener Brotankessel. *(BZA Minden, Zeichnung Nr. Fld. 1.01 Blatt 41)*

kastens mit reichlich bemessenen Luftklappen (insbesondere mit Seitenklappen), so daß nach Veränderung des Blasrohrdurchmessers von normal 155 mm durch einen Steg von 13 mm auch geringwertige Braunkohle ohne nennenswerte Leistungsverminderung verfeuert werden sollte. Bei den Heizern war der flache Rost nicht sehr beliebt.

Bemerkenswert war die bei der BR 42 erstmals serienmäßig angewandte Form der Feuerbüchsdecke mit nahezu radial angebrachten und über den Umbug der Decke durchlaufenden festen Stehbolzen und Deckenankerreihen, wodurch die waagerechten Queranker der Kessel mit ebener Decke entfallen konnten. Deckenankerenden wie Stehbolzen wurden auf der Innenseite der Feuerbüchswände verschweißt. Die gewölbte Feuerbüchsdecke stellte, wie bereits mehrfach angedeutet, für nordamerikanische Bahnen die Regelausführung dar und wurde selbst bei den größten Maschinen erfolgreich angewandt. Gleich vorteilhafte Erfahrungen ließen sich jedoch in Europa nicht ohne weiteres erwarten, da besonders in der Qualität des Speisewassers erhebliche Unterschiede bestanden. Während nämlich in den USA fast stets enthärtetes Wasser zur Kesselspeisung herangezogen wurde, standen die entsprechenden Einrichtungen in Mitteleuropa, besonders während des Krieges, kaum zur Verfügung, so daß überwiegend nicht enthärtetes Speisewasser von teilweise recht hohen Härtegraden benutzt werden mußte. Tatsächlich war die Feuerbüchsdecke ein Fehlschlag, da die Stehbolzen in den Umbügen häufig reihenweise brachen; später war dies ein Grund für die frühe Ausmusterung der BR 42. Man wollte dem Mißstand noch mit dem Einbau beweglicher Stehbolzen begegnen, kam jedoch vor Kriegsende nicht mehr dazu. Die Seitenwände der Feuerbüchse, die insgesamt aus dem üblichen I Z II-Stahl gefertigt wurde, standen senkrecht, während die Seitenwände des aus einem Stück bestehenden Stehkesselmantels nach unten leicht eingezogen waren.

Der zweischüssige Langkessel hatte einen Durchmesser von 1900 mm bei nur 4800 mm Rohrlänge; auf dem vorderen Schuß war allein der Dampfdom angebracht, doch ließen die Gewichtsverhältnisse auch die Anbringung eines Speisedoms mit Schlammabscheider sowie des (1943 etwa serienreifen) Mischvorwärmers zu einem späteren Zeitpunkt noch zu. Der Überhitzer der Bauart Schmidt mit doppelter Umkehr bestand aus 43 Einheiten 38 x 4 mm mit einer Gesamtheizfläche von 75,8 m^2. Der Überhitzer-Sammelkasten war wie bei der BR 52 einteilig ausgeführt.

Die Strahlungsheizfläche H_{vs} des Kessels betrug 19,30 m^2 (zum Vergleich: BR 44 = 18,3 m^2 [144]) und brachte damit eine gewisse absolute Vergrößerung der höherwertigen direkten Heizfläche[145]: das Strahlungsheizflächenverhältnis $\Phi_s = R : H_{vs}$ betrug allerdings 4,11 und übertraf die Werte 3,88 bzw. 3,96 der BR 44 nur unwesentlich. Anders hingegen beim für die Überlastbarkeit und den höheren Leistungsbereich der Lokomotive maßgebenden Heizflächenverhältnis zwischen direkter und indirekter Heizfläche: Für $\Phi_H = H_{vb} : H_{vs}$ ergaben sich nur 9,34 gegenüber 11,98 bzw. 12,20 der BR 44, womit also der mit der großen BR 45 eingeschlagene Weg[146], dem Zwang der Zeitumstände folgend, endgültig wieder verlassen worden war.

Der Kessel war als für deutsche Verhältnisse recht verdampfungswillig anzusprechen und wurde als erster Regelkessel der DR für eine höhere als die damals übliche »Grenzbelastung« von 57 kg/m^2h, nämlich für b_H : 65 kg/m^2h, zugelassen. Bei dieser Dauerhöchstleistung wurden bei 199,54 m^2 Verdampfungsheizfläche als D_N 12 970 kg/h Dampf von 16 bar und bis zu 400 °C erzeugt. Allgemein werden 13 t/h als Nenndampfleistung angegeben. Sowohl die Einfüh-

144 Lokomotiven 44 066 ff. mit verbreitertem Bodenring.

145 Vgl. den Abschnitt »Der Kessel der Baureihe 52«. Für die Baureihe 45 als letzter Vorkriegs-Güterzuglok waren es 18,8 m^3, ab der Lok 45 003 nur 18,7 m^3 (DV 939 c).

146 BR 45: Φ_H = 14,34; ab 45 003 Φ_H = 15,63. Vgl. statt aller Theodor Düring: Die schwere 1'E 1'-Güterzuglokomotive BR 45. – In: LOK-MAGAZIN 15 (1965), S. 5–15.

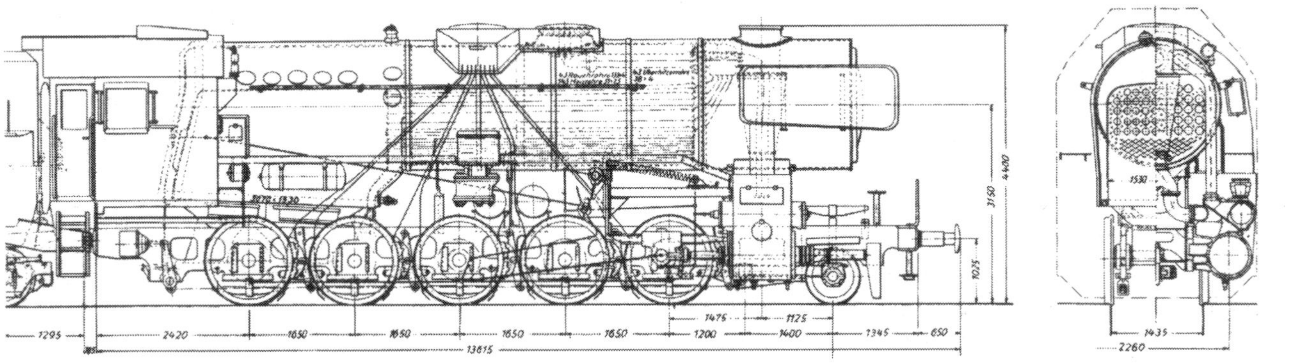

Güterzug-Kriegslokomotive der Baureihe 42 mit Regelkessel. *(BZA Minden, Zeichnung Nr. Fld. 1.01 Blatt 43)*

rung des höheren Anteils der Strahlungsheizfläche an der Gesamtheizfläche als auch die Abkehr vom übertriebenen Langrohrkessel spätwagnerscher Prägung bedeuteten für die Deutsche Reichsbahn unbedingt einen Fortschritt im Sinne einer Öffnung zu neuen Konstruktionsprinzipien, die im Ausland längst mit Erfolg angewandt worden waren. Zu günstigeren Zeiten hätte diese Entwicklung auf die weitere Entwurfs- und Beschaffungspraxis der DR umwälzende Einflüsse haben müssen, wie es sich bereits an den Vorschlägen zur 3. Lokomotive der Kriegsbauart zeigte. Eine erste praktische Auswirkung hatte sie jedoch erst längere Zeit später, als die neuen Nachkriegs-Baugrundsätze für die Rekonstruktionskessel und Dampflokneubauten der DB und der DR aufgestellt wurden.

Doch zurück zur Kesselausrüstung der BR 42. Die beiden Dampfstrahlpumpen der Bauart Friedmann von 180 l/min Förderleistung waren ähnlich wie bei den Lokomotiven 52 005 und 006 unten an der Stehkesselrückwand angebracht (geringe Saughöhe), von wo die Rohre durch den Stehkesselraum zu den Verteilerkästen im Langkessel führten. Die Speiseanlage war deshalb sehr gut gegen Frost geschützt, ohne so unzugänglich zu sein wie bei der BR 52. Außer in der Anordnung der Strahlpumpen unterschied sich die BR 42 von ihrer Vorgängerin auch in der Ausführung des Dampfentnahmestutzens. Er faßte alle Dampfentnahmestellen im Führerhaus auf dem Stehkesselscheitel zusammen und wurde schräg nach vorn unten geneigt, so daß Ventilspindeln und Rohranschlüsse besser als bei der BR 52 zu erreichen waren. Durch diese Anordnung wurde der Führerstand in mittleren Breiten aber sehr warm. Auch die Reihenfolge der Spindeln wurde gemäß der neuen Position der Speisepumpen in Strahlpumpe I, Hilfsbläser, Dampfheizung, Lichtmaschine und Strahlpumpe II geändert. Im Dampfdom des Langkessels befand sich der Ventilregler Bauart Schmidt/Wagner. Ackermann-Sicherheitsventile kamen nur zum Teil neben Pop-Ventilen mit einstellbarem Stauring zur Anwendung.

Wie bei der BR 52, so können auch bei der BR 42 zahlreiche weitere Vereinfachungen und Veränderungen gegenüber der herkömmlichen DR-Bauweise aus der eingehenden Beschreibung des RZA Berlin[147] entnommen werden, da der Raum hier für eine detaillierte Darstellung nicht ausreicht.

Der Brotankessel sollte trotz seiner geringen gebauten Stückzahl nicht unter die Sonderausführungen gerechnet werden, da er zumindest als eine der Regelausführungen der BR 42 geplant war.

Die Feuerbüchse war bei dieser Bauart durch Wasserrohre begrenzt. Diese beginnen in Vierkantrohren – statt des üblichen Bodenringes – und münden in eine hinter dem Langkessel liegende Vorkammer; gegen Abzehrung ist die Feuerbüchse massiv ausgemauert.

Der Langkessel war gegenüber der Stehbolzenausführung leicht vergrößert und wies als Durchmesser 2000 mm und als Rohrlänge 4900 mm auf. Daraus ergaben sich weitere veränderte innere Abmessungen und Kesselkennzahlen: Rostfläche R = 4,71 m^2, Strahlungsheizfläche Hvs = 20,85 m^2 und Verdampfungsheizfläche Hv = 210,99 m^2. Als D_N folgen bei b_H = 57 kg/m^2h hieraus etwa 12 025 kg/h; für die höchste Belastung 65 kg/m^2h wären 13,7 t/ h anzunehmen. Aus R, H_{vs} und H_v ergeben sich die ausgezeichneten Verhältnisse ϕ_s= 4,43 und besonders ϕ_H= 9,12 zum erstenmal seit längerer Zeit im Lokomotivbau der Reichsbahn wieder. Diese Werte schlugen sich auch in den Versuchen und Meßfahrten nieder, die das LVA Grunewald bald nach der Ablieferung der 42 0002 unternahm, so daß man den Brotankessel zunächst als eine dem Stehbolzentyp durchaus ebenbürtige Bauart bezeichnen kann.

147 Beschreibung des RZA Berlin [3].

Allgemeine Einrichtungen, Bremse, Tender und Wasserwagen

Über die allgemeinen Einrichtungen, sofern sie nicht aus den Zeichnungen und Abblidungen hervorgehen, bleibt wenig zu sagen, da auch hier die Vereinfachungen der BR 52 weitgehend übernommen wurden. Die BR 42 war mit der üblichen selbsttätigen Einkammer-Druckluftbremse, Bauart Knorr, einseitig auf die Vorderseite der Kuppelräder wirkend, ausgerüstet; der höchste Betriebsdruck der Doppelverbund- Luftpumpe Nielebock-Knorr betrug 8 bar. Der Laufradsatz war ungebremst. Der einfache Frostschutz wurde von der BR 52 übernommen, auch das Norweger-Schutzführerhaus und später die Panzerkojen entsprachen der 1. Kriegslok. Die Loks besaßen durchwegs die schmalen Witte-Windleitbleche.
Ursprünglich hatte das Reichsverkehrsministerium zumindest für einen Teil der Maschinen einen größeren Tender gefordert. Die Wiener Lokfabrik reichte daraufhin den Entwurf K 4 T 40 mit Steilrahmen und Beugniothebeln ein; Westwaggon als Erbauer des Wannentenders der BR 52 arbeitete eine ganze Reihe von Projekten aus. Hierzu gehörten ein 2‘2‘ T 40 (12 t Kohle) mit nach hinten verlängertem Wasserbehälter und 7800 mm Gesamtradsatzstand, der für Lok und Tender einen Radsatzstand von 21 145 mm ergeben hätte, und ein kürzerer 2‘2‘ T 38 (12 t Kohle), mit dem die 20-m-Drehscheibe noch befahren werden konnte. Dieser Tender wies gegenüber dem BR 52-Wannentender zusätzlich 6 m^2 Wasser in einem Zusatzbehälter hinter dem Kohlenkasten auf. Die Befüllung war über ein Steigrohr und einen kleinen Luftsauger aus dem unteren Wasserkasten vorgesehen. Die Firma Schwartzkopff legte einen ganz ähnlichen Tenderenlwurf als 2‘2‘ T 38 (10 t Kohle) und als 2‘2‘ T 40 (11 t Kohle) vor, der die Fahrwerksabmessungen des Wannentenders K 2‘2‘ T 30 unverändert übernahm. Sie wurden jedoch auf der 15. Sitzung des Arbeitsausschusses Konstruktion (Ndschr. 15, Anl. 13 – 15) nicht mehr behandelt, da das RVM inzwischen auf einen vergrößerten Tender für die BR 42 verzichtet hatte und annahm, auf bestimmten Strecken könne die Lok mit einem der neu entworfenen Zusatz-Wasserwagen gekuppelt werden.
Zeichnungen hierzu legte Westwaggon auf der 17. Sitzung am 16. April 1943 (Ndschr. 17 Anl. 26) vor. Es handelte sich um einen modifizierten Wannentender, dessen Kohlenkasten gleichfalls als Tank dienen sollte (32 + 12 m^3), auch mit der Möglichkeit des späteren Umbaus zu einem Regeltender, ferner um einen normalen Wannentender ohne Kohlebehälter sowie um einen Wagen gleichen Typs mit verlängertem Halbzylinder (34 bzw. 37 m^3 Wasservorrat). Diese Vorhaben verfielen sämtlich der Ablehnung, weil man sich zur Beistellung eines Wagens entschloß, der aus dem bewährten vierachsigen Kesselwagen der untergestellfreien Bauart entwickelt werden sollte. Dieser Wagen sollte bei 16 t Eigenmasse 48 m^3 Wasser fassen, also mit dem Wannentender der Lok zusammen fast 80 m^3 Wasservorrat ermöglichen. Nach dem ersten Entwurf, der Wassereinläufe in einer Konsole an der Wagenvorderwand vorsah, legte Westwaggon zwei Bearbeitungen auf der 21. Sitzung am 16. Juli 1943 (Ndschr. 21 Anl. 10 – 11) vor, welche die Einläufe in Einpolterungen am Nicht-Handbremsende und in Wagenmitte aufwiesen. Man entschloß sich daraufhin, bei der endgültigen Ausführung die beiden Einläufe auf der Sei-

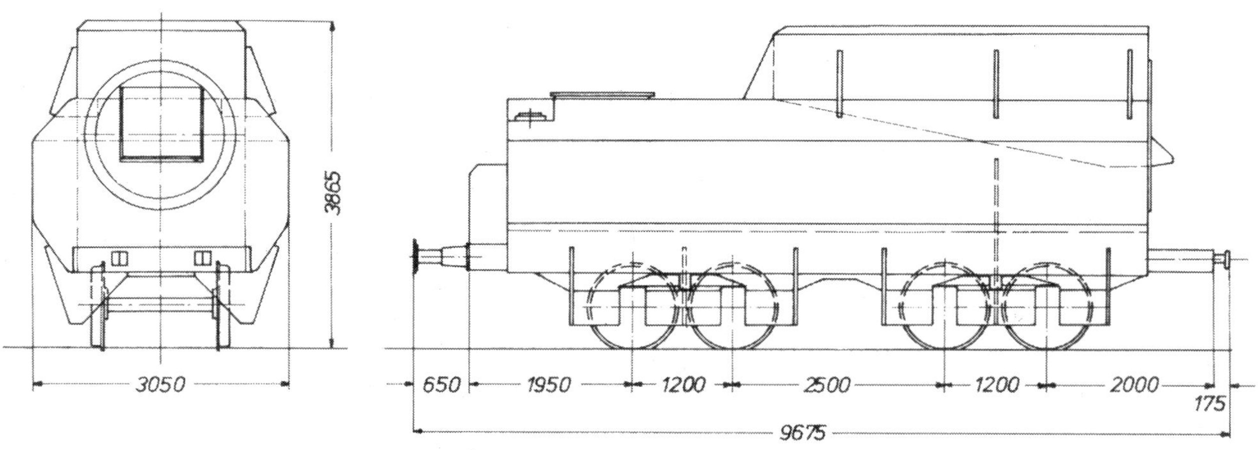

Steifrahmen-Oktogontender nach einem Vorschlag der Wiener Lokomotivfabrik. *(WLF-Zeichnung Nr. 1957 vom 5. Mai 1944)*

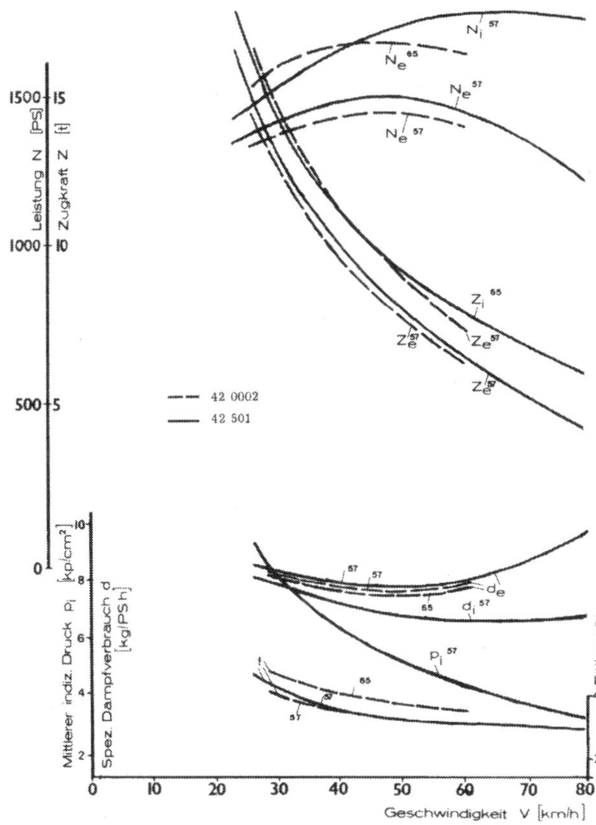

Leistung und Zugkraft der Lokomotiven 42 0002 und 42 501 (durchbrochen), durch Versuchsfahrten ermittelt, bei Kesselbelastungen von 57 und 65 kg/m²h. Der untere Teil zeigt die jeweils entsprechenden Werte von d_e, d_i und p_i mit den zugehörigen Füllungen für die 42 0002 (voll gekennzeichnet) und 42 501 (durchbrochen) bei 57 und 65 kg/m²h Verdampfungsleistung. (Nach Buttazoni/Velan)

te des Bremserstandes unterzubringen, um ihre Bedienung zu erleichtern. Alle Wasserwagen waren zur Betankung aus den üblichen Wasserkränen vorgesehen; der Raum oberhalb der Einläufe war abgetrennt und wurde durch ein Steigrohr und eine mit Heizdampf betriebene Luftsaugepumpe befüllt. Zur Lieferung kam es wegen der geschwundenen Dringlichkeit nicht mehr. Vielmehr wurde die BR 42 ausschließlich mit dem 30-m³-Wannentender geliefert, dessen Preßblech-Güterwagendrehgestelle jetzt gegen die Beanspruchungen durch Seltenquerkräfte verstärkt waren.

Versuchsergebnisse und Bewährung im Betrieb

Den beiden mit verschiedenen Kesseln gelieferten Unterbauarten der Baureihe 42 gemeinsam war das Leistungsprogramm, das die Beförderung eines 1600-t-Gülerzuges in der Ebene mit 60 km/h und auf 7 ‰ Steigung mit 20 km/h forderte. Aufgrund der verschiedenen Kesselabmessungen und -verhältnisse erwartete man für beide Typen leicht unterschiedliche Versuchsergebnisse, obwohl eine größtmögliche Identität der Leistungen wegen der damit verbundenen gleichen Einsatzmöglichkeiten angestrebt worden war.

Rechnerisch wurde der erste Punkt des Betriebsprogramms bei einer etwas über 57 kg/m²h liegenden Belastung, der zweite Punkt jedoch ohne weiteres erreicht. Die Versuchsfahrten ergaben allerdings durchwegs Ergebnisse, die günstiger lagen und zum Beispiel in der Ebene 1650-t-Güterzüge zuließen. Nachstehend daher wieder die wichtigsten Schaubilder. Zu ihnen ist jedoch zu bemerken, daß die wenigen noch vorliegenden und ausgewerteten Berichte zum größten Teil auf die Bauart mit Brotankessel (Versuchslok 42 0002) und nur in geringem Umfang auch auf den Stehbolzentyp (Lok 42 501) entfallen[148]. So liegen für die ZV-Diagramme wie auch für die Tafeln der Verbrauchszahlen und Kennwerte von der Lok 42 0002 nur Werte mit b_H = 57 kg/m²h vor, während die mit b_H = 57 und 65 ausgeführten Untersuchungen mit der 42 501 nur bis V = 60 km/h reichten. Seinerzeit war sie jedoch bis b_H = 70 belastet worden. Dennoch läßt sich die Leistungscharakteristik der beiden Typen gut erkennen, besonders auch, wie dank der nicht gerade schlechten Kessel alle Ergebnisse höher als die rechnerisch ermittelten Werte liegen. Einschränkend muß jedoch hinzugefügt werden, daß die Vorausberechnung der Werte im internationalen Vergleich etwas zaghaft erfolgte und sich innerhalb der gegebenen Raum- und Gewichtsgrenzen noch wesentlich leistungsfähigere Güterzugmaschinen hätten entwickeln lassen. Die relative Verbesserung gegenüber den rechnerischen Werten geht aus dieser Abbildung hervor, welche außerdem einige Angaben zum spezifischen indizierten und effektiven Dampfverbrauch, dem mittleren indizierten Druck und der eingestellten Skalenfüllung enthält. Unter Berücksichtigung der verschiedenen Heizflächen und ihrer Verhältnisse weichen die Leistungsergebnisse der beiden untersuchten Maschinen 42 0002 und 42 501 nur unwesentlich voneinander ab.

Bald nach den Probefahrten und Messungen brachte jedoch die Reichsbahn zum Ausdruck, daß die 2. Kriegslok

148 Wertvolle Angaben verdankt der Verfasser wieder Buttazoni/Velan (siehe Anm. 88); ferner Ndschr. 27 (25. Februar 1944), S. 4; Ndschr. 30 (2. Juni 1944), Anlage I; Ndschr. 31 (20. Juli 1944); S. 3 und 17.

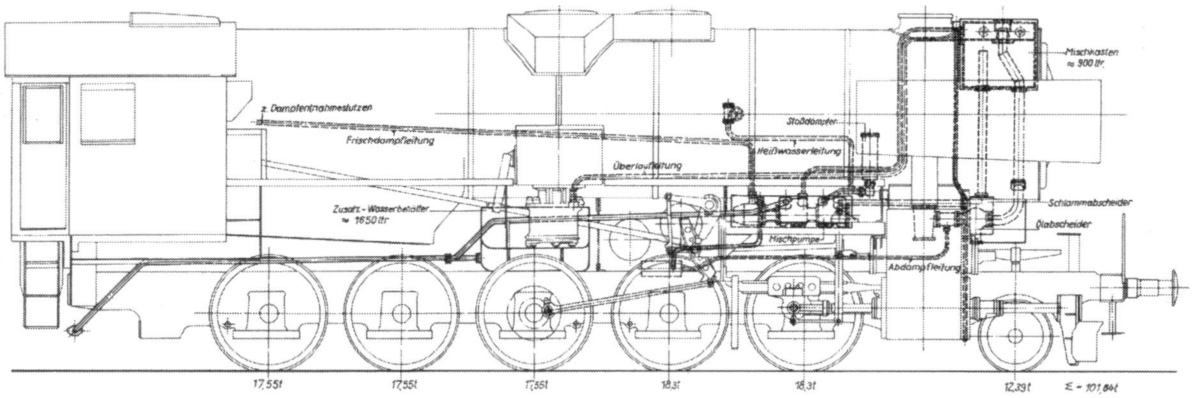

Mischvorwärmeranlage zur Leistungssteigerung bei der Baureihe 42. *(Ndschr. 31, Anlage 2)*

trotz des Leistungsunterschieds zwischen der BR 42 und der BR 52 nach ihrer Auffassung nicht die in sie gesetzten Erwartungen erfülle. Ihr Brief vom 23. Februar 1944 an den Hauptausschuß lautet[149]: »Die bisherigen Versuchsergebnisse der Lok R 42 lassen erkennen, daß die verstärkte Kriegslok nicht die von uns erwartete Mehrleistung bringt. Wie aus den wohl auch Ihnen bekannten Teilberichten des Lokversuchsamtes hervorgeht, liegt der Grund in einem gegenüber der R 52 höheren spezifischen Dampfverbrauch bei kleinen und mittleren Geschwindigkeiten und in der Nichtausnutzung des zugelassenen Achsdruckes von 18 t. Der Vorteil, den die Lok R 42 mit Stehbolzenkessel in ihrer jetzigen Ausführung gegenüber der R 52 bringt, ist zu gering, als daß der Bau einer neuen Kriegslokreihe gerechtfertigt wäre. Wir bitten daher, durch entsprechende Konstruktionsänderungen, jedoch ohne Einbau toter Gewichte, die gegebenen Gewichtsgrenzen voll auszunutzen und die Leistung der verstärkten Kriegslok zu steigern, daß sie etwa 20% höher als die der Lokreihe 52 liegt, damit die Lok den an sie durch den Krieg gestellten Forderungen gerecht werden kann. Über das Veranlaßte bitten wir uns zu unterrichten. [gez.] Kühne«.

Die Verteidigung des Konstruktionsausschusses, der das Projekt zu verantworten hatte, bestand auf der 27., 28., 30. und 31. Sitzung (März bis Juli 1944) in dem Hinweis, Verkehrsministerium und Reichsbahn seien an der Entwicklungsarbeit ständig beteiligt gewesen und hätten die polnische Ty 37 selbst als Entwurfsvorbild hingestellt. Dann schlossen sich ausführliche Berechnungen an, daß für die BR 42 als Höchstbelastung $b_H = 60$ kg/m²h angesetzt werden müsse, so daß die 20 Prozent Mehrleistung gegenüber

149 Brief 31 Fkl 1259 vom 23. Februar 1944, zitiert noch Ndschr. 28 (13. März 1944), Anlage 1, S. 14.

Tabelle 6: Technische Daten der ausgeführten Lokomotive

Baureihe		50[1]	52[2)4)]
Betriebs-Nr.		50 001 ff	s. Text
1. Baujahr		1938	1942
1. Lieferer		He	He
Achsfolge		1'E h2	1'E h2
Größte Geschwindigkeit V_{gr}	km/h	80/80	80/80
Laufraddurchmesser D_V	mm	850	850
Treibraddurchmesser D_T	mm	mm	1400
Fester Achsstand a_f	mm	mm	3300
Gesamtachsstand a_g	mm	9200	9200
desgl. einschl. Tender $a_{(L+T)g}$	mm	18900	19000
Länge über Puffer einschl. Tender	mm	22940	22975
Leermasse G_{Ll}	t	78,6	76,5
Dienstmasse Lok G_{Ld}	t	86,9	84,4
desgl. Lok + Tender (2/3 V)	t	135,1	129,8
Reibungsmasse G_{Lr}	t	75,3	75,5
größte Achsfahrmasse 2Q	t	15,2	15,3
Zylinderdurchmesser d	mm	600	600
Kolbenhub s	mm	660	660
Kesseldruck P_K	bar	16	16
Rostfläche R	m²	3,89	3,89
Strahlungsheizfläche H_{vs}	m²	15,90	15,9
Rohrheizfläche H_{vb}	m²	161,93	161,93
Länge der Rohre l_r	mm	5200	5200
Zahl und Durchmesser der Rauchrohre		35 Stck.	35 Stck.
	mm/mm	133x4	133x4
Zahl und Durchmesser der Heizrohre		113 Stck.	133 Stck.
	mm/mm	54x2,5	54x2,5
Verdampfungsheizfläche Hv	m³	177,83	177,83
$\phi_H = H_{vb}:H_{vs}$		10,18	10,18
$\phi_s = H_{vs}:R$		4,09	4,09
Langkesseldurchmesser d_K	mm	1700	1700
Wasserinhalt des Kessels W_k	m³	7,75	7,75
Dampfraum D_k	m³	3,00	3,00
Verdampfungsoberfläche O_w	m²	10,80	10,80
Überhitzerheizfläche H_O	m²	68,94	68,94
Nenndampfleistung D_{ges}	t/h	10,1	10,1
Indizierte Leistung N	PS	V 1625	V 1620
Indizierte Zugkraft Zi (0,8 pk)	KN	217	217
Erster Beschaffungspreis mit Tender	RM	179 000	145 000

1) bei Kupplung mit Tender 2'2' T 26; 2) bei Kupplung mit Tender 2'2' T 30; 3) Blechrahmen; [illegible] gaswärmer

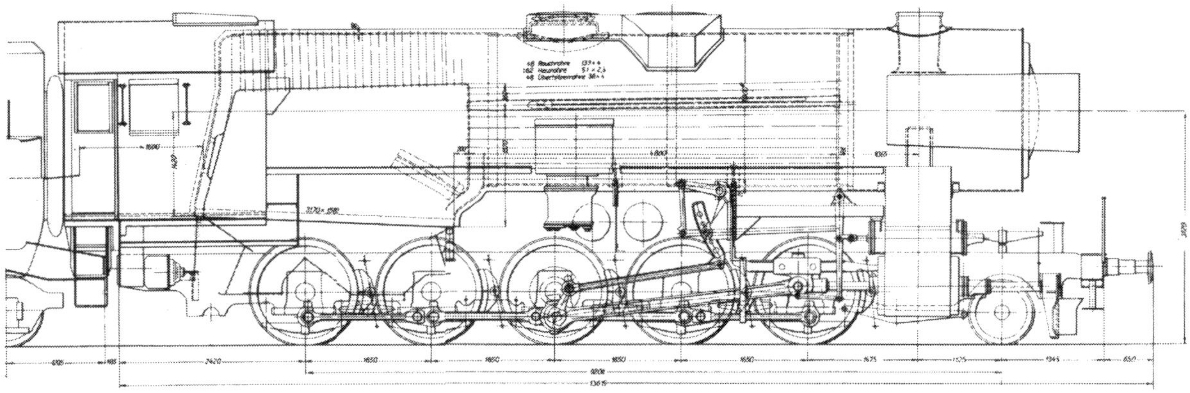

Projekt des Arbeitsausschusses Konstruktion zur verstärkten Reihe 42. *(GGL-Zeichnung Nr. Pr 145 vom 7. März 1944)*

52[2)3)]	52 Kond.[4)5)]	52 Kond.[4)6)]	52 [36 2)8)]	52 MVR [2)7)]	52 [80] Reko[2)7)]	42[90 2)]	42 [2)9)]	42[2)]
52 001 ff.	52 1850 ff.	52 1987 ff.	52 3620/3	s. Text	52 8001 ff.	42 9000/1	42 0001/2	42 501 ff.
1942	1943	1944	1943	1948	1960	1951	1943	1944
Bors	He	He	KrMa	He	Raw St	He	He/WLF	Schk.
1'E h2	1'E h2	1'E h2	1'E h2	1'E h2	1'E h2	1'E h2	1'E h2	1'E h2
80/80	80/50	80/50	80/80	80/80	80/80	80/80	80/80	80/80
850	850	850	850	850	850	850	850	850
1400	1400	1400	1400	1400	1400	1400	1400	1400
3300	3300	3300	3300	3300	3300	3300	3300	3300
9200	9200	9200	9200	9200	9200	9200	9200	9200
23185	21755	19000	19000	19000	19000	19000	19000	1900
27735	26205	22975	22975	22975	23000	23000	23000	23000
75,9	81,2	81,2	...	79,7	...	87,6	90,0	86,4
84,0	89,1	89,1	...	88,6	...	98,7	99,6	96,6
129,4	155,1	147,3	...	134,0	...	144,1	145,0	142,0
75,7	78,7	78,7	...	79,1	...	87,1	88,8	85,5
15,4	15,7	15,7	...	16,3	...	18,5	18,3	17,6
600	600	600	600	600	600	630	630	630
660	660	660	660	660	660	660	660	660
16	16	16	16	16	16	16	16	16
3,89	3,89	3,89	3,89	3,71	3,71	3,89	4,71	4,70
15,9	15,9	15,9	15,8	15,91	17,9	15,9	20,85	19,30
161,93	161,93	161,93	161,93	157,2	161,93	154,4	105,32	190,14
5200	5200	5200	5200	5200	5200	4700	5200	4900
35 Stck.	35 Stck.	35 Stck.	35 Stck.	35 Stck.	38 Stck.	28 Stck.	35 Stck.	43 Stck.
133x4	133x4	133x4	133x4	133x4	152x4	143x4,25	133x4	133x4
133 Stck.	133 Stck.	107 Stck.	133 Stck.	124 Stck.	42 Stck.	156 Stck.	143 Stck.	143 Stck.
54x2,5	54x2,5	54x2,5	54x2,5	54x2,5	51x2,5	63,5x3	54x2,5	51x2,5
177,83	177,83	177,83	173,0	177,83	172,3	250,1810	210,99	199,54
10,18	10,18	10,18	9,98	10,18	8,62	14,7410	9,12	9,34
4,09	4,09	4,09	4,0	4,09	4,82	4,08	4,43	4,11
1700	1700	1700	1700	1700	1740/1840	1700	2000	1900
7,75	7,75	7,75		7,75	8,36	8,45	9,25	9,07
3,00	3,00	3,00		3,00	3,74	3,00	3,70	5,0
10,80	10,80	10,80		10,80	12,37	10,80	10,48	13,0
68,94	68,94	68,94	63,7	68,94	65,4	63,5	71,20	75,68
10,1	10,1	9,86	10,1	s. Text	s. Text	12,0-13,7	13,0	13,0
V 1520	V 1520	V 1520		V 1625		V 1630	V 1800	V 1800
217	217	217		217		217	239	239
145 000	238 000	239 000		150 000		176 600		142 000

5) mit fünfachsigem Tender 3'2' T 16 Kon; 6) mit vierachsigem Tender 2'2' T 13,5 Kon; 7) Mischvorwärmer; 8) Krauss-Wellrohrkessel; 9) Brotan-Wellrohrkessel; 10) einschließlich Ab-

der BR 52 bei b_H = 57 kg/m²h voll erreicht worden seien. Falls aber darüber hinaus noch eine weitere Vergrößerung von Leistung und Reibungsmasse der 2. Kriegslok erwünscht sei, könnten Wasserzusatzbehälter unter dem Kessel, Mischvorwärmer und mechanische Rostbeschicker eingebaut werden[150].

Eine gewisse Bestätigung der Vorwürfe kann man darin erblicken, daß schon im Juli 1944 die Lok 42 2637 von Floridsdorf mit einem Heinl-Mischvorwärmer geliefert wurde, um dieses Bauteil zu erproben. Ursprünglich hatten Heinl und Knorr gemeinsam einen kriegstauglichen Vorwärmer entwickeln und liefern sollen, doch konnten sie sich nicht über die Ausführung einigen. So baute Schwartzkopff gleichzeitig die Lok 42 591 als Vergleichsmuster mit Knorr-Mischwärmer. Die allgemeine Verwendung des früher üblichen Oberflächenvorwärmers war schon bald nach Kriegsbeginn aufgegeben worden. Sein Messingbedarf von 130 kg (160 m Rohr 19 x 1,5 mm) war zu groß gewesen, so daß Knorr den Mischvorwärmer entwickelt und probeweise bereits bei einigen Loks der Baureihen 50 und 57^{10-40} (pr G 10) angewandt hatte. Dabei wurde der Abdampf in einen Mischkasten geleitet und mit dem von der Mischpumpe geförderten Kaltwasser vermengt, das sich dabei auf bis zu 100 °C erhitzte. Darauf drückte der Heißwasserteil derselben Pumpe das vorgewärmte Speisewasser über das Speiseventil in den Kessel. Die ganze Anlage zeichnete sich also außer durch ihre Unabhängigkeit von Messingteilen durch große Einfachheit und Widerstandsfähigkeit gegen Kesselstein aus. Die Mischvorwärmung des Speisewassers erbrachte für die BR 42 eine Kohlenersparnis oder eine Leistungssteigerung von rund 10 Prozent. Während des Krieges wurden jedoch keine Versuchsfahrten mehr durchgeführt.

Ferner mußte aufgrund der betrieblichen Kritik die Kurzbezeichnung der Lokomotive durch Anweisung AK 171 vom 15. August 1944 unter Berücksichtigung der tatsächlichen Achsfahrmassen von G 56.18 in G 56.17 abgeändert werden. Daneben hatte man bereits im März 1944 – also kaum zwei Monate nach Erscheinen der ersten Stehbolzenlok der BR 42 – für die 28. Sitzung einen Entwurf mit vergrößertem Kessel aufgestellt. »Rahmen, Triebwerk und Steuerung der verstärkten Maschinen sollten gleich bleiben, jedoch sollte der Zylinderdurchmesser auf 650 mm vergrößert werden. Der Kessel war für 2 m Durchmesser vorgesehen, blieb aber weiterhin genietet. Der Dom wäre aus Gewichtsrücksichten auf den zweiten Schuß verlegt worden. Die Rostfläche war mit 5 m² größer ausgelegt. Entsprechend dem größeren Kesseldurchmesser mußte dieser tiefer gelegt werden (3120 mm über SO)«151. Es handelte sich um das Projekt 145 der GGL mit und ohne Vorwärmer, das nach dem Abschlußbericht des LVA Grunewald über die Untersuchungen der Stehbolzen-42 auf der 31. Sitzung wegen der Planungen zur BR 42/zweite Auflage schließlich abgelehnt wurde.

Da die grundlegenden Verbesserungen des Projekts 145, bei dem es sich fast um einen neuen Typ gehandelt hätte, längere Produktionsunterbrechungen erfordert hätten, baute man ab Anweisung AK 192 vom 4. Januar 1945 an den 42ern zum späteren Einbau von Mischvorwärmern die erforderlichen Träger, Speiseventil-Untersätze usw. ein und wandte sich mit dem Rundschreiben AK 268 (29. November 1944) und Anweisung 197 vom 26. Januar 1945 wegen einer »BR 42 Zweite Auflage« an die Industrie152. Bei den von Juli 1945 an auszuliefernden Lokomotiven sollten Mischvorwärmer, kleinere Rahmenausschnitte, ein Wasservorratsbehälter von 1,5 m³ vor dem Stehkessel, ein verstärkter Aschkasten, geschlossene Radsatzlager, besser ausgeglichene Kuppelradsätze153 und eine höhere Überhitzertemperatur zur Anwendung kommen. Über 30 kleinere Änderungen, die wegen des Ausfalls einer Vorserie nun erst berücksichtigt werden konnten, sollten zum gleichen Termin vorgenommen werden.

150 Eine stark verkürzte Wiedergabe des Sitzungsprotokolls findet sich auch bei Stockklausner/Weinstötter [38], S. 175; siehe auch Adolf Wolff: Die Speisewasservorwärmung bei Dampflokomotiven. – In: Glas. Ann. 71 (1947), S. 114-120.

151 Ebenda. Skizze in Ndschr. 28 (13. März 1944), Anlage 3.

152 Ferner Ndschr. 31. (20. Juli 1944), S. 4.

153 War doch bisher darauf zu achten, daß im Stillstand zwischen Lok- und Wagenpuffern ein Spiel von 2 cm vorhanden sein mußte, um zu verhindern, daß bei der zugelassenen hohen Geschwindigkeit der aus dem mangelhaften Massenausgleich sich ergebende Zuckweg auf den Wagenzug übertragen wird.

8 Lokomotivprojekte der letzten beiden Kriegsjahre

Baugrundsätze für die 3. Kriegslokomotive

Bei näherer Betrachtung der beiden deutschen Kriegslokomotiven, die seit 1942 entstanden waren, fällt sogleich auf, daß sich ihre Leistungsfähigkeit, obwohl sie zum fast ausschließlichen Einsatz in Osteuropa vorgesehen waren, mit 1 620 PS und 1 800 PS_i überwiegend an den auf mitteleuropäischen Bahnen üblichen Zuglasten orientierte, während eine den langen, schweren Nachschubzügen der großen besetzten Gebiete angemessene Dampflokomotive nicht produziert wurde. Dies hatte seinen Grund auch in der Überlegung, daß leichtere Lokomotiven eben auf allen Strecken laufen können, während schwerere Maschinen bei der im Kriege häufigen Umleitung von Zügen über Nebenstrecken zu betrieblichen Schwierigkeiten führten.

Mitte 1943 schienen sich aber bei der Reichsbahn die Wertungen zu wandeln; die Forderung nach der Bespannung längerer Züge rückte langsam vor den Wunsch nach universellem Triebfahrzeugeinsatz und Schonung der Strecken. Von Adolf Wolff[154] wird mitgeteilt, die Verwaltung habe erstmals im Juli 1943 eine Lok mit größerem Kessel für die Einsatzstellen im Osten gefordert. Inwieweit dieses Bedürfnis tatsächlich bestand, ist nur schwer zu sagen. Es darf auch nicht übersehen werden, daß zu diesem Zeitpunkt die Entwicklungsarbeiten an der BR 42 abgeschlossen und einzelne Konstrukteure deshalb um ihre weitere Beschäftigung besorgt waren. Um wieder alle Möglichkeiten zwischen der kriegsmäßig vereinfachten Lieferung einer bereits erprobten Reichsbahngattung (BR 44 oder BR 45) und der völligen Neuentwicklung einer geeigneten Maschine zu erkunden, lud der Arbeitsausschuß Konstruktion des Sonderausschusses Lokomotiven am 13. Oktober 1943[155] zur vorsorglichen Aufstellung eines Entwurfs für eine schwere Güterzuglok ein. Die Angebote sollten bis zum 15. November 1943 in Berlin eintreffen. Der Begriff der vorsorglichen Entwicklung weist darauf hin, daß sich die Ausschußmitglieder über die Möglichkeiten der Verwirklichung der neuen Gattung durchaus nicht sicher waren, zumal von der Konstruktion dieser Lok bis zu ihrem Bau über ein Jahr vergangen wäre. In dieser Zeit konnten sich die Betriebsanforderungen, von den militärischen Ereignissen bestimmt, schon wieder grundlegend ändern. So baute die Konstruktionsarbeit, ähnlich wie bei Planung der 3-m-Breitspur-Transkontinentalbahn, auf der unberührbaren Prämisse auf, der Krieg sei noch zu gewinnen. Der Verzicht auf Projekte dieser Größenordnung hätte die gleiche Bedeutung besessen, wie sie später dem deutschen Verzicht auf den Bau von Bombenflugzeugen innewohnte, also die Erkenntnis, daß die Initiative inzwischen auf die Alliierten übergegangen war.

Dem Arbeitsausschuß Konstruktion auf seiner relativ subalternen Ebene war es nicht möglich, auf solche Überlegungen seine Handlungen einzurichten. Auch die Fragen, womit der Verzicht hätte begründet werden sollen und welches Schicksal seine Befürwortet erwartet hätte, gehören hierher. Unter Berücksichtigung der kriegsbedingten Fertigungsbeschränkungen sollten als Hauptbedingungen erfüllt werden: Beförderung von 1700 t Anhängemasse auf 8% im anhaltenden 360-m-Bogen mit $V \geqq 20$ km/h; Höchstgeschwindigkeit vorwärts/rückwärts 80/80 km/h; Achsfahrmasse 20 t, Masse je Längeneinheit < 8,18 t/m; Durchfahren der Weiche 1:7 mit anschließendem 140-m-Bogen ohne Verdrückung; Möglichkeit der Benutzung von 23-m-Drehscheiben, Einbau einer Mischvorwärmeanlage und eines Stokers[156].

Die Bedingungen für die Verwendung in der besetzten So-

154 Karl-Ernst Maedel: Adolf Wolff und die Borsig-Projekte der Jahre 1931-1945. – In: LOK-MAGAZIN 50 [1971] S. 819–827.

155 Rundschreiben AK 148 vom 13. Oktober 19 43, also zehn Wochen noch Auslieferung der 42 0001.

156 Rundschreiben AK 154 vom 27. Oktober 1943.

In den Anordnungen und Rundschreiben zur Vorbereitung der schweren 3. Kriegslokomotive ist mehrfach erwähnt, wie sehr die deutschen Feldeisenbahner von einer erbeuteten sowjetischen Güterzuglokomotive der Klasse FD-20 beeindruckt waren. Allein ihr Tender von 120 t erregte großes Aufsehen. Das Bild der FD-20-340 entstand 1942 auf einem Abstellgleis des Bahnhofs Orscha Zentral. (Foto: Kläschen)

wjetunion wurden besonders hervorgehoben, die FD-20/21-Klasse der SZD wurde als Beispiel erwähnt: 2 m Kesseldurchmesser, 6 m Rohrlänge, 300 m^2 Heizfläche, 7 m^2 Rostfläche und Verbrennungskammer. Aus dem Betriebsdienst wurde mitgeteilt, die Steigungen für diese Lok seien bis zu 15 km lang, auch wünsche man eine große Kesselreserve, um bei Kälte den Schwerlauf der Wagen durch erhöhte Leistung ausgleichen zu können[157]. So wurden wegen der klimatischen Verhältnisse und der mangelhaften Gleislage als Reibungswert nur 175 kg/t bis 180 kg/t angesetzt; als Brennstoff wurde Donezkohle angegeben, deren Heizwert bei hohem Aschgehalt und besonderer Feinkörnigkeit nur zwischen 4 900 und 6 300 kcal/kg betrug[158]. Die freie Rostfläche, die in der Regel etwa 43 Prozent betrug, sollte deshalb auf 50 Prozent vergrößert werden.

Bereits nach einem Monat, in der zweiten Novemberhälfte 1943, legten die Konstruktionsbüros der interessierten Werke ihre Entwürfe in Berlin vor. In fast allen Plänen ist die Abkehr von der traditionellen Reichsbahnlokomotive offensichtlich. Unter der durch den Krieg hervorgerufenen Notwendigkeit, robuste Hochleistungsmaschinen zu beschaffen, wurden die modernen Konstruktionsmerkmale besonders deutlich und erstmals von allen Beteiligten angewandt:

»Ausländische Bauelemente«, wie Verbrennungskammer, Feuerschirmtragrohre, Doppelschlote, Boosteranlagen und Achslastumsteller sollten nun auch Eingang in den deutschen Lokomotivbau finden. Dabei bemühte sich jede Lokbauanstalt, unter Verwendung verschiedener dieser Elemente in Verbindung mit ihren eigenen, bewährten Baugrundsätzen Maschinen zu projektieren, die den Hauptbedingungen entsprachen, so daß die Vielfalt der Entwurfszeichnungen anmutet wie ein Überblick über die Versäumnisse, die während des letzten Jahrzehnts der Beschaffung von Reichsbahnlokomotiven begangen worden waren.

Dem Entwurf des Gesamtaufbaus mußten die folgenden Überlegungen zugrunde gelegt werden: Maßgebend ist die Frage der erforderlichen Reibungsmasse. Der in der Ausschreibung empfohlene Reibungswert $f_o \approx 180$ kg/t bezog sich auf die Zugkraft am Radumfang, also die Zughaken-

157 Rundschreiben AK 173 vom 30. Dezember 1943.

158 Rundschreiben AK 159 vom 3. November 1943.

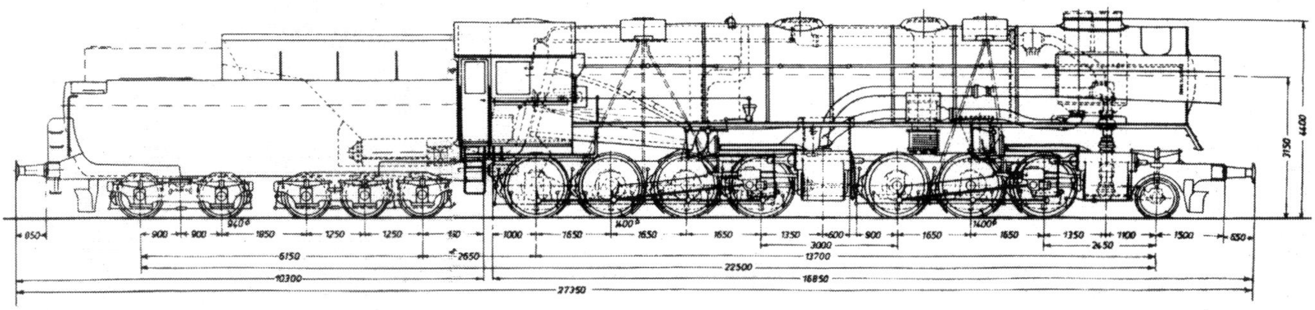

Entwurf Borsig I für eine Mallet-Gelenkbauart zur 3. Kriegslokomotive. *(Aus: Stockklausner/Weinstötter [38] S. 181)*

kraft zuzüglich des reinen Laufwiderstandes aller Lok- und Tenderradsätze sowie des Luftwiderstandes. Für den geforderten 1700-t-Zug auf 8 ‰ im 360-m-Bogen ergab sich als Zughakenkraft 203 kN entsprechend einer Zugkraft am Radumfang von 226 kN, zu deren Ermittlung als Widerstände eingesetzt wurden: V = 20 km/h, Gegenwind 8 km/h; Wagenzug: Widerstandsformel nach Strahl, Konstante = 2, Koeffizient = 0,032 ; Lok und Tender: Laufwiderstand nach Strahl, für Laufradsätze 2,5[159]. Aus der Zugkraft am Radumfang von 226 kN errechnete sich bei fo = 180 kg/t als erforderliche Reibungsmasse GLr = 125 t.

Bei 20 t höchstzulässiger Achsfahrmasse, wie sie die Hauptbedingungen verlangten, bestanden somit zunächst drei Möglichkeiten der Radsatzanordnung:

a) mehr als sechs Reibungsradsätze in einer Gelenklokomotive; Vorteile: Guter Kurvenlauf, hohe Reibungsmasse; Nachteile: höherer Materialverbrauch und Arbeitsaufwand bei Herstellung, Betrieb und Instandhaltung;

b) sechs Reibungs- und Boosterradsätze; Vorteile: GLr mit einem Boosterradsatz bis 140 t; Nachteile: hohe Herstellungskosten und unerprobter Booster;

c) sechs Reibungsradsätze und Achsfahrmassenumsteller, um kurzzeitig 2Q auf 20,8 t x 6 = 124,8 t zu erhöhen; Vorteile: einfachste Bauart; Nachteile: überhöhte Achsfahrmasse, jedoch relativ selten.

Es zeigte sich jedoch, daß von einigen Firmen auch eine etwas niedrigere Reibungsmasse für ausreichend befunden wurde, so daß auch sechsfach gekuppelte Lokomotiven ohne Hilfsmaschine und Fünfkuppler mit doppeltem Boosterschleppradsatz eingereicht wurden. An der Ausschreibung beteiligten sich neun Firmen sowie das Konstruktionsbüro der Gemeinschaft Großdeutscher Lokomotivfabriken (GGL) mit insgesamt 17 Projekten, die unter Benutzung der entsprechenden Firmenbeschreibungen in ihren wichtigsten Teilen dargestellt werden sollen.

Die Entwürfe im einzelnen

a) Borsig I: [1'C] D h4 G 78.20
Um bei Bedarf auch höheren Ansprüchen an den Bogenlauf der neuen Lok genügen zu können, legte das Konstruktionsbüro von Borsig unter Adolf Wolff zuerst eine Malletmaschine mit vier Zylindern vor (Projekt 426-821). Bei 6,5 m^2 Rostfläche besaß der Kessel auch noch eine Verbrennungskammer; vier Feuerschirmtragrohre waren vorgesehen. Der Langkessel wies bei 6000 mm Rohrlänge als Verdampfungsheizfläche 279,5 m^2 auf und erweiterte sich von 2000 mm Durchmesser an der Rauchkammer konisch auf 2200 mm am Stehkessel. Ein Schmidt-Weitrohrüberhitzer war ebenfalls vorgesehen.
Beide Triebgestelle besaßen Rahmenplatten von 90 mm Stärke. Die vordere Kesselhälfte lag in einer Drehpfanne über dem ersten Triebgestell. Die Rückstellung erfolgte durch Keilflächen.
Obwohl versucht wurde, die Gestelle möglichst einheitlich zu halten (in beiden Fällen ist der dritte Kuppelrodsatz Treibradsatz), mußten die beiden Zylinderpaare mit Rücksicht auf die ungleiche Zahl der Kuppelradsätze vorn mit 465 mm Durchmesser und hinten mit 535 mm Durchmesser bemessen werden. Der Laufradsatz wurde mit dem ersten Kuppelradsatz zu einem Krauss-Helmholtz-Gestell zusammengefaßt.

b) Borsig II: 1'Eb' h3 G 58.20
Um bei grundsätzlicher Ablehnung von Gelenklokomotiven noch mit einer anderen Maschine in der Ausschreibung zu liegen, gingen die Konstrukteure der BLW hier davon aus, daß das Traktionsprogramm – außer der Belastung in Bogen – noch von der BR 44 erfüllt werden könne. Sie

159 Berechnungen der Wiener Lokfabrik, zitiert nach Projektvorschlag WLF I und II vom 12. November 1943.

Den Entwurf Borsig I zur 3. Kriegslok hat die Firma Märklin 1982 zum Vorbild einer nicht unumstrittenen Modellokomotive im Maßstab 1:87 genommen und mit der fiktiven Nummer 53 0001 bezeichnet. Immerhin läßt die Aufnahme die Größenverhältnisse der geplanten Maschinen plastisch werden. (Foto: Märklin)

schlugen deshalb für die Hauptleistung einen Fünfkuppler (Projekt 426-824 vom 12. Oktober 1943) vor, den sie bei Spitzenleistungen durch eine Zweizylinder-Hilfsmaschine im hinteren Außenrahmen-Drehgestell unterstützen wollten. Das aus der BR 44 abgeleitete Triebwerk sollte 570 mm Zylinderdurchmesser erhalten. Die Hilfsmaschine besaß 320 mm Durchmesser und 260 mm Hub. Es handelte sich um einen Schnelläufer, dessen Steuerung mit fester Füllung arbeitete. So wurden Teile eingespart, zugleich allerdings der Dampfverbrauch erhöht. Die Dampfmaschine, deren Übersetzung 1 : 3 betrug, stützte sich durch Tatzlager auf dem hinteren Radsatz ab. Ein Zwischenritzel konnte durch Druckluft oder Handbetätigung ausgerückt werden, bei Erreichen von 25 km/h schaltete es selbsttätig den Booster ab. Der vordere Drehgestellradsatz wurde durch eine Kuppelstange und Hallsche Kurbeln angetrieben.
Die BLW nahmen eine Zugkraft am Radumfang von 236 kN an. Von der Zylinderzugkraft von 250 kN sollte die Hauptmaschine rund 180 kN, der Booster rund 70 kN übernehmen. Einige für den Betrieb errechneten Werte lauteten:

	bei 20 km/h	bei 25 km/ h
Leistung	1330 + 520 PS	1592 + 630 PS
Verbrauch	8,3 + 13,0 kg/PSh	7,64 + 13,0 kg/PSh
Dampfmenge	11 040 + 6800 kg/h	12 180 + 8200 kg/h
Belastung	60 kg/ m^2h	68,6 kg/ m^2h

Die Heizflächenbelastung läßt erkennen, daß der Kessel (R = 6,5 m^2) eine Verbrennungskammer sowie drei Feuerbrückentragrohre aufweisen sollte. Die Strahlungsheizfläche betrug 31,28 m^2, so daß sich als $\phi_s = 4{,}81$ ergaben. Die Rohre waren 5800 mm lang und besaßen 265,5 m^2 Heizfläche, somit $\phi_h = 8{,}47$. Mischvorwärmer und HT-Stoker waren vorgesehen. Der Barrenrahmen entsprach der klassischen Reichsbahn-Bauart, wäre jedoch mit den Vereinfachungen der Kriegsfertigung hergestellt worden. Der Wannentender 2'2' T 40,5 faßte im Halbzylinder 34 m^3 Speisewasser. Weitere 6,5 m^3 befanden sich in einem Zusatztank hinter dem Kohlenbunker, konnte wegen der hohen Lage jedoch nur durch eine zusätzliche Strahlpumpe eingefüllt werden. Diese Bauweise war erforderlich, weil der Gesamtradsatzstand

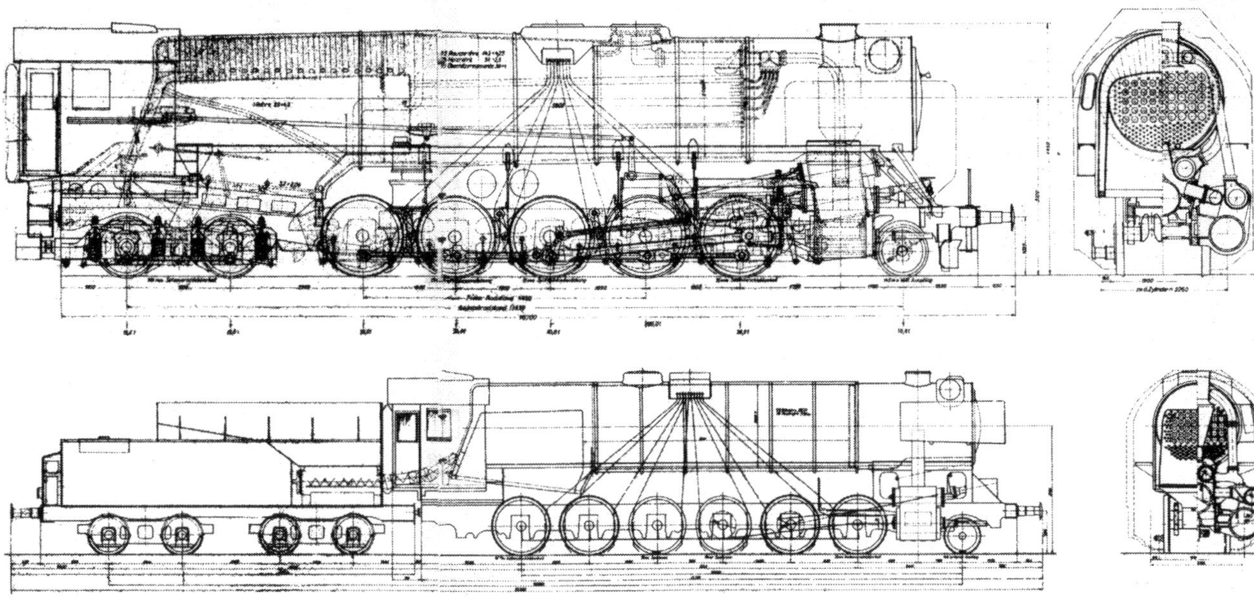

Entwurf Borsig II mit Hilfsmaschine am hinteren Drehgestell. Deutlich ist der kleine Zylinder unterhalb der Führerhaustreppe zu erkennen.
(BLW-Zeichnung Nr. 426-824 vom 12. Oktober 1943)

von 22,4 m und die Länge über Puffer von 27,0 m keinen einfacheren Tender mehr zuließen.

c) Deutsche Waffen- und Munitionsfabriken, Werk Posen: 1'F h3 G 67.20

Die deutschen Konstrukteure in den ehemaligen Cegielski-Lokomotivwerken warteten mit einem bei den Kriegsverhältnissen besonders erfolgversprechenden Projekt auf. Nachdem sie zunächst eine Malletlok (1'D) D 1 , in Erwägung gezogen hatten, waren sie zu einer simplen sechsfach gekuppelten Drillingsmaschine (Projekt 8000-1 vom 12. November 1943) gekommen, die bei GLr = 120 t auch im Anfahrbereich ohne Booster auszukommen versprach, sofern die Bedingungen nicht ausgesprochen ungünstig waren.

Das unkomplizierte Laufwerk (Barrenrahmen, Krauss-Helmholtz-Gestell) war mit einem gleichfalls wenig auffälligen Kessel verbunden, der bei 6500 mm Rohrlänge und 2000 mm Durchmesser aus zwei Schüssen von 21 mm Wandstärke ohne Längslaschen stumpf zusammengeschweißt werden sollte. Der Bodenring und der Übergang zum Stehkessel waren konventionell genietet; der Feuerring konnte durch Schweißen der entsprechend gekümpelten Ausschnitte in den Hinterwänden von Stehkessel und Feuerbüchse entfallen. Die Feuerbüchse war allerdings eher von überholter Form: Ohne Verbrennungskammer nur mit 5,9 m^2 Rostfläche und 23,48 m^2 Strahlungsheizfläche versehen, ergab sich ϕ_s = 4,05. Im Verhältnis zu dem mit 304,6 m^2 sehr großen Langkessel war sie durch ϕ_H = 12,9 zu klein. Die Rauchkammer war ohne Zwischenring angenietet und wies die für Vorwärmer und Schieber erforderlichen Einpolterungen auf. Die Außenzylinder befanden sich 30 mm über Achsmitte. Der Innenzylinder, der auf den zweiten Kuppelradsatz wirkte, war um 100 geneigt angebracht; der Schwingenantrieb erfolgte durch eine Hubscheibe auf den dritten Radsatz. Der Tender, dessen Konstruktion mit besonderem Rahmen wenig Aussicht auf Verwirklichung hatte, mußte durch die Unterbringung der Stoker- Antriebsanlage von Stein & Roubaix, Paris, über dem vorderen Drehgestell insgesamt sehr lang ausfallen. Der Kohlenkasten für den 10-t-Vorrat (34 m^3 Wasser) erschien zu lang und zu flach. Ein abschließendes Urteil über den Entwurf DWM zu fällen, gelingt nur schwer. Einige gute produktionstechnische Ansätze sind mit unzeitgemäßen Konstruktionselementen zu einer Lokomotive verbunden worden.

d) Henschel I: 1'F 1' h3 G 68.20

Henschel & Sohn legte zwei Pläne mit gleichen Kesseln und Tendern vor, die jedoch in der Laufwerksanordnung grundsätzlich voneinander abwichen. Zunächst soll der Entwurf Pl 1383 vom 22. Februar 1944 mit herkömmlichem Triebwerk und neuem Kessel beschrieben werden. Rostfläche = 7,0 m^2; l_r = 6000 mm; d_r zwischen 2000 mm (an der Rauchkammer) und 2100 mm (am Stehkessel) sowie Feuerschirmtragrohre und Verbrennungskammer kennzeichneten den Kesselentwurf. Das Laufwerk, dessen Kurvenbeweglichkeit nach den Erfahrungen mit Henschel-Exportlieferungen festgelegt werden konnte, verwendete ein führendes Krauss-Helmholtz-Gestell mit geschweißter

Deichsel. Die vier inneren Kuppelradsätze lagen fest; der dritte und vierte Kuppelradsatz waren spurkranzlos ausgeführt, während der letzte wieder seitenverschieblich vorgesehen wurde. Der Schleppradsatz lief in einem Bisselgestell mit geschweißtem Außenrahmen. Als Tender war ein vergrößerter Wannentender mit Stoker-Förderanlagen geplant.

e) Henschel II: 1' E(1a)' h3 G 58.20

Führendes Krauss-Helmholtz-Gestell und verschiebbarer letzter Kuppelradsatz dieses Sonderentwurfs entsprachen noch der Norm, während das hintere Drehgestell, dessen Drehpunkt nur 400 mm hinter der letzten Kuppelradsatzmitte lag, einen nicht angetriebenen Laufradsatz von 850 mm Raddurchmesser und den Boosterschleppradsatz mit Rädern von 1000 mm Durchmesser aufwies. Die Hilfsmaschine, die nur fallweise zugeschaltet wurde, war am hinteren Radsatz und am Drehgestellrahmen befestigt.

f) Krauss-Maffei I: 1'F h3 G 67.20

Beide Krauss-Maffei Entwürfe unterschieden sich voneinander bei gleichen Rahmen und Triebwerken vor allem in den Kesselabmessungen sowie in den Tenderbauarten. Als Kessel wurde der zunächst wegen guten Dampfmachens – unbeschadet späterer Enlwicklungen[160] – noch als erfolgversprechend angesehene Typ mit Krauss-Wellrohrfeuerbüchse vorgeschlagen (Projekt A 537). Ein Vergleich mit der Konstruktionsskizze, nach der die Loks 52 3620 – 3624 gebaut wurden, zeigt jedoch eine Verlängerung der Feuerbüchse über den Rost hinaus nach vorn, um durch diese Vergrößerung der Berührungsheizfläche dem Kessel eine gewisse Verbrennungskammer-Charakteristik zu geben. Der Rost von 5,35 m² Fläche wurde durch eine senkrechte Feuermauer begrenzt; unterhalb des Rosts war das Well-Flammrohr gegen Ascheablagerungen mit Schutzblechen abgedeckt. Ein geschweißter Langkessel herkömmlicher Bauart hatte Rohre von 5 800 mm Länge.

160 Siehe den Abschnitt »Besondere Kesselbauarten«, wo über die Alterungsbeständigkeit dieser Konstruktion nachteiliges berichtet wird, und vgl. Ndschr. 15 (4./5. März 1943), Anlage II.

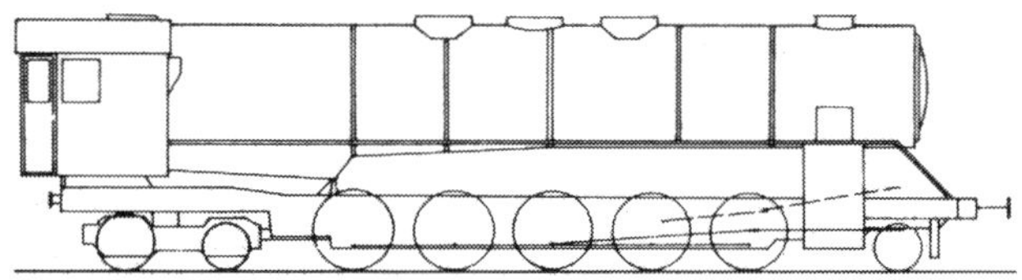

Schema des Entwurfs Henschel II mit Boosterradsatz im Schleppgestell; allgemeine Ausstattung wie bei der vorigen Zeichnung.

(Skizze: Buchholz)

Der Blechrahmen aus 35-mm-Platten wies keine Besonderheiten auf. Das Laufwerk begann wieder mit einem Krauss-Helmholtz-Gestell, der zweite bis vierte Kuppelradsatz lagen bei spurkranzloser Ausführung des dritten und vierten fest. Um nun mit dem Sechskuppler auch den 140-m-Bogen bewältigen zu können, stand zunächst eine erhöhte Seitenverschieblichkeit des letzten Kuppelradsatzes wie beim Entwurf Krupp II zur Diskussion. Es wurde jedoch eine Konstruktion vorgezogen, die erst mit dem österreichischen K 4 T 30 der BR 52 praktisch erprobt worden war, nämlich die Zusammenfassung der beiden letzten Kuppelradsätze durch Beugniothebel, für die aber bisher kaum Erfahrungen an Lokomotivradsätzen vorlagen. Die geführte Länge war dadurch gleich dem Abstand zwischen den Drehzapfen des Laufgestells und des Beugniothebels, hier also 8975 mm.

Während die Außenzylinder auf den dritten Kuppelradsatz einwirkten, lenkte der Innenzylinder wie beim Entwurf Krupp II auf den zweiten Kuppelradsatz an. Die zum Antrieb der inneren Steuerung übliche Kropfachse wurde vermieden, indem zwei Paar Schraubenräder auf dem dritten Kuppelradsatz eine Hilfswelle antrieben, die alle drei Steuerungen bediente.

g) Krauss-Maffei II: 1'F h3 G 67.20

Das zweite Projekt von Krauss-Maffei (A 539). das erst im Februar 1944 nachgereicht wurde, wies einen Kessel auf, der nach den Erfahrungen mit der Wellrohrlok 52 3620 verändert war. Der Bodenring war überarbeitet, der Kessel ins-

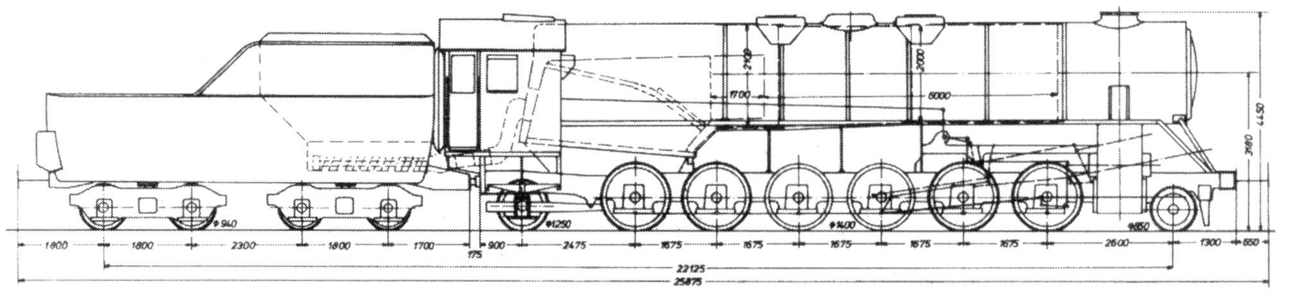

Projekt Henschel & Sohn mit Verbrennungskammer und konischer Langkesselerweiterung auf sechs Kuppelradsätzen.

(Henschel-Zeichnung Nr. P I 1383 vom 22. Februar 1944)

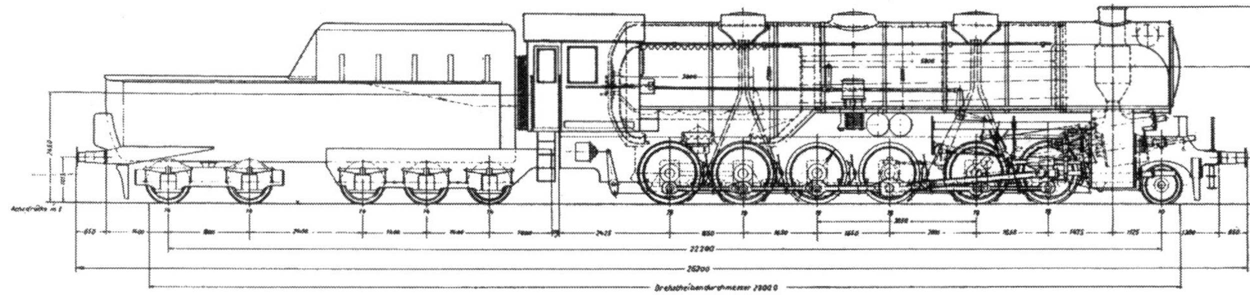

Entwurf Krauss-Maffei I: Als besondere Kennzeichen sind die Ausstattung mit Dampfdom und der Tender zu nennen.
(Krauss-Maffei Zeichnung Nr. A 537)

gesamt niedriger gedrückt, weil statt des Dampfdoms beim ersten Entwurf wieder ein Dampfsammelrohr eingezeichnet war. Der Tender, vormals ein vergrößerter Wannentender 3 2' mit leicht abgeschrägtem Kohlenkasten über den drei festen Radsätzen, war in der herkömmlichen Form beim zweiten Entwurf aufgegeben. Um nämlich die Stokeranlage einfach und ohne Kuppelstücke zwischen Lok und Tender ausführen zu können, war der rechteckige Kohlenkasten für 11 t unmittelbar hinter der Führerhausrückwand auf einer Verlängerung des Lokrahmens angebracht und über einen Drehzapfen auf die vordere Dreiradsatzgruppe des Tenders abgestützt. Der Wasserbehälter war wieder als selbsttragende Wanne geplant, mit 34 m³ aber klein.

h) Krupp I: 1' E 1' h3 G 57.20

Beide Entwürfe des Essener Werks, das sich trotz seiner Bombenschäden an der Ausschreibung beteiligte, besaßen den gleichen Kessel mit 5800 mm Länge zwischen den Rohrwänden, drei Feuerschirmtragrohren, jedoch ohne Verbrennungskammer, waren also noch nicht völlig vom mit dem Bau der BR 45 beschrittenen Weg abgegangen. Beide Fahrgestelle und Laufwerke waren konventionell ausgebildet, wobei sich die Version 1'E 1' (Projekt Lh 53 024 vom 15. Oktober 1943) eng an die BR 44 anlehnte, mit der sie auch Zylinderabmessungen, Gestänge und Radsätze gemein hatte, wodurch sich die Ersatzteilhaltung und die Austauschbauweise für die neue 3. Kriegslokomotive sehr erleichtert hätten. So kamen auch das vordere Krauss-Helmholtz-Gestell sowie die Verschiebbarkeit des fünften Kuppelradsatzes um ± 15 mm der BR 44 nahe; der Schleppradsatz sollte eine Adamsachse werden. Erstaunlicherweise besaß die Lok keinen Booster. Daneben war mit Skizze Nr. Lh 53 072/2.01 noch ein Kessel vorgeschlagen, der ausschließlich mit festen Stehbolzen bestückt werden sollte.

i) Krupp II: 1'F h3 G 67.20

Um die 1' F-Lokomotive (Projekt Lh 53 086 vom 11. Dezember 1943) die vorgeschriebene Weiche befahren lassen zu können, wurden die auf das Krauss-Helmholtz-Gestell folgenden Radsätze bis zum fünften Kuppelradsatz festgelegt, die Spurkränze des dritten Kuppelradsatzes um 15 mm geschwächt und der letzte Kuppelradsatz um ± 25 mm seitenverschieblich eingerichtet. Das Innentriebwerk sollte auf den zweiten Kuppelradsatz wirken. Für beide Projekte war ein Tender vorgesehen, wie er auch zum Entwurf Borsig I vorgeschlagen war, doch sollte der Zusatzwassertank etwas kleiner ausgeführt werden: 2' 2' T 40, mit 12,6 t Kohle. In beiden Projekten waren Stoker HT 1 zu 4,5 t Kohlenförderleistung je Stunde vorgesehen.

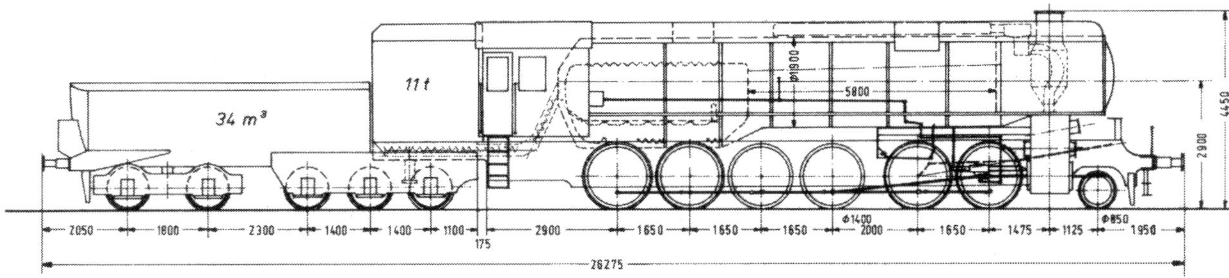

Der spätere Krauss-Maffei-Vorschlag II ist wieder mit einem längeren Dampfsammelrohr konstruiert. Besonders auffällig ist die Anbringung des Kohlenkastens am Führerhaus, um bewegliche Leitungen für den Stoker zu umgehen. *(Krauss-Maffei-Zeichnung Nr. A 539)*

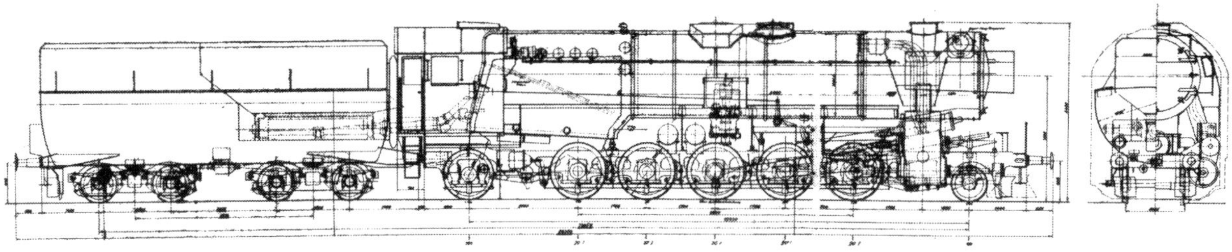

Entwurf Krupp I mit einem Triebwerk, das sich an die Einheitslokomativ-Baureihe 44 anlehnte.
(Krupp-Zeichnung Nr. Lh 53 042 vom 15. Oktober 1943)

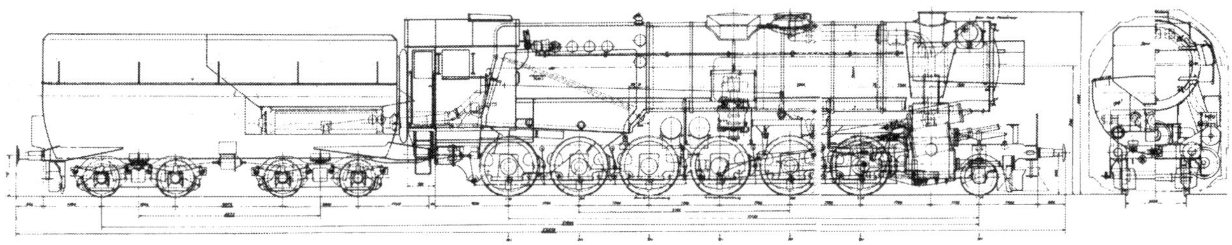

Wie die meisten anderen Lokomotivfabriken, legte auch Krupp noch einen Sechskuppler-Entwurf vor.
(Krupp-Zeichnung Nr. Lh 53 086 vom 11. Dezember 1943)

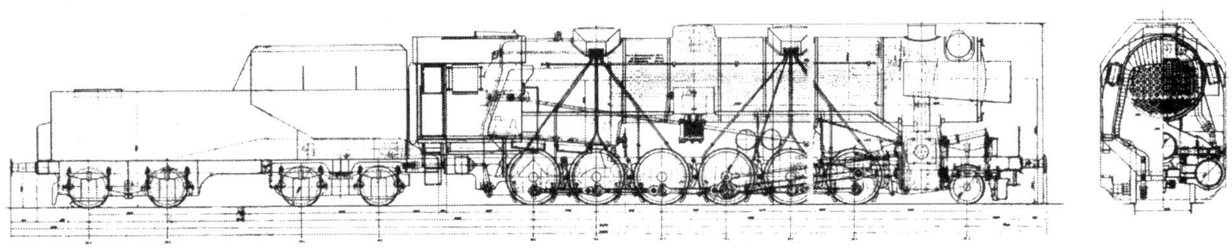

Die Lentz-Ventilsteuerung war das besondere Kennzeichen des Entwurfs zur 3. Kriegslokomotive in der Projektskizze MBA I.
(MBA-Zeichnung Nr. Ba 18 vom 17. Dezember 1943)

k) Maschinenbau und Bahnbedarf I: 1'F h3 G 67.20

Auch Maschinenbau und Bahnbedarf, Babelsberg, versuchte mit der 1'F-Lokomotive (Projekt Ba 18 vom 12. Dezember 1943), für den geforderten Verwendungszweck eine möglichst einfache Maschine zu liefern. Die hierzu angestellten Überlegungen erbrachten ähnliche Ergebnisse wie bei DWM, nämlich einen Kessel mit 2000 mm Durchmesser, aus zwei Schüssen stumpf verschweißt, gleichfalls ohne Verbrennungskammer. Das Rohrbündel war 6800 mm lang. Aus den Zahlenwerten Rostfläche = 7,0 m^2, Strahlungsheizfläche = 20,5 m^2, Rohrheizfläche = 291,5 m^2 ergaben sich als Strahlungsverhältnis ϕ_s = 2,93 und als ϕ_H = 14,22, also die schlechtesten Ergebnisse unter den Projekten. Auch die fertigungstechnischen und konstruktiven Vereinfachungen gingen nicht so weit wie beim Posener Projekt. Die Rauchkammer war mit Zwischenring angenietet, auch der Boden- und der Feuertürring waren nicht angeschweißt. Neu war lediglich die Einführung des Stokermunds durch eine Öffnung im Rost zur inneren Feuerbüchshinterwand.

Das Laufwerk hingegen hatte größere Aussichten, verwirklicht zu werden, da es – im Grundaufbau mit Krupp II identisch – der bei anderen 1'F-Entwürfen bestehenden Gefahr von Gleisverdrückungen durch einen um 45 mm verschiebbaren letzten Kuppelradsatz begegnete. Als Lieferer der Lokomotive 52 4915 wollte MBA auch bei der 3. Kriegslokomotiv-Bauart die Lentz-Ventilsteuerung anwenden. Der rotierende Antrieb war mit dem Treibradsatz der Außenzylinder, dem dritten Kuppelradsatz verbunden; der Innenzylinder wirkte auf den zweiten Kuppelradsatz. Der Tender 2'2' T 40 war eine klassische Rahmenkonstruktion mit rechteckigem Querschnitt und aufgesetztem Wasserkasten, zeigte aber im vorgerückten Kohlenkasten und der großen Baulänge typische Züge des Stokertenders.

l) Maschinenbau und Bahnbedarf II: (1'D 1') (1'D 1') G 2 x 46.20

War schon die Konstruktion Borsig I als Gelenklokomotive der Bauart Mallet aus dem Rahmen der Reichsbahnmaschinen gefallen, so brachte die Modified Fairlie[161] der MBA ein Bauschema noch Deutschland, das bisher nur von den Exportlieferungen Henschels nach Südafrika praktisch gezeigt worden war. Dennoch war die Konstruktion bestechend zusammengestellt: Zwei symmetrische Triebgestelle mit Barrenrahmen wurden überlegt von der BR 52 übernommen, deren (Ventil-) Steuerung gleichfalls zu verwenden war. Ein Brotankessel des gleichen Aufbaus wie in der BR 42 konnte wegen der größeren Unabhängigkeit einer Modified Fairlie vom Umgrenzungsprofil mit einem Langkessel von 2100 mm Durchmesser (zwei Schüsse, ohne Längslaschen stumpf zusammengeschweißt) verbunden werden. Nach vorn schloß sich eine kurze Rauchkammer mit kleiner Tür an, die mit einem Zwischenring an den Langkessel genietet war. Der geschweißte Brückenrahmen trug sowohl beiderseits des Kessels als auch hinter dem Kohlenkasten Wasserkästen, die 36,5 m^3 faßten. Als Kohlevorrat wurden 12 t angegeben.

m) Schichau: 1'G h2 G 78.20

In der Elbinger Lokomotivbauanstalt ging man von einer etwas höheren erforderlichen Reibungsmasse aus, um einem möglicherweise geringeren Reibungswert als 175 kg/t noch wirkungsvoll begegnen zu können. Um jedoch mit dem ersten Siebenkuppler für die DR (Projekt 1 G 500.001) das Weichenproblem lösen zu können, war das von der Konkurrenz bei deren 1'F-Lokomotiven angewandte Krauss-Helmholtz-Gestell selbstverständlich nicht mehr ausreichend. Im bei der BR 84 (Serienausführung) benutzten Schwartzkopff-Eckhardt-Gestell stand jedoch bereits ein Mittel zur Verfügung, um den Laufradsatz um 145 mm und die beiden folgenden Kuppelradsätze um je 24 mm verschiebbar einzurichten. Der dritte und sechste waren um 15 mm spurkranzgeschwächt, der vierte und fünfte Kuppelradsatz spurkranzlos ausgebildet, während der letzte Radsatz wieder um ± 30 mm verschoben werden konnte. Mit Rücksicht auf den vereinbarten maximalen Radsatzstand konnten die Räder nur 1300 mm Durchmesser erhalten, doch verhalf der fünfachsige Tender 2' 3' T 35 (14 t Kohle) der Lok immerhin noch zu einem Gesamtradsatzstand von 22 577 mm. Bei der Höchstgeschwindigkeit von 80 km/h belief sich die Triebwerksdrehzahl auf 326 U/min.

Bei sieben Treibradsätzen konnte die Länge zwischen den Rohrwänden auf lr = 7300 mm (!)[162] festgesetzt werden, so daß 274 m^2 indirekte Heizfläche erreicht wurden. Die Rostfläche betrug 6,0 m^2, die Strahlungsheizfläche 28 m^2; die Feuerbüchse hatte zwei Nicholson-Wasserkammern erhalten. Die Kesselverhältnisse lauteten ϕ_s = 4,67 und ϕ_H = 9,78. Dabei war der Kessel für 20 bar Betriebsdruck und 18,7 t/h Nenndampfleistung bei 62 kg/m^2h Heizflächenbelastung vorgesehen.

Eine Berechnung des voraussichtlichen Verbrauchs im Betrieb ergab, daß bei Wiedergewinnung von 2720 kg/h Wasser durch den Knorr-Mischvorwärmer die Lok mit ihrem Wasservorrat 2 ½ Stunden, mit ihrem Kohlevorrat 4 ½ Stunden laufen könnte.

n) Schwartzkopff I: 1'F h2 G 67.20

Die Entwürfe der Berliner Maschinenbau A. G. vormals L. Schwartzkopff waren, was sich bei vielen Projekten der anderen Firmen zweifellos hätte auch erreichen lassen, bereits von Anfang an untereinander durchkombiniert: Aus zwei Fahrgestellen, dem Zwilling und dem Drilling, sowie zwei Kesseln, nämlich einem Typ mit Verbrennungskammer und einem ohne, waren insgesamt vier Varianten entstanden. Leider liegen Daten gerade über den Verbrennungskammer-Kessel nicht mehr vor; bekannt ist lediglich, daß er – gleich dem Regelkessel – 6800 mm Rohrlänge und 2000 mm Durchmesser erhalten sollte, so daß für ihn eine kürzere Rauchkammer vorgesehen wurde. Der nach herkömmlichen Reichsbahnprinzipien entworfene zweite Kessel sollte 6,72 m^2 Rostfläche, 4 Wasserumlaufrohre, 22,8 m^2 Strahlungsheizfläche und 259,3 m^2 Rohrheizfläche besitzen, demnach waren ϕ_s = 3,39 und ϕ_H = 11,35. Das Zwillings-Fahrgestell (Projekt P 3780 vom 30. September 1943) war mit Rädern von 1500 mm Durchmesser und 720-mm-Hub geplant[163]. Im Krauss-Helmholtz-Gestell haben der Laufradsatz 160 mm und der erste Kuppelradsatz 35 mm Seitenausschlag, der letzte Kuppelradsatz 40 mm Verschiebbarkeit nach jeder Seite. Der feste Radsatzstand betrug 5250 mm, darin hatte der vierte Kuppelradsatz ± 30 mm Seitenspiel. Obwohl darüber hinaus versucht wurde, die festen Radsätze um 1 mm und den Treibradsatz um 3 mm nach jeder Seite verschieblich einzurichten, außerdem

161 Diese abgeänderte Fairlie wird besser als Günther-Meyer-Bauart bezeichnet, da sie keine Vorräte vor dem Kessel besitzt. Siehe Ewald [18], S. 151.

162 BR 44 5800 mm; BR 45 7500 mm; BR 45 (Umbau der Bundesbahn) 6500 mm.

163 Es handelt sich um die erste Konstruktionszeichnung zur 3. Kriegslok, die bereits vor dem Rundschreiben AK 148 entstanden ist.

letztere im Spurkranz außen um 10 mm und innen um 6 mm zu schwächen, ließen die Berechnungen schlechte Anlaufverhältnisse,
Zwängen und Entgleisungen in mehreren Weichen und in überhöhten Bogen erwarten.

o) Schwartzkopff II: 1'F h3 G 67.20

Um diese Schwierigkeiten zu vermeiden, sollte die Dreizylinderlok (Projekt P 3832 vom 12. November 1943) nur 1400-mm-Räder erhalten, sonst aber die gleichen Ausschläge und Verschiebbarkeiten aufweisen wie der Zwilling. Durch den um 300 mm kürzeren festen Radsatzstand war ein besserer Bogenlauf zu erwarten. Außenzylinder (d = 600 mm; s = 660 mm), äußere Triebwerke und äußere Steuerung sollten mit der BR 52 austauschbar sein, die gesamte Mehrleistung sollte vom Mittelzylinder erbracht werden. Der Tender 2' 3 T 44 (15 t Kohle) mit Rahmen und rechteckigem Querschnitt des Wasserkastens sollte auf einem Kriegstender-Güterwagendrehgestell und drei festen Radsätzen ruhen, wobei die letzten beiden Radsätze auch in einem Beugniot-Gestell ausführbar waren. Es handelte sich um den größten Tender unter den Projekten, dessen Fassungsvermögen durch die Anbringung der Stokermaschine (amerikanische Bauart BK) auf der Lok weiter gesteigert werden konnte.

p) Wiener Lokomotivfabrik I: 1'CC 1' h4 G 68.20

Die Wiener Lokomotivfabrik, deren im Abschnitt »Baugrundsätze« wiedergegebene Überlegungen für die 3. Kriegslokomotive eine Reibungsmasse von 125 t unabdingbar machten, konnten sich mit einem Sechskuppler ohne Booster nicht zufriedengeben, neigte aber auch wenig zu einer Gelenklokomotive mit mehr Radsätzen, um die Herstellung nicht unnötig zu verteuern und um beweglichen Dampfleitungen aus dem Weg zu gehen. Als Ersatz oder als Alternative des unerprobten Boosters entwickelte Floridsdorf den druckluftgesteuerten Achslastumsteller theoretisch, durch den die im Regelbetrieb jeweils mit 12 t belasteten Laufradsätze jeweils um 2,5 t entlastet wurden, so daß sich als GLr = 6 x 20 + 5 = 125 t ergaben. Die dauernde Inanspruchnahme der höheren Achsfahrmasse, die nur bei schwierigen Anfahrten erforderlich ist, wurde dadurch vermieden, daß dazu eine ständige Einflußnahme des Lokführers (ähnlich wie Sifa) erforderlich sein sollte.

Die Lokomotive mit sechs Treibradsätzen, die so entstanden war, wurde jedoch nicht als Sechskuppler 1'F 1' durchgezeichnet, sondern als 1'CC 1'-Maschine mit zwei vollkommen gleichen Trieb- und Laufwerken vorgeschlagen. Die Vorteile des ungewohnten WLF-Projekts, das die Typenbezeichnung »Non-Articulated« führte, wurden den Ausschußmitgliedern durch folgende Gegenüberstellung aufgezeigt[164]:

1'CC 1' h4	1'F 1' h3
4 gleiche Triebwerke mit je einer Treibstange	3 Triebwerke mit 2 verschiedenen Treibstangen
2 Kuppelstangen	5 verschiedene Kuppelstangen
4 gleiche Zylinder	2 gleiche Außen-, ein Innenzylinder
3 Radsatztypen	5 Radsatztypen
glatte Achsen	Kropfachsen
4 gleiche Steuerungen	2 gleiche Außen-, eine Innensteuerung

Den für die vierzylindrige Lok etwas höheren Dampfverbrauch wollte man durch den geringeren Widerstand der Dreifachkupplung ausgleichen. Kleinere Zylinder ermöglichten ein leichteres Triebwerk und trugen zur Verringerung

164 Zitiert nach Projektvorschlag der Wiener Lokfabrik vom 12. November 1943, S. 2.

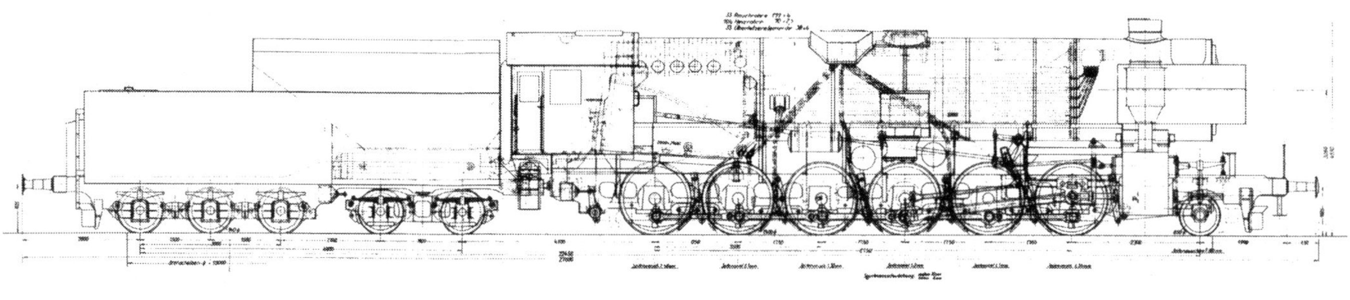

Erster Vorschlag der Ehemaligen Schwartzkopff-Werke zur 3. Kriegslokomotive mit Zwillingstriebwerk.
(BMAG-Zeichnung Nr. P 3180 am 30. September 1943)

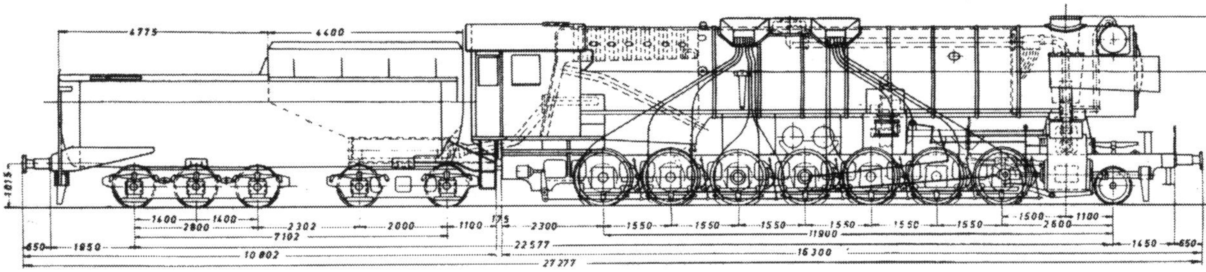

Besondere Kennzeichen des Entwurfs von Schichau zur 3. Kriegslok war die Konzeption mit sieben Kuppelradsätzen, Radsatzfolge 1'G-h2. (Aus: Stockklausner/Weinstötter [38] S. 184)

der Zylinder-Reaktionskräfte am Rahmen um 35 Prozent bei, so daß der Blechrahmen Wangen von nur 28 mm erhalten konnte.

q) Wiener Lokomotivfabrik II: 1'CC 1' h4 G 68.20

Mit Rücksicht auf die hohe Leistung und die schlechten Kohlen wurde ein Brotankessel mit Verbrennungskammer (WLF I), jedoch auch auf demselben Fahrwerk ein Kessel ohne Verbrennungskammer (WLF II) entworfen. Als Heizflächenbelastungen waren für WLF I 67 kg/m^2h, für WLF II nur 60 kg/m^2h zugelassen. Auch erklärte die WLF, der Verbrennungskammer-Kessel werde wegen günstigerer Verbrennungsverhältnisse wohl den besseren Kesselwirkungsgrad aufweisen. Bei einem Verbrauch von 6,55 kg/PS_ih bei Kesselhöchstlast und 7,7 kg/PS_ih bei Reibungsgeschwindigkeit wären somit maximal 2600 PS_i zu erzielen gewesen. Der Tender hatte nach WLF-Grundsätzen wieder Steifrahmen und Beugniothebel erhalten. Als K 4 T 40 faßte er 14 t Kohle. Der Stokerantrieb befand sich auf der Lok, um wieder die beweglichen Dampfleitungen zu vermeiden.

r) Technisches Büro der Gemeinschaft Großdeutscher Lokomotivfabriken: 1'Ea' h 3 G 57.20

Der GGL-Entwurf, der im Januar und Februar 1944 (Zeichnung Pr 144 vom 5. Februar 1944) nach Eingang der meisten Firmenvorschläge entstand, wird gern als »gesammeltes Ergebnis der eingereichten Arbeiten« angesehen. Im Gesamtkonzept lehnte er sich an die BR 45 mit verbessertem Kessel, im Triebwerk auch an die BR 44 an. Die Rohrlänge war mit 6500 mm gegenüber den 7500 mm der BR 45 wesentlich gekürzt und durch eine Verbrennungskammer ersetzt, ferner waren drei Feuerschirmtragrohre mit 2,3 m^2 Heizfläche vorgesehen. Die Rostfläche betrug 6,3 m^2, die Gesamtheizfläche 282,2 m^2. Das Verhältnis der direkten zur indirekten Heizfläche lautete $\phi_H = 9{,}75$. Bei $b_H = 57$ kg/m^2h sollten so 16,0 t/h Dampf und (je nach Fahrgeschwindigkeit) 2000 bis 2500 PS_i erreicht werden, um den in der Aufgabe genannten 1700-t-Zug auf 8 ‰ mit 23 km/h zu befördern. Eine höhere Belastung wird in der Beschreibung nicht erwähnt.

Das Fahrwerk hatte Räder von 1500 mm Durchmesser, 660 mm Zylinderdurchmesser und 600 mm Hub erhalten. Es war für 90 km/h ausgelegt, orientierte sich also an der BR 45. Die Zweizylinder-Hilfsmaschine (d = 280 mm; s = 260 mm) schaltete sich beim Anfahren sofort ein und wurde bei V > 30 km/h durch ein ausschwenkbares Zahnrad stillgelegt; sie hätte wahlweise auch auf einen Radsatz des Tenders einwirken können. Dieser, als vergrößerte Wannenbauart vorgesehen, sollte als 2'2' T 36 rund 12 t Kohle tragen. Als Gesamtradsatzstand gab das Technische Büro der GGL 22 400 mm an, als Länge über Puffer 26 400 mm.

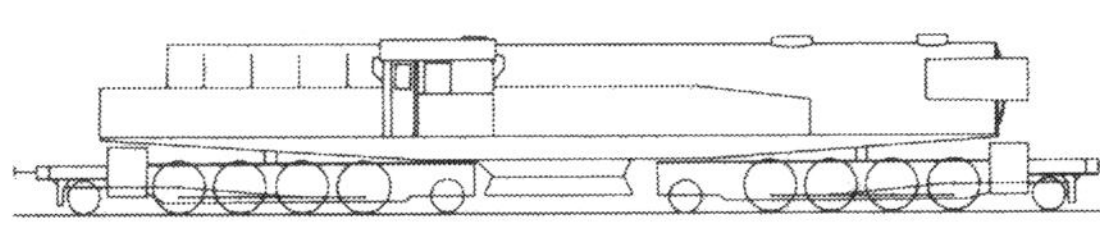

Schematische Anordnung der Hauptbauteile einer Modified-Fairlie-Gelenklokomotive in Kriegsbauart, wie sie der Entwurf MBA II vorsah; Radsatzfolge (1'D1') (1'D1')h4. (Skizze: Buchholz)

Zusammenfassung

Die vorstehenden Ausführungen zeigen, daß es also neben den drei Varianten mit 125 Reibungsmasse auch Entwürfe mit nur 120 t (ohne Booster) und gar 100 t mit Zusatzantrieb für die Spitzenanforderung gab, die dem Grundsatz, die BR 42 um etwa 40 Prozent in allen entscheidenden Leistungen und Abmessungen zu übertreffen, gerecht werden sollten. Vom immanenten technischen Standpunkt her muß es bedauert werden, daß Entschlüsse des Hauptausschusses über den Bau eines bestimmten Entwurfs nicht bekannt sind, wohl auch nicht mehr getroffen wurden. Die Frage nach dem Sinn dieser umfangreichen Konstruktionsarbeiten zu stellen heißt, sie zu beantworten. Im Februar 1944, als die beiden Henschelprojekte und der verbesserte Krauss-Maffei-Vorschlag eingereicht wurden und über die

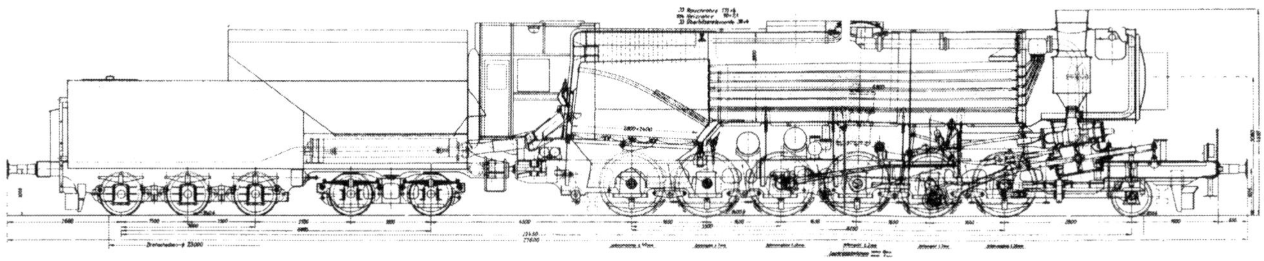

Der Entwurf Schwartzkopff II mit zusätzlichem Innentriebwerk und kleineren Kuppelrädern.

(BMAG-Zeichnung Nr. P 3832 vom 12. November 1943)

Auftragsvergabe hätte beraten werden können, befand sich das vorgesehene Einsatzgebiet zu großen Teilen nicht mehr in deutscher Hand. Die vorhandenen Lokomotiven reichten nach ihrer Stückzahl aus, das Transportproblem war nun eher eine Frage der Schäden an Strecken und Bahnhöfen. Außerdem war der erste Rang unter den Rüstungsprogrammen längst auf die Panzerfertigung übergegangen, so daß es zu einem endgültigen Entschluß und dem Anlaufen einer Vorserie der 3. Kriegslok nicht mehr kommen konnte.

Spekulationen darüber, welcher Entwurf wohl die größten Chancen gehabt hätte, in die Produktion zu gehen, sind in der Vergangenheit hin und wieder angestellt worden. Das Projekt DWM/Posen mit seinem einfachen Kessel, der Schwartzkopff-Vorschlag wegen des Zweizylindertriebwerks, der Floridsdorfer Entwurf wegen des Brotankessels könnten zur engeren Wahl gerechnet werden. Die spätere GGL-Planung läßt vermuten, eine Vorklärung könnte zugunsten der Verbrennungskammer ausgefallen sein. Die beiden Gelenklokomotiven Mallet und Modified Fairlie kamen hingegen wegen ihrer hohen Anschaffung- und Unterhaltungskosten für die Kriegsproduktion kaum in Frage.

Aus den Untersuchungen und Besprechungen zeichnete sich ab, daß eine Maschine mit sechs Reibungsradsätzen vorzuschlagen wäre, auch wenn hiermit die Spitzenbelastung bei gleichzeitigem Auftreten aller ungünstigen Verhältnisse nicht erfüllt werden konnte. Sodann sollte erwogen werden, ob der 6. Reibungsradsatz als Dauerradsatz notwendig und zweckmäßig sei, oder ob er durch eine Hilfsmaschine teilweise ersetzt werden könnte. Von der Weiterverfolgung der Pläne wurde, da die Beschaffung als noch nicht aktuell[165] angesehen wurde, im März 1944 Abstand genommen.

Im weiteren Zusammenhang mit der Vorbereitung der 3. Kriegslokomotive ist noch zu erwähnen, daß im Frühjahr 1944 auch Studien zu einer Schnellzuglok in Kriegsbauart angestellt wurden, die Degenkolb erst am 20. Juli 1944[166] abbrechen ließ.

165 Ndschr. 28 (13. März 1944), S. 10.

166 Ndschr. 31 (20. Juli 1944), S. 15.

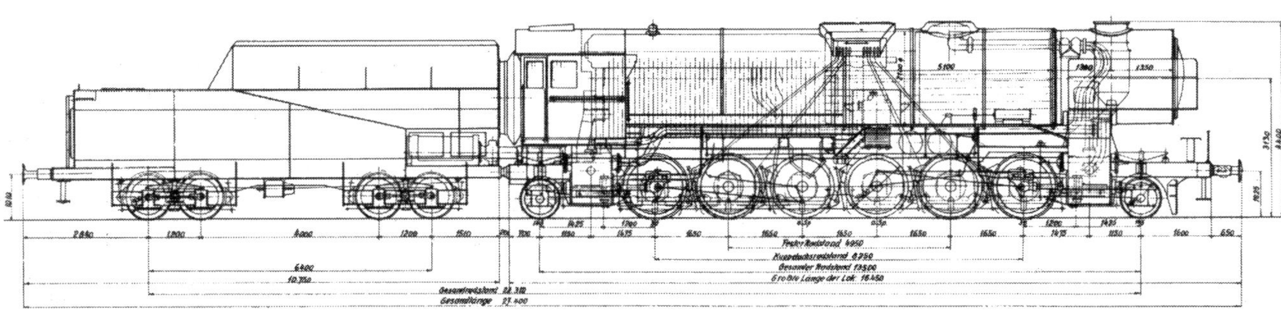

Entwurf WLF I, ausgerüstet mit einem doppelten Triebwerk und Verbrennungskammer-Brotankessel.

(WLF-Zeichnung Nr. 1935 vom 11. November 1943)

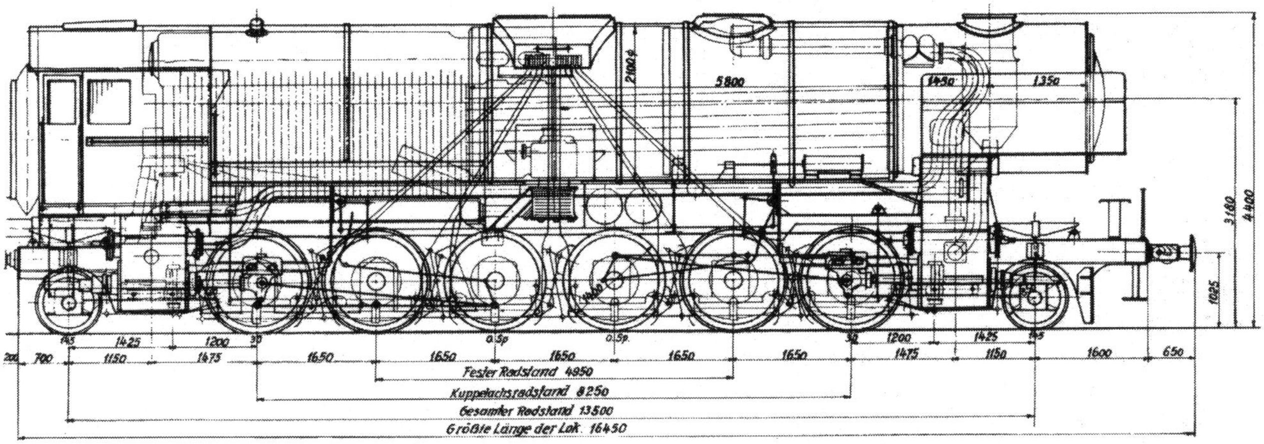

Entwurf WLF II zur 3. Reichsbahn-Kriegslokomotive mit Wiener Brotankessel; Tender wie in Abbildung zuvor.
(WLF-Zeichnung Nr. 1936 vom 10. November 1943)

Projekte zur 3-m-Breitspurbahn in die Sowjetunion

Die bisher behandelten Kriegslokomotiven und die anderen Eisenbahnfahrzeuge waren sämtlich dazu bestimmt, auf den Gleisen der Deutschen Reichsbahn in ihrem sich mit der Entwicklung des Krieges dauernd verändernden Schienennetz zu verkehren. Neben diesen, der herkömmlichen Eisenbahntechnik auf vielfache Weise noch verbundenen Fahrzeugen mit wirtschaftlicher oder militärischer Zweckbestimmung muß jedoch noch ein großes Planungsvorhaben der frühen vierziger Jahre erwähnt werden, das seine Entstehung ebenfalls der herrschenden Megalomanie jener Zeit anläßlich der Siegeszuversicht im Krieg gegen die Sowjetunion verdankt: die Breitspur-Transkontinentalbahn. Da diese Projekte inzwischen in einer besonderen Veröffentlichung beschrieben worden sind, kann sich die folgende Darstellung auf eine Zusammenfassung und einige ergänzende Anmerkungen beschränken.
Ebenso wie die Pläne zu den riesigen Bauten in Berlin, München und Linz haben die Gedanken an eine solche Großbahn Hitler schon wesentlich früher beschäftigt, als bisher angenommen wurde. So schildert Franz Kruckenberg, der ihm am 1. Juni 1934 einen Vortrag über die Schnellbahnplanung der Flugbahn-Gesellschaft gehalten hatte, bezüglich der Gleise folgende Bemerkung Hitlers[167]: »Ich habe mir auch Gedanken über die Eisenbahn gemacht und möchte die Spur auf 4 Meter verbreitern«[168]. Obwohl diese Pläne in manchen Einzelheiten Kruckenbergs Vorstellungen von Breitspurgleisen für Schnellfahrwagen entsprachen, ist er 1941 zu den hier beschriebenen Vorarbeiten nicht herangezogen worden.

Im Herbst 1941, als die deutschen Truppen weit in die UdSSR vorstießen, wandte sich Hitler an den Verkehrsminister Dorpmüller mit dem Auftrag, zum Transport von Bodenschätzen und landwirtschaftlichen Produkten aus den eroberten Gebieten sowie auch zur raschen Beförderung von Soldaten eine völlig neue, riesige Eisenbahn entwickeln zu lassen. Ein Zug dieser Bahn sollte das gleiche Fassungsvermögen wie ein Frachtschiff aufweisen, der Personenverkehr sollte fast so schnell wie ein Flugzeug sein. Der Planung des Streckennetzes war die Beherrschung des eurasischen Kontinents zugrunde zu legen. Bau und Betriebsaufnahme der neuen Bahn sollten jedoch erst nach Kriegsende erfolgen; sie sollten ein Integrationsfaktor des dann bestehenden großen Imperiums sein. Der Reichsbahn oblag es, diese Vorstellungen konkreter zu fassen. Zunächst wurden nur die wichtigsten Daten wie Spurweite, Lichtraumprofil, Bogenradien und Geschwindigkeiten allgemein genannt und der Industrie zur Aufstellung von Entwürfen für Lokomotiven und Wagen übermittelt. Angesichts der Bestimmung, den Bau der Bahn ebenso wie die Neugestaltung der wichtigsten deutschen Städte[169] erst in späterer Zeit zu verwirklichen, begann die Konstruktion zunächst zögernd. Als Hitler jedoch seine Aufmerksamkeit vermehrt der Architektur der Nach-

167 Friedrich Witte: Eine Drei-Meter-Breitspur-Transkontinentalbahn. Nach alten Denkschriften aus den Jahren 1942 bis 1944. – In: LOK-MAGAZIN 43 (1970), S. 296–311; Gerhardt Arndt: Irrweg und Weg zur Superbahn. – In: Der Modelleisenbahner 15 (1966), S. 304–309. Vgl. Anton Joachimsthaler: Die Breitspurbahn. Das Projekt zur Erschließung des großeuropäischen Raumes 1942–1945. – München 1985.

168 Franz Kruckenberg: Fernschnellbahn und Verkehrshaus. – Heidelberg 1959, S. 64.

169 Speer [36], S. 196.

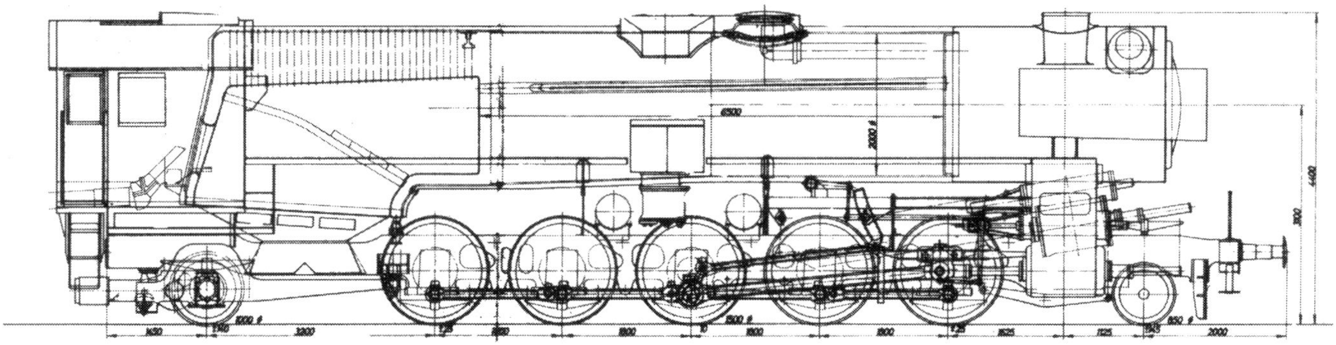

Vorschlag der Gemeinschaft Großdeutscher Lokomotivfabriken mit Hilfsantrieb des hinteren Laufradsatzes.

(GGL-Zeichnung Nr. Pr 144 vom 5. Februar 1944)

kriegszeit zuwandte, beschäftigte er sich auch wiederholt mit dem Fernbahnprojekt[170]. Auf seine Nachfragen ist es zurückzuführen, daß sich seit dem Frühjahr 1942 zahlreiche Ingenieure von Reichsbahn und Industrie nur noch damit abgaben, die Superbahn zu entwerfen. Es handelte sich zunächst um Kräfte, denen wegen der veränderten militärischen Lage des Deutschen Reiches, welche zur Schaffung des Ministeriums Speer, des Hauptausschusses Schienenfahrzeuge und der Kriegslok geführt hatten, gerade weitere Konstruktionsarbeiten untersagt worden waren[171]. Weil sie ihren Auftrag direkt auf Hitler zurückführen konnten, wurde »mit stillschweigender Duldung seitens des eigentlich zuständigen Hauptausschußleiters ein utopisches, ganz der herrschenden Gigantomanie entsprechendes Unternehmen eingeleitet, mit dem gerade freigestellte Kräfte ein neues und weiteres Betätigungsfeld fanden, dem ernstzunehmende Ingenieure doch wohl kaum eine Zukunft zuerkennen konnten, [weil] mit einer Normalspur bei entsprechendem Oberbau und [...] vergrößerter Lichtraumumgrenzung die erwarteten Streckenleistungen viel einfacher erreicht werden konnten [...]. Die mündliche Aufhebung der bestehenden Restriktionen auf dem Gebiet der Konstruktion setzte Kräfte frei, die [...] in dem neuen Auftrag, wenn sie ihm innerlich vielleicht auch skeptisch gegenüberstanden, eine gewisse Rehabilitierung durch eine höchste Stelle [fanden], die kraft ihrer Machfülle selbst das Ministerium Speer zum ohnmächtigen Zusehenmüssen zwang«[172].

Über die ersten Linien des Streckennetzes gibt es unter-

Tabelle 7: Hauptabmessungen der wichtigsten Projekte zur 3. Kriegslok

Entwurf		Borsig II	DWM
Beschreibung Nr.		b)	c)
Achsfolge	-	1'E2' h3	1'F h3
Höchstgeschwindigkeit V_{gr}	km/h	80	80
Laufraddurchmesser D_v, D_h	mm	850/1000	850
Treibraddurchmesser D_R	mm	mm	1400
Fester Radsatzstand a_f	mm	4950	4590
Gesamtradsatzstand a_g	mm	13550	10850
Leermasse G_{Ll}	t	137	121
Dienstmasse G_{Ld}	t	149	135
Reibungsmasse G_{Lr}	t	139[1]	120
Größte Achsfahrmasse 2 Q	t	20	20
Zylinderdurchmesser d	mm	3x570	3x650
Kolbenhub s	mm	660	660
Kesseldruck P_k	bar	16	16
Rostfläche R	m^2	6,5	5,9
Strahlungsheizfläche H_{vs}	m^2	31,28	23,48
Rauchrohrheizfläche	m^2	110,20	104,50
Heizrohrfläche H_{Hr}	m^2	155,26	200,14
Verdampfungsheizfläche H_v	m^2	296,74	328,12
Überhitzerheizfläche $H_Ü$	m^2	110,0	106,0
Indizierte Zugkraft Z_i	kN	...	310
bei P_k-Wert	-	...	0,65

1 einschließlich Hilfsmaschine; 2 Flammrohr-Heizfläche

170 Ebenda, S. 313.

171 Siehe Anm. 101.

172 Witte, Breitspurbahn, S. 307.

schiedliche Mitteilungen. Arndt[173] nennt eine Trasse von Berlin und Warschau nach Moskau, die jedoch die Aufgabe, zur wirtschaftlichen Ausbeutung der UdSSR beizutragen, nicht hätte erfüllen können. Paquet[174] bezeichnet Rostow, München und Marseille als Stationen, die dem Gedanken vom Ersatz der Schiffsverbindung zwischen dem Schwarzen Meer und dem Mittelmeer entsprechen. Picker[175] berichtet von Strecken nach Moskau, Charkow und der Türkei, die – mit Abzweigen noch dem Ruhrgebiet und nach München – in Berlin zusammenlaufen sollen. In die neu zu errichtenden Bahnhöfe von München und Berlin waren bereits Gleise der Transkontinentalbahn eingezeichnet. Als ihren wichtigsten Zweck muß man jedoch die Verbindung des Donezgebietes mit Oberschlesien[176] und der Ruhr ansehen. Bei der RVD Kiew war 1943 ein Dezernat für die Planung der Industriebahn eingerichtet, die mit dem Vermessen der Trasse schon begann[177]. Ähnliche Widersprüche herrschten bei der Bestimmung der Spurweite, eines wesentlichen Unterscheidungsmerkmals von der vorhandenen Eisenbahn. Weil Hitler möglicherweise Spurweite und Fahrzeugbreite miteinander gleichsetzte, finden wir als Angabe erst 4,0 m (Boelcke, Kruckenberg, Paquet, Picker) und 3,5 m (Pottgießer), ehe man sich auf 3,0 m festlegte. »Es war eben nicht das technisch wirtschaftliche Ziel bei den Entscheidungen maßgebend, sondern der erwartete äußere Eindruck«[178].

173 Arndt, Superbahn, S. 307.

174 Zitiert nach Witte, Breitspurbohn, S. 296.

175 Picker [28], S. 169.

176 Boelke [8], S. 158.

177 Pottgießer [30], S. 77.

178 Witte, Breitspurbahn, S. 302.

Henschel I d)	Krauss II g)	Krupp I h)	Krupp II i)	MBA I k)	Schichau m)	WLF I p)	WLF II q)	GGL r)
1'F1' h3	1'F h3	1'E1' h3	1'F h3	1'Fh3	1'G h2	1'CC1 h4	1'CC1' h4	1'E1' h3
80	80	80	80	80	80	80	80	90
850/1250	850	850/1250	850	850	850	850	850	850/1000
1400	1400	1400	1400	1400	1400	1300 1400	1400	1500
-	(8975)	3400	5100	4590	4650	4950	4950	-
13450	13450	12350	11350	11100	11900	13500	13500	13150
119,5	109	122	124	123	133	133	131,5	124
134,5	124	137	139	135	155	144	144	137
120	114	100	120	120	140	120/125	120/125	100
20	19	20	20	20	20	20/20,8	20/20,8	20
3x600	3x600	3x570	3x600	3x630	2x650	4x530	4x530	3x600
600	660	660	660	660	660	660	660	660
16	16	16	16	20	20	16	16	16
7,0	5,25	6,3	6,3	7,0	6,0	6,2	6,2	6,3
32,0	17,3[2]	...	...	20,5	28,0	...	...	26,3
122,0	106,0	...	...	124,0	74,0	...	...	125,3
146,0	123,0	...	...	176,5	200,0	...	...	131,2
300,0	246,3	287,6	287,6	312,0	302,0	253,4	281,5	282,8
111,0	100,0	100,0	100,0	132,0	100,0	102,0	107,0	112,2
...	...	275	305	421	274	340	340	...
...	...	0,75	0,75	0,75	0,65	0,8	0,8	...

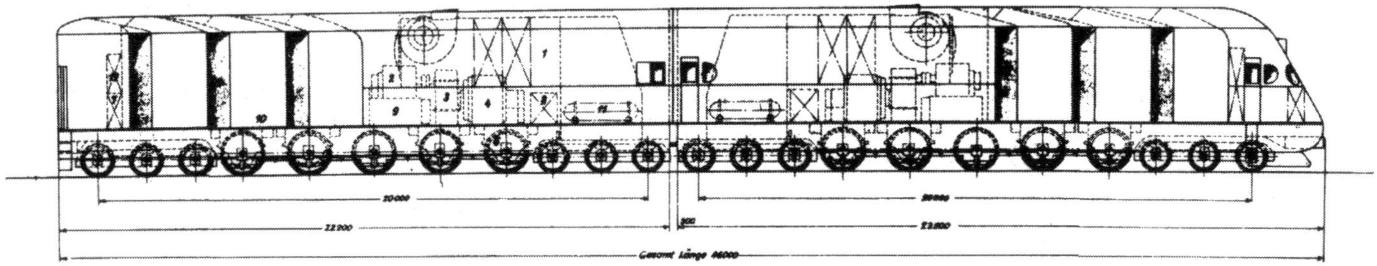

Ein Beispiel für die Lokomotiven der 3 m Breitspurbahn, entwickelt von Henschel & Sohn. Hier waren ölgefeuerte Hochdruckkessel und Dampfturbinen mit Kondensation vorgesehen, die Generatoren zum elektrischen Antrieb der Fahrmotoren bewegen sollten. Schnellzüge von 1000 t sollen mit 200 km/h Geschwindigkeit befördert werden. (Henschel-Skizze Nr. P IV 3790 vom 19. Februar 1943)

Die auf diesen Strecken üblichen Züge des Personenverkehrs sollten in acht Wagen 72 Plätze 1. Klasse, 316 Plätze 2. Klasse, 1340 Plätze 3. Klasse sowie 480 Speisewagensitze enthalten. Jeder Zug sollte 400 m lang sein, etwa 1000 t wiegen und mit 200 bis 250 km/ h fahren. Für Güterzüge waren Wagen von 240 t Gesamtmasse geplant, wovon 40 Stück eine Anhängemasse von rund 10 000 t ergeben hätten. Hier betrug die Geschwindigkeit jedoch nur 100 km/h. Auf der Grundlage dieser Anforderungen wurden für den Schnellzug als Lokomotivleistungen bis 22 700 PS, für den Güterzug bis 26 600 PS errechnet. Die 33 wichtigsten, bis Ende 1942 eingereichten Fernbahnloks – daneben wurden auch Entwürfe über Rangierloks aufgestellt – sind bei Witte skizziert, außerdem fünf Maschinen im Detail besprochen. Noch ausführlicher sind sie bei Joachimsthaler beschrieben. Als ein Beispiel dieser Fahrzeuge zeigen wir hier das Projekt einer 3' Bo 1 Bo 3' + 3' Bo 1 Bo 3' dampfturboelektrischen Lokomotive mit Ölfeuerung und Kondensation, vorgesehen für Schnellzüge von 1000 t bei 200 km/h[179]. Seine Dienstmasse betrug 465 t, die Leistung an der Kraftmaschinenkupplung 11 300 PS. Die Reichweite sollte 500 km betragen.

179 Bei Witte, Breitspurbahn, S. 300, als Skizze 26 im Schema bereits enthalten.

Die Planung der Gigantenbahn ging selbst im vierten Kriegsjahr, als die Reichsbahn auf dem vorhandenen Netz mit ständig wachsenden Schwierigkeiten konfrontiert wurde, in gewissem Umfang weiter. Schon zuvor hatte sie eingewandt, die Nachteile von zwei Bahnsystemen würden die möglichen Vorteile der Großbahn bei weitem überwiegen, und die Aufstellung von Werksentwürfen für Normalspur mit einem auf 5250 mm Höhe und 3500 mm Breite erweiterten Profil[180] befürwortet. Auch aus diesem Vorhaben soll hier ein Beispiel gezeigt werden. Doch zur gleichen Zeit schwand auch das Interesse an den Projekten zur 3. Kriegslok; der Verlauf des Krieges brachte schließlich die Konstrukteure der Transkontinentalbahn zur Besinnung.

180 Solche Konstruktionen wurden schon seit längerer Zeit immer wieder von neuem betrieben. Einige Beispiele sind Günther Wiens: Die Zukunft des Schienenwegs. – In: Organ f. d. Fortschritte des Eisenbahnwesens 98 [1942], S. 71–77; Adolf Mielich: Möglichkeiten der Weiterentwicklung des Eisenbahnwesens, vom Wagenbau aus gesehen. – In: Transit, Zeitschrift für das Verkehrswesen Europas, Juli 1944; Adolf Mielich: Möglichkeiten der Weiterentwicklung moderner Reisezugwagen. – In: Glas. Ann. 94 (1979), S. 63–72; Beuth-Aufgabe 1942: Entwurf einer Schnellbahnlok mit eigener Kraftquelle. – In: Glas. Ann. 66 (1942), S. 19–20; ferner Glas. Ann./Organ f. d. Fortschritte des Eisenbahnwesens 98 (1943), S. 210–214; Beuth-Aufgabe 1943: Regelspurige Güterwagen für erweitertes Profil. – In: Glas. Ann./Organ f. d. Fortschritte des Eisenbahnwesens 98 (1943), S. 101–102; und Band 99 (1944), S. 153–154.

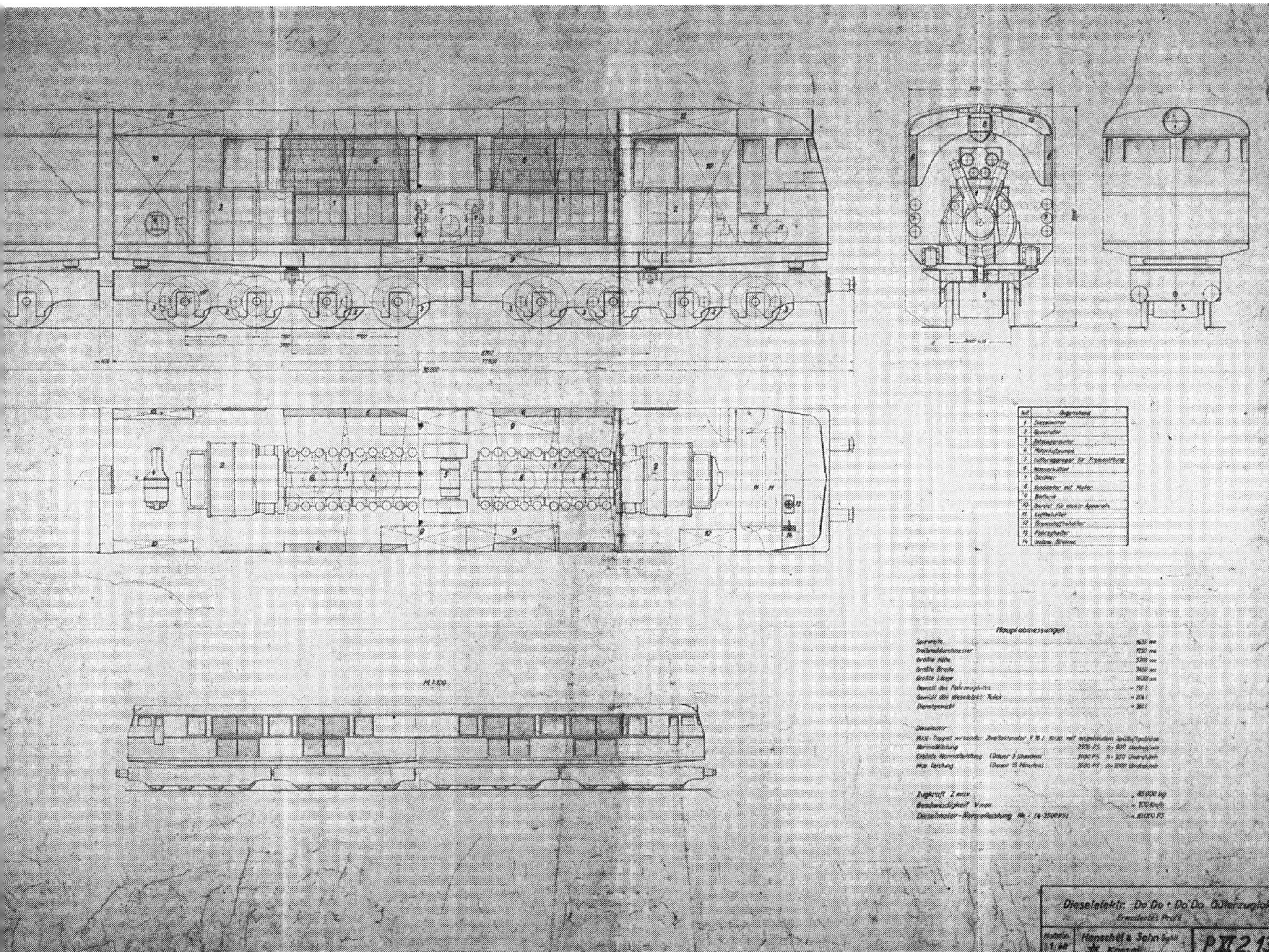

Als Gegenentwurf zur 3-m-Breitspurbahn waren die Projekte für normalspurige Großlokomotiven in »erweitertem Profil« gedacht, die 1942/43 von einigen Fabriken aufgestellt wurden. Skizze zu einer dieselelektrischen Do'Do' + Do'Do'-Güterzuglok mit viermal 2500 PS von Henschel. (Henschel-Zeichnung P XI 2.130, undatiert)

9 Lokomotivbau im letzten Kriegsjahr

Auf dem Weg zum Stillstand der Produktion

Anfang 1944 bauten bereits fünf der 16 »großdeutschen« Lokomotivfabriken keine Neubauloks mehr: Krupp, Borsig, Krauss-Maffei, Krenau und Warschau waren ausgefallen; zwei weitere stellten sich auf kriegswichtige Industrieloks um. Ein besonders wichtiges Ereignis im Frühjahr 1944 war der Beginn einer Aktion »Lok-Reparatur«, in deren Verlauf die Fabriken etwa 3000 Arbeiter an Reichsbahn- Ausbesserungswerke abgaben, um dort die Einberufungen zur Wehrmacht auszugleichen. Zur gleichen Zeit rückte die Zerstörung der im deutschen Machtbereich liegenden Transportwege in der alliierten Luftkriegsstrategie an die vorderste Stelle. Weniger die Angriffe auf die Züge selbst als der Bombenabwurf auf Bahnhöfe und Eisenbahnknotenpunkte zeigten verheerende Wirkungen[181]. Obwohl die Indexkurven der Kriegsproduktion etwa von Karabinern, Geschützen, Flugabwehrkanonen, Panzerwagen, Jagdflugzeugen und Munition bis zum III. Quartal 1944 noch anstiegen[182], waren die Sonderaktionen des Hauptausschusses Schienenfahrzeuge im April 1944 als beendet anzusehen. Die Monatskontingente für Stahl lagen zwischen 50 000 und

181 Janssen [20], S. 257; Wagenführ [44], S. 93-98.

182 Wagenführ [44], S. 92; ferner Der Spiegel: Zeitgeschichte. Hitlers Freund und Gegner Albert Speer. – Nr. 40/1966, S. 44-61 (55).

Vor dem Anheizschuppen der Lokomotivfabrik Schichau in Elbing im Mai 1944: Die Maschinen 52 685 und 686 stammen aus eigenem Auftrag, die Lokomotive 52 7535 aus einer ursprünglich der Lokfabrik Warschau zugedachten Bestellung. (Foto: H. Maey, Slg. D. Endisch)

60 000 t, so daß etwa 350 Maschinen gebaut werden konnten. Durch Luftangriffe und kriegsbedingte Ausfälle bei der BMAG (Lieferer der BR 42) sowie bei MBA und DWM (Lieferer der BR 52) wurden diese Lieferzahlen aber nicht mehr erreicht. Um die nächste Transportkrise im Herbst 1944 abzufangen, beabsichtigte der Chef des Technischen Amtes im Ministerium Speer, Saur, im Juni 1944 noch die Beförderung des Lokprogramms in eine höhere Dringlichkeit[183], so daß Einbrüche fremder Fertigungen nicht mehr möglich gewesen wären, doch ließen die sich überstürzenden militärischen Ereignisse in der Folge der alliierten Invasion eine solche Entwicklung nicht mehr zu. Deshalb wurde auch die 4. Bauserie des KDL-Programms für private Besteller, die zunächst nach Frankreich und Belgien ausgelagert worden war, zu den deutschen Firmen Borsig, Budich, Krauss-Maffei und Krupp – die keine Reichsbahn-Kriegsloks mehr zu liefern hatten – zurückübertragen. Ob auch die nach Belgien vergebenen Serien 52 8001 bis 8200 als fester Auftrag noch an die Oberschlesischen Lokwerke Krenau gelangten, ließ sich nicht mit Sicherheit feststellen. Im Herbst 1944 waren drei Viertel der Arbeiter in den Lokfabriken ausländischer Nationalität, darunter nur ein Viertel Facharbeiter. Die Wochenarbeitszeit lag bei 60 Stunden; die Verpflegung war mangelhaft. Die deutschen Gebietsverluste und der Luftkrieg waren die entscheidenden Einbruchstellen, die auch den Betrieb der Reichsbahn nachhaltig beeinträchtigten[184]. Inzwischen fehlte es nicht mehr an Lokomotiven und Wagen, aber ihr Umlauf auf den verkürzten Strecken war kaum noch planmäßig aufrechtzuerhalten. Rigorose Verkehrssperren zur Sicherung der Militärtransporte wurden ausgesprochen, obwohl jede Lockerung dieser Sperren durch den bis dahin zurückgehaltenen Verkehr einen neuen Zusammenbruch heraufbeschwor[185].

183 In einem Telegramm vom 6. Juni 1944 an die Kesselbaufirma Natorp & Eberhardt, zitiert nach HAS-Rundschreiben Nr. 38/44 vom 10. Juni 1944.

184 Wagenführ [44], S. 91–93.

185 Ebenda, S. 94; Janssen [20], S. 261-263; Müller-Hillebrand [25], S. 138.

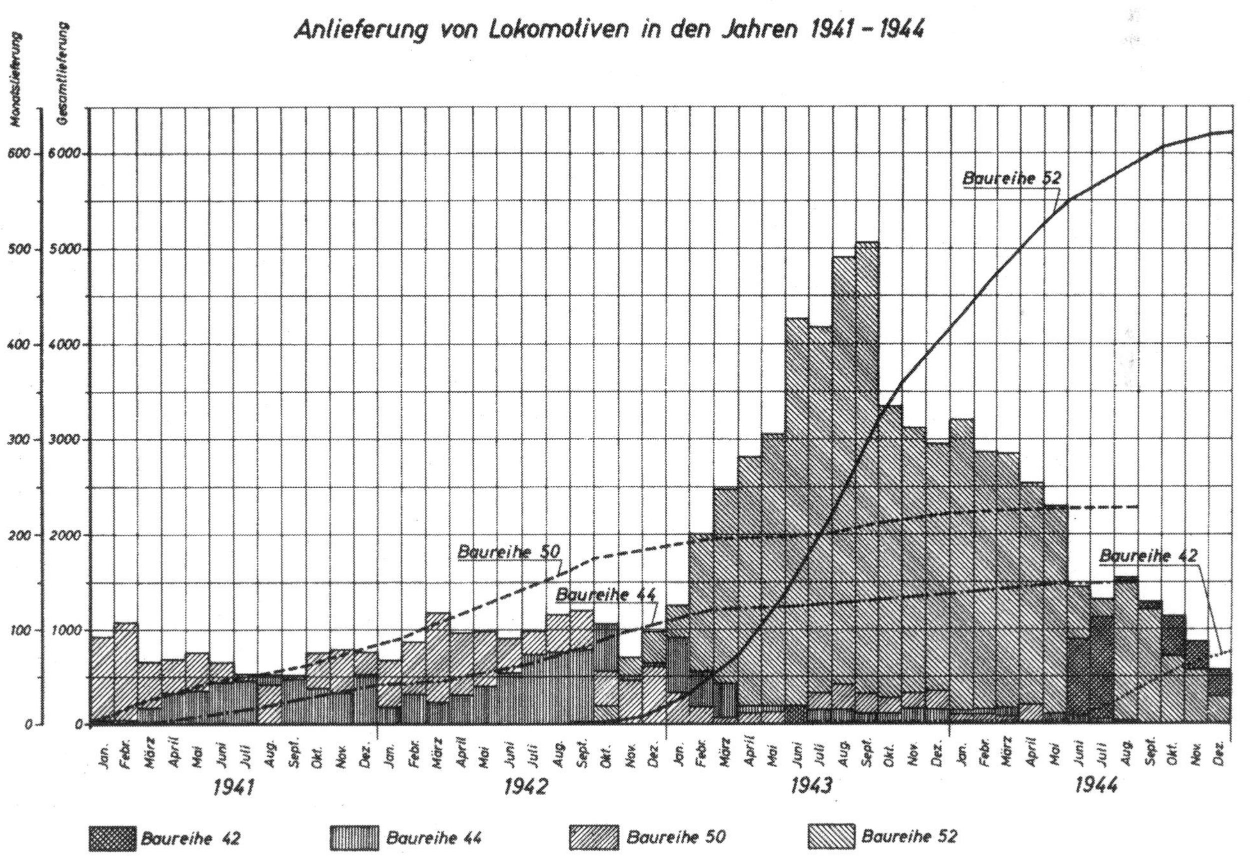

Die Anlieferung von Schlepptenderlokomotiven für die Deutsche Reichsbahn zwischen 1941 und 1944 nach einer Statistik des Reichsbahn-Zentralamts Berlin *(Skizze: Witte)*

Im Verlauf des Jahres 1944 hatte sich das Verhältnis zwischen der Reichsbahn und Degenkolb rapide verschlechtert. Dieser wollte, da nun die Reparatur von Lokomotiven im Vordergrund stand, auf Geheiß Speers in gewohnter Weise auch die Ausbesserungswerke aus der Verantwortung der Reichsbahn herausnehmen. Dazu sollte eine selbständige Ausbesserungs-GmbH von Industrie und Reichsbahn gegründet werden. Die Reichsbahn wollte ihre Ausbesserungswerke aber keinesfalls verlieren und konnte – nach gewissen Verfehlungen Gerhard Degenkolbs – erreichen, daß dieser im Juni 1944 als Leiter des Hauptausschusses Schienenfahrzeuge abgelöst wurde. Sein Nachfolger Richard Fiebig überführte im Oktober 1944 den HAS mit dem Hauptausschuß Kraftfahrzeuge in einen neuen Hauptausschuß Fahrzeuge, welcher Ende 1944 noch mit dem Hauptausschuß Panzer zusammengelegt wurde. Die Leitung des neuen Hauptausschusses Panzer und Fahrzeuge übernahm im Februar 1945 schließlich Gerd Stieler von Heidekampf aus den Henschel-Werken.

Mit dem Herbst 1944 fiel die Kurve der Lok-Auslieferung immer steiler ab. Im Rüstungsstab rief Saur: »Schafft Panzer, repariert Panzer, Lokomotiven haben wir genug!«[186] Nachdem im September 1944 die besetzten Gebiete im Westen und auch schon im Osten Europas von deutschen Truppen geräumt werden mußten, reichten die 35 000 Lokomotiven für den Betrieb allmählich besser aus. Man entschied deshalb, das Neubauprogramm nochmals drastisch einzuschränken und 16 Lokomotivfabriken in die Rüstungs-Endfertigung zu übernehmen. Die Planung sah vor, den Bau der Reihe 52 aus vorhandenen und angearbeiteten Teilen bis Ende 1944 mit 80 Loks pro Monat auslaufen zu lassen. Ab Anfang 1945 sollten nur noch Schwartzkopff und Floridsdorf jeweils 20 und Esslingen zehn Loks der Baureihe 42 als »Endprogramrn« für die Reichsbahn bauen.

Stattdessen sollten 1945 erheblich mehr Rückführ- und Betriebsloks in den Neubauwerken (Borsig, Esslingen, Henschel, Krauss-Maffei, MBA, Schwartzkopff, Floridsdorf) repariert werden. Auf diese Weise sollten auch die Arbeiter in den Lokfabriken, die nicht direkt an Rüstungsaufgaben arbeiteten, beschäftigt werden. Das Rüstungslieferungsamt sistierte daraufhin alle Bestellungen der Lokomotivfabriken bei der eisenschaffenden Industrie[187], um die Übersicht zu behalten, und verlangte für den Stahl zur BR 42 neue Anforderungen. Die organisatorische Durchführung dieser letzten Vorhaben kam allerdings Anfang 1945 kaum mehr zum Tragen; auch die BR 52 wurde noch geliefert. Im Januar 1945 meldete das Reichsbahn-Zentralamt Berlin dem Verkehrsministerium die folgenden Loks als abgeliefert[188]:

DWM/Posen	6 Loks BR 52
Esslingen	3 Loks BR 42
Henschel	3 Loks BR 52
Schichau	3 Loks BR 42
Schwartzkopff	14 Loks BR 42
Wiener Lokfabrik	11 Loks BR 42
	31 Loks BR 42
	9 Loks BR 52
Insgesamt	40 Loks

Die Industrie sah die Ablieferungen mit ihren Augen und gab für Januar und Februar 1945 zusammen 87 Loks der Reihe 52 als »gebaut« an. Die letzte Abnahmemeldung, die aus der Zeit vor der Kapitulation noch vorhanden ist, stammt vom Februar 1945[189]:

Borsig	1 Lok der BR 05[190]
Esslingen	2 Loks der BR 42
Henschel	1 Lok der BR 52
Henschel	1 Lok der BR 52 Kon
Schichau	3 Loks der BR 42
Schwartzkopff	14 Loks der BR 42
Skoda	2 Loks der BR 52
Wiener Lokfabrik	10 Loks der BR 42
	29 Loks der BR 42
	4 Loks der BR 52
	1 Lok der BR 05
Insgesamt	34 Loks

Auch nach diesem Termin lieferten noch einzelne Werke, die sich wie Henschel oder Jung im Kern des unbesetzten Deutschland befanden, einige Kriegslokomotiven aus.

Bilanz der Tätigkeit des Hauptausschusses Schienenfahrzeuge

Als Albert Speer am 27. Januar 1945 für Hitler und für seine Mitarbeiter einen letzten Rechenschaftsbericht[191] in der Gewißheit zusammenstellte, daß die deutsche Rüstung nicht mehr in der Lage sei, auch nur im entferntesten die Bedürfnisse der Front zu decken[192], gab er für den Sektor Schienenfahrzeuge die folgenden Produktionszahlen an:

186 Witte [46], S. 18.

187 Erlaß RLA/EST I/Pz Nr. 1428/44 vom 24. November 1944.

188 Persönl. Mittlg. Friedrich Wittes an den Verf.

189 Brief 6359 Y Feln des Reichsbahn-Zentralamtes Berlin vom 23. März 1945.

190 Umbau und Reparatur der 1937 gelieferten Stromlinien-Schnellfahrlokomotive 05 003, Borsig F.-Nr. 14 555.

191 Rechenschaftsbericht Speers, Nr. M 1362/45 g. Rs., zitiert noch Janssen [20], S. 325-342 (337); die gleichen Zahlen bei Boelcke [8], S. 109 und 274; Speer (36), S. 550.

192 Speer [36], S. 431.

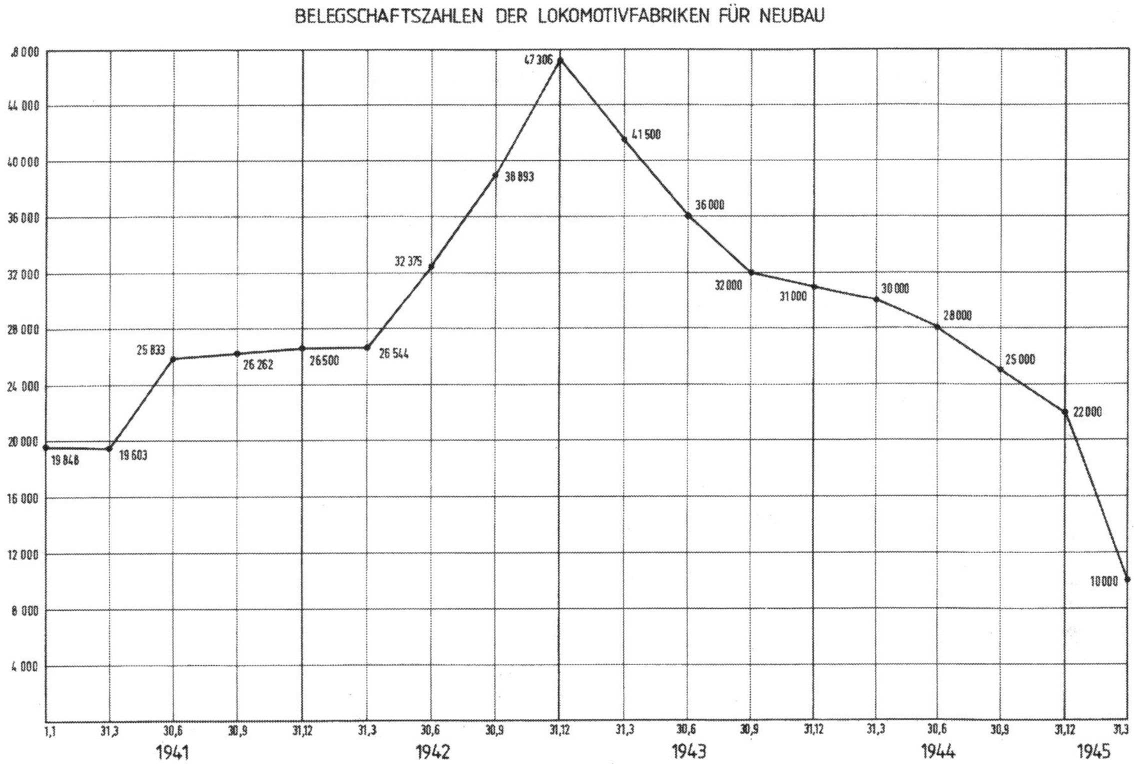

Arbeitskräfte in den »großdeutschen Lokomotivfabriken« für Neubau zwischen 1941 und 1945, dargestellt in einer Grafik des Hauptausschusses Schienenfahrzeuge. *(MVT Berlin und Steinhauser [43])*

	1940	1941	1942	1943	1944
Lokomotiven	1688	1918	2637	5243	3495
Wagen	28 200	44 845	60 892	66 263	45 189

Es handelt sich um die ihm vom Hauptausschuß gemeldeten Ziffern, die etwas über den von der Reichsbahn anerkannten Angaben liegen. Steinhauser [43] gliederte die Lieferziffern in drei Gruppen auf, erhielt jedoch niedrigere Werte:

	1941	1942	1943	1944
Dampfloks	1393	2065	4345	2982
Elloks	37	62	70	21
Industrieloks	530	322	356	280
Insgesamt	1960	2449	4771	3283

Alle von der Reichsbahn bestellten und die tatsächlich an sie gelieferten Maschinen der beiden Kriegsloktypen sowie – zum Zweck der einheitlichen Darstellung – die nach Kriegsende von deutschen Eisenbahnen abgenommenen Fahrzeuge sind in den nachfolgenden Tabellen aufgeführt, die auch Auskunft über die Lieferer, Baujahre und die im Text nicht behandelten Sonderbauarten geben sollen. Es handelt sich um die von Ing. Werner Fricke in noch größerer Ausführlichkeit veröffentlichten Zusammenstellungen, die nach dem Ausscheiden der Fabriknummern gestrafft und um die für diese Arbeit wichtigen Angaben erweitert wurden. Bei der Abkürzung der Lieferfirmen wurde das von Professor Bernhard Schmeiser entworfene System nach Josef Otto Slezak[193] zugrunde gelegt, das nicht immer mit den von der Industrie selbst verwendeten Kurznamen übereinstimmt, mit Hilfe der Firmenliste auf S. 27 aber leicht aufzulösen ist. Alle nicht besetzten Ordnungsnummern sind mit Klammern versehen und haben keine Jahresangabe erhalten. Die dort dennoch angegebenen Namen bezeichnen den vorgesehenen Erbauer oder aber den Lieferer der betreffenden Einheiten, die unter anderen Betriebsnummern eingereiht wurden. Die nach dem 8. Mai 1945 fertiggestellten Lokomotiven sind in Kursivdruck aufgeführt.

193 Josef Otto Slezak: Die Lokomotivfabriken Europas. – Wien 1962, S. 6-27.

Tabelle 8: Lieferliste der BR 52

Ordn.- Nr.	Hersteller	Jahr	Bemerkung
001	BLW	1942	Vorauslok m. Blechrahmen
002 – 006	Hen	1942	aus 50 2773 – 2777 ÜK Vers. m. gew. Fb.– Decke
007 – 075	Hen	1942	als 50 3045 – 3113 ÜK vorgesehen
076 – 085	Jung	1943	als 50 3120 – 3129 ÜK vorgesehen
086 – 123	KM	1943	als 50 3130 – 3167 ÜK vorgesehen
(124 – 143)	MBA	-	als 50 3168 – 3187 ÜK vorgesehen, 1942 als 50 3145 – 3164 UK abgeliefert
124 – 143	Hen	1948/50	Nachkriegslieferungen
144 – 240	BMAG	1943	als 50 3188 – 3284 ÜK vorgesehen
241 – 343	WLF	1942/43	als 50 3285 – 3387 ÜK vorgesehen
344 – 349	Hen	1943	als 50 3114 – 3119 ÜK vorgesehen
350 – 363	BLW	1943	
(364 – 368)	BLW	1943	als 56.511- 515 an TCDD
369 – 523	BLW	1943	
524 – 525	BLW	1944	Geschw. Blechrahmen, Knorr-Vorw.
526 – 604	BMAG	1943/44	für BLW
605 – 691	Schi	1943	für BLW
692 – 817	Hen	1944	für BLW
818 – 870	Kren	1944	für BLW
871 – 874	Essl	1944 für BLW	
(875 – 1097)	Essl	–	1945 gestrichen
875 – 892	Hen	1949/51	Nachkriegslieferungen
(893 – 894)	Hen	–	1951 als 42 9000 – 9001 geliefert
(895 – 1097)	Hen	–	storniert
1098 – 1099	Essl	1943	
1100 – 1349	DWM	1944	
1350 – 1505	Essl	1943	
(1506 – 1507)	Essl	–	1943 als 52 3638 – 3639 abgeliefert
1508 – 1522	Essl	1943	
(1523)	Essl	–	1944 als 52 3762 abgeliefert
1524	Essl	1944	
(1525)	Essl	–	1944 als 52 3763 abgeliefert
1526 – 1599	Essl	1944	
1600 – 1738	Graff	1943/44	
(1739 – 1755)	Graff	–	1945 als 150 Y 1 – 17 an SNCF
(1756 – 1849)	Graff	–	1945 gestrichen
1796	Hen	1945	II. Vergabe
1797	Hen	1945	Nachkriegsauslieferung
1798 – 1802	Hen	1945	
1803 – 1818	Hen	1945/47	Nachkriegsauslieferung
(1819 – 1849)	Hen	–	1945 gestrichen
1850 – 1986	Hen	1943/44	Kondenstend. 3‘2‘T 16

1987 – 2017	Hen	1944/45	Kondenstend. 2‘2 ,T 13,5
2018 – 2020	Hen	1945	Kondenstend. 2‘2 ,T 13,5 Nachkriegsauslieferung
2021	Hen	1945	Kondenstend. 2‘2‘T 13,5
2022 – 2027	Hen	1945/47	Kondenstend. 2‘2‘T 13,5 Nachkriegsauslieferung
(2028 – 2089)	Hen	–	1945 gestrichen, Kondenseinrichtung vorges.
2090 – 2868	Hen	1943/45	
2869	Hen	1945	Nachkriegsauslieferung
2870	Hen	1945	
2871	Hen	1945	Nachkriegsauslieferung
2872 – 2876	Hen	1945	
2877	Hen	1945	Nachkriegsauslieferung
2878 – 2887	Hen	1944/45	
2888 – 2893	Hen	1945	Nachkriegsauslieferung
(2894 – 2901)	Hen	–	1945 gestrichen
(2902 – 2941)	Hen	–	1943 als 150.1061 – 1100 an CFR
(2942 – 3099)	Hen	–	1945 gestrichen
3100 – 3320	Jung	1943/45	
3321 – 3331	Jung	1945/46	Nachkriegsauslieferung
(3332 – 3349)	Jung	–	1945 gestrichen
3350 – 3619	KM	1943	
3620 – 3623	KM	1943/54	Wellrohrfeuerbüchse
(3624)	KM	–	Bau 1945 eingestellt, Wellrohrfeuerbüchse vorgesehen
3625 – 3631	WLF	1943	für KM
3632 – 3634	DWM	1943	für KM
3635 – 3637	MBA	1943	für KM
3638 – 3639	Essl	1943	für KM
3640 – 3641	Kren	1943	für KM
3642 – 3655	WLF	1943	für KM
3656 – 3661	DWM	1943	für KM
3662 – 3667	MBA	1943	für KM
3668 – 3670	Essl	1943	für KM
3671 – 3674	Kren	1943	für KM
3675 – 3688	WLF	1943/44	für KM
3689 – 3694	DWM	1943/44	für KM
3695 – 3700	MBA	1943	für KM
3701 – 3704	Essl	1943/44	für KM
3705 – 3708	Kren	1943/44	für KM
3709 – 3722	WLF	1944	für KM
3723 – 3728	DWM	1944	für KM
3729 – 3731	MBA	1944	für KM
3732 – 3735	Essl	1944	für KM
3736 – 3739	Kren	1944	für KM
3740 – 3753	WLF	1944	für KM
3754 – 3759	DWM	1944	für KM

3760 – 3761	Essl	1944	für KM
3762 – 3763	Essl	1944	als 52 1523/1525 vorgesehen; für KM
3764 – 3767	Kren	1944	für KM
(3768)	WLF	–	1944 als 52 3879 abgeliefert
3769 – 3781	WLF	1944	für KM
3782 – 3787	DWM	1944	für KM
3788 – 3796	MBA	1944	für KM
3797 – 3800	Essl	1944	für KM
3801 – 3804	Kren	1944	für KM
3805 – 3818	WLF	1944	für KM
3819 – 3824	DWM	1944	für KM
3825 – 3833	MBA	1944	für KM
3834 – 3837	Essl	1944	für KM
3838 – 3841	Kren	1944	für KM
3842 – 3855	WLF	1944	für KM
3856 – 3861	DWM	1944	für KM
3862 – 3870	MBA	1944	für KM
3871 – 3874	Essl	1944	für KM
3875 – 3878	Kren	1944	für KM
3879	WLF	1944	als 52 3768 vorgesehen; für KM
3880 – 3887	DWM	1944	für KM
(3888 – 3891)	DWM	–	1945 von Ceg on PKP (str.)
3892 – 3900	MBA	1944	für KM
3901 – 3906	Kren	1944	für KM
(3907 – 3912)	DWM	–	1945 von Ceg on PKP
3913 – 3918	MBA	1944	für KM
3919 – 3925	Kren	1944	für KM
(3926 – 3937)	Kren	–	nicht gebaut
3938 – 3943	MBA	1944	für KM
(3944 – 3949)	MBA	–	nicht gebaut
3950 – 3961	Kren	1944	für KM
(3962 – 4044)	Kren	–	1945 gestrichen
4045 – 4049	WLF	1944	
(4050 – 4359)		–	1945 gestrichen
4360 – 4373	Kren	1944	
(4374 – 4399)	Kren	–	1945 gestrichen
4400 – 4420	Hen	1944	für BLW
(4421 – 4499)		–	1945 gestrichen
4500 – 4563	DWM	1944	(bis 4565 str.)
(4564 – 4749)		–	1945 gestrichen
4750 – 4784	MBA	1943	
4785	MBA	1943	Heinl-Mischvorwärmer
4786 – 4854	MBA	1943	
(4B55 – 4864)	MBA	–	1943 als 56.516-525 an TCDD
4865 – 4914	MBA	1943	

4915	MBA	1944	Lentz-Ventilsteuerung
4916 – 4966	MBA	1943/44	
(4967 – 4975)	MBA	–	nicht gebaut, Ventilsteuerung vorgesehen
4976 – 5057	MBA	1944	
5058 – 5074	MBA	1944	mit geschweißtem Langkessel
5075 – 5124	MBA	1944	
5125 – 5374	Kren	1943/44	
5375 – 5794	Schi	1943	
5795	Schi	1943	Heinl-Mischvorwärmer
5796 – 5874	Schi	1943/44	
5875 – 6061	BMAG	1943	
(6062 – 6063)	BMAG	–	1943 als 56.526-527 an TCDD
6064 – 6065	BMAG	1943	
(6066 – 6073)	BMAG	–	1943 als 56.528-535 an TCDD
6074 – 6434	BMAG	1943/44	
(6435 – 6624)	BMAG	–	1945 gestrichen
6625 – 6684	Skoda	1943	
6685 – 7284	WLF	1943/44	
(7285 – 7292)	WLF	–	1943 als 56.536-543 on TCDD
7293 – 7424	WLF	1943/44	
(7425 – 7434)	WLF	–	1943/44 als 56.544-553 on TCCD
7435 – 7467	Skoda	1943/44	
7468 – 7493	Skoda	1944	eingeschweißte gewindelose Stehbolzen
7494 -7527	Skoda	1944/45	
(7528 – 7534)	Skoda	–	1945 gestrichen
7535 – 7539	Schi	1944	
7540 – 7748	WLF	1944	
7749 – 7792	MBA	1944	
7793 – 7794	–	–	Umbesetzungen 1953 und 1962
(7795 – 8000)	–	–	nicht besetzt
8001 – 8200	Stendal	1960/70	Reko DR

Die vorstehende Tabelle regt dazu an, einige Ausführungen darüber anzuschließen, in welcher Stückzahl die Kriegslokomotiven nun tatsächlich von den verschiedenen Werken gebaut worden sind, und welche Summe sich daraus ergibt. Die allgemeineren Arbeiten zur Eisenbahngeschichte nennen für die BR 52 zwischen 6250 und 6400 Stück, entziehen sich jedoch einer kritischeren Betrachtung dadurch, daß in keinem Fall die jeweiligen Berechnungsgrundsätze mit veröffentlicht werden. Den folgenden detaillierten Angaben sei vorausgeschickt, daß sie sich rechnerisch aus der Lieferliste und aus den Zahlen im Text ergeben. Die dort bereits gemachten Einschränkungen bezüglich der Zuverlässigkeit von Daten aus der Kriegszeit können nicht eindringlich genug wiederholt werden: Es geht bei der Darstellung nicht um die einzelne Lokomotive, sondern um den Nachweis bestimmter Schwerpunkte und Entwicklungen innerhalb der Kriegstätigkeit der Lokfabriken[194]. In den Werkslisten sind die von Borsig und Krauss-Maffei im Sommer 1943 weitergegebenen Aufträge meistens zweifach aufgeführt, da sich sowohl diese beiden Firmen als auch die tatsächlichen Erbauer als die Lieferer betrachteten[195]. Die nachfolgende

194 Bis Kriegsende wurden etwa 6151 Maschinen der Reihe 52 an die Reichsbahn geliefert, an andere Besteller etwa 200. Nach dem Krieg wurden 380 Maschinen dieses Typs nachgebaut.
Siehe auch die Lieferzahlen bei Griebl/Wenzel [15], S. 106-116.

195 Beide Auffassungen lassen sich durch entsprechende Firmenschilder oder

Aufstellung gibt unter I. die in den einzelnen Werken vor dem 8. Mai 1945 vermutlich hergestellten Stückzahlen an; unter II. und III. sind die darin enthaltenen, für Borsig und Krauss-Maffei gebauten Einheiten, und unter IV. die nach Abzug dieser Verlagerungslokomotiven noch verbliebenen Maschinen nach der Anzahl aufgeführt (Bei Borsig und Krauss-Maffei wurden II. und III. hingegen zu I. addiert).

	I.	II.	III.	IV.
Henschel	1197	147		1050
Floridsdorf	1154		101	1053
Schwartzkopff	726	79		647
Schichau	592	87		505
MBA	466		66	400
DWM/Posen	367		53	314
Krenau	371	53	54	264
Krauss-Maffei	312		-	613
Esslingen	281	4	27	250
Jung	231			231
Borsig	172	-		542
Skoda	153			153
Graffenstaden	139			139
Insgesamt	6161			6161

Wie in der Lieferliste für die Baureihe 52 sind nachstehend alle von der Reichsbahn bestellten und an sie gelieferten Maschinen der 2. Kriegslokbauart aufgeführt, ferner die Nachkriegslieferungen und -montagen; doch nicht nur die Systematik, auch die kritischen Vorbehalte gegen jede mitgeteilte Zahl müssen bei der Lektüre übernommen werden.

Überraschenderweise waren bei allen bisherigen Versuchen der Ausarbeitung einer Lieferliste für die BR 42 die Schwierigkeiten weitaus geringer als bei der BR 52, obwohl sich das wegen der Fertigung der 2. Kriegslok in der Endphase des Krieges nicht erwarten ließ. So konzentrierte sich die Diskussion hauptsächlich auf die letzte Lieferung von Schwartzkopff, Lok 42 842 ff. (F.-Nr. 13 260 ff.), über deren Abschluß noch immer keine vollkommene Gewißheit besteht[196]. Hier wurde nunmehr dem Standpunkt von Griebl/Wenzel beigetreten und die 42 856 als letzte Maschine der BMAG angesehen. Diesen Darlegungen entsprechend ist die nächste Tabelle über die Produktion bis zum 8. Mai 1945 etwas zuverlässiger, als es die für die BR 52 gegebene Aufstellung sein kann, mit der sie direkt vergleichbar ist.

	I.	II.	III.	IV.
Schwartzkopff	304	8		296
Floridsdorf	266	26		240
Schichau	210	12		198
Esslingen	61		10	51
Henschel	2			2
Borsig	-			46
Krauss-Maffei	-			10
Insgesamt	843	46	10	843

Im Gegensatz zur ersten Ausgabe dieser Arbeit, bei der im Anschluß an die Lieferlisten noch die Nachkriegsbauten und Lokomotivexporte mit mannigfaltigen Unterschieden statistisch aufgeführt wurden, soll hier auf derartige Berechnungen verzichtet werden. Die einzelnen Gruppen von Maschinen sind im Text wohl zu gegebener Zeit erwähnt; ihre Addition zu den vorstehenden Endziffern würde diesen aber eine Bedeutung verleihen, die ihnen angesichts ihrer umstrittenen Authentizität[197] nicht zukommt.

»Einsatz und Arbeitsweise des HAS als Träger der ‚Kriegslokomotive' – außer der 52 kam die spätere 42 ja kaum noch zum Tragen – müssen letzten Endes als eine Gewaltkur angesehen werden, mit der Versäumtes nachgeholt werden sollte, an dem die DR aber nicht die Schuld trug. Das Hochpeitschen aller nur eben brauchbaren Kapazitäten für eine kurzzeitige Leistungsspitze – denn das blieb das Werk des HAS – war Folge und Beweis einer kurzsichtigen, oder deutlicher gesagt, leichtfertigen Planung der Vorkriegszeit, in der eine ausreichende kontinuierliche Erneuerung des überalterten Lokbestandes der DR versagt blieb.«[198] Dieser Beitrag zur historischen Forschung zeigt, wie gering die leitenden Beamten der Reichsbahn gegen die Versuchungen und die Forderungen eines totalitären Systems gerüstet waren. Die Vermutung, eine längerfristige Planung hätte den Lokomotivmangel und die Transportkrisen verhindern können, oder die Auffassung, mit den Vollmachten und den Kontingenten des Hauptausschusses Schienenfahrzeuge hätte auch das Reichsbahn-Zentralamt Berlin selbst die Produktionsziffern der Jahre 1942 bis 1944 erreicht, auch der darin mitsprechende Gedanke, der Krieg sei möglicherweise zu gewinnen gewesen, zeigen eine strikte Trennung zwischen der Arbeit des Technikers und seiner politischen Verantwortlichkeit. Wie Speer damals der Technokrat und Künstler war, der niemanden unmittelbar terrorisierte, aber seine brillanten Fähigkeiten in den Dienst des Terrors stell-

durch am Rahmen vorn rechts eingeschlagene Fabriknummern belegen, obwohl der Hauptausschuß die doppelte Führung und Fertigmeldung mehrfach untersagte.

196 Die in der Auflage von 1970, S. 67, angegebene Vermutung, die Serie sei bis zur 42 890 fortgesetzt worden, wird nicht aufrechterhalten. Bei der in Jerxheim verlorengegangenen Lokomotive hat es sich vermutlich um die Lok 42 980 gehandelt.

197 Zu den Stückzahlen siehe auch Griebl/Wenzel [15], S. 116-117.

198 Witte [46], S. 17.

Tabelle 9: Lieferliste der BR 42

Ordn.-Nr.	Herstr.	Jahr	Bemerkung
0001 – 0002	Hen	1943	Versuchslok mit Brotankessel
(0003 – 0500)	Hen	–	nicht gebaut; Brotankessel vorgesehen
003	Essl	1947	Nachkriegsauslieferung
001 – 003	Raw	1949	Nachkriegsauslieferung
501 – 700	BMAG	1944	
(701 – 740)	BMAG	–	nicht mehr gebaut
741 – 760	BMAG	1944	
(761 – 800)	BMAG		nicht mehr gebaut
801 – 829	BMAG	1944	
830 – 856	BMAG	1945	
(857 – 960)	BMAG	–	nicht mehr gebaut
961 – 980	BMAG	1944/45	
(981 – 1000)	BMAG	–	nicht mehr gebaut
1001 – 1085	Schi	1944	
(1086 – 1397)	Schi	–	nicht mehr gebaut
1398 – 1424	Schi	1944	
1425 – 1427	Schi	1945	
1428 – 1500	Schi	1944	
1501 – 1520	Essl	1944	
(1521 – 1580)	Essl	–	nicht mehr gebaut
1581 – 1593	Essl	1944	
1584 – 1591	Essl	1945	
1592 – 1606	Essl	1945/46	Nachkriegsauslieferung
(1607 – 1740)	Essl	–	nicht mehr gebaut
1741 – 1760	Essl	1944	
(1761 – 1790)	Essl	–	nicht mehr gebaut
1791 – 1800	Essl	1944	
1801 – 1808	BMAG	1944	für BLW 15915-15922
(1809 – 1840)	BMAG	–	nicht mehr gebaut; für BLW vorgesehen
1841 – 1852	Schi	1944	für BLW 15955-15966
(1853 – 1880)	Schi	–	nicht mehr gebaut; für BLW vorgesehen
1881 – 1906	WLF	1944	für BLW 15959-16020
(1907 – 2300)	WIF	–	nicht mehr gebaut; für BIW vorgesehen
2301 – 2400	WLF	1944	
(2401 – 2440)	WLF	–	nicht mehr gebaut
2441 – 2480	WLF	1944	
(2481 – 2500)	WLF	– nicht mehr gebaut	
2501 – 2540	WLF	1944	
(2541 – 2560)	WLF	–	nicht mehr gebaut
2561 – 2580	WLF	1944	
(2581 – 2600)	WLF	–	nicht mehr gebaut
2601 – 2640	WLF	1944	
(2641 – 2700)	WLF	–	nicht mehr gebaut
(2701 – 2772)	WLF	–	1946/50 von WLF an verschiedene Besteller
(2773 – 2800)	WLF	–	nicht mehr gebaut
2801 – 2810	Essl	1944	für KM 17389-17398

te, quasi als wertfreie Dienstleistung, haben auch die Spezialisten des RZA »im gemeinsamen Interesse loyal mitgearbeitet«[199].

Der Vorwurf, sie hätten ihr Gewissen allzu voreilig beruhigt und persönliche Konsequenzen angesichts der Übermacht des Staatsapparates zu rasch von sich geschoben, wiegt zu schwer, als daß man ihn leichtfertig erheben könnte. Vielmehr ist ihr Verhalten einzuordnen in die allgemeine Krise der bürgerlichen Demokratie im 20. Jahrhundert, in eine auf lange Entwicklungen beruhende Situation unter den deutschen Akademikern überhaupt, worin die besonderen Konflikte der spätkapitalistischen Industriegesellschaft – hierunter die Verantwortung des Technikers – unbewältigt blieben. Die Erkenntnis dieser Probleme kann und soll aber auch zur Überwindung heute drohender Gefahren beitragen, um uns vor einer Wiederholung solcher Entwicklungen zu bewahren.

199 Ebenda.

Lok 52 5548 vom Bw Dolinskaja liegt neben dem Gleis. 52 2263 passiert mit einem schweren Güterzug die entgleiste Lok. Vermutlich entstand die Aufnahme im Herbst 1943. *Foto: Hollnagel, Sammlung Reinhard Schulz*

Lok 52 6176 wurde im September 1943 von der BMAG an die DRB ausgeliefert und von dieser an die Rumänische Staatbahn verliehen. Die Maschine gehörte 1944 zum Bw Bobrinskaja, als im Bahnhofsgelände vermutlich Minen bei der Überfahrt explodierten. *Foto: Hollnagel, Sammlung Reinhard Schulz*

Die entgleiste 52 6037 besaß statt der eingesparten großen Windleitbleche hölzerne Windleitvorrichtungen. Vorn im Bild ist eine hydraulische Pumpe für das »Deutschland«-Hebegerät gut zu erkennen, mit dessen Hilfe die Lok wieder eingegleist wird. *Foto: Korte, Sammlung Reinhard Schulz*

»Vor einem Bw im Osten« lautete der Pressetext für dieses Foto, auf dem gleich drei 52er zu sehen sind. Bei 52 2200 erkennt man am Steifrahmentender aufgeschraubte Frostschutzplatten. Der Schornsteindeckel bei der Maschine links dient ebenfalls dem Frostschutz.
Foto: W. Steiner, Sammlung Reinhard Schulz

Betriebsaufnahmen von den für Abdampfkondensation eingerichteten Henschel-Loks 52 1850 – 2027 gibt es nur wenige: 52 1893 des Bw Nikolajew wartet auf Ausfahrt.
Foto: Hollnagel, Sammlung Reinhard Schulz

10 Die deutschen Kriegslokomotiven nach 1945

Die Lage der Lokomotivfabriken im Mai 1945

Am 8. Mai 1945, dem Tag der bedingungslosen Kapitulation des Deutschen Reiches, befanden sich die Lokomotivfabriken in der folgenden Situation: Bei Krupp und Maschinenbau-Bahnbedarf lag die Produktion aufgrund von Bombenengriffen still, Borsig und Krauss-Maffei hatten sie seit der Umstellung auf Reparaturen auch nicht wieder aufgenommen. Mit der Abwicklung der letzten Serien der BR 52 waren noch fünf Werke beschäftigt. So lief etwa bei Jung die Serie 52 3321 ff. gerade an. Bei Henschel handelte es sich um das Baulos ab Lok 52 2836 und um die Kondensloks, außerdem um die 52 1796 ff. als Ersatz für ausgefallene Lieferungen Graffenstadens. Dieses Werk, das nun wieder französisches Eigentum wurde, hatte noch die Loks 52 1739 bis 1755 in den Werkhallen. Bei den tschechoslowakischen Skodawerken lagerten Teile für die Loks 52 7528 bis 7534, die aber nicht mehr fertiggestellt wurden. Demgegenüber wurde von der in polnischen Besitz zurückgelangten Fabrik DWM/Posen, die wieder ihren alten Namen H. Cegielski annahm, die Lieferung der Reihe 52 4566 ff. für die Polnischen Staatsbahnen fortgesetzt. Die Oberschlesischen Lokwerke Krenau befanden sich gerade in der Umstellung von der BR 52 zur 2. Kriegslok, weil der Reichsbahn die Lieferzahlen dieses Typs zu niedrig erschienen waren und sie dort noch 150 Maschinen bestellt hatte. Sie sollen noch einige leichte Kriegsloks an Polen geliefert haben, nahmen sodann aber den Bau der BR 42 für die PKP auf. Von diesem Typ besaßen auch die Firmen Schwartzkopff und Floridsdorf noch beachtliche Bestände angearbeiteter Loks in Serien zu jeweils 20 Stück. In Wien bereitete man den Bau der 42 2701 bis 2720 vor. Über den Abschluß der Fertigung in Wildau besteht noch keine rechte Klarheit, weil das Werk zwischen den Losen 42 821 bis 840 und 42 841 bis 860 erst noch die Serie 42 961 bis 980 herausbrachte. Das letzte Baulos ist vermutlich bei 42 856 abgebrochen worden.[200] Bei Esslingen war das Los 42 1581 bis 1600 zur Hälfte abgewickelt. Die Produktion der Kriegslokomotiven war während der ganzen Jahre ab 1942 von den Alliierten sorgfältig beobachtet worden. Die deutsche Propaganda hatte auch deshalb versucht, wie etwa die Seddiner Filmaufnahmen und Artikel in der Presse[201] zeigen, bei ihnen die großen Stückzahlen sowie die betrieblichen Vorzüge der Maschinen immer wieder hervorzuheben. Aus diesem Grund hatte die amerikanische Armee bei ihrer Feindaufklärung eine besondere Einheit (Transportation Corps Enemy Equipment Intelligence Service Team) aufgestellt, um in Deutschland sofort nach Kriegsende möglichst viele Fahrzeuge und Konstruktionsunterlagen zu sammeln, die für das militärische und zivile Eisenbahnwesen der USA von Bedeutung zu sein versprachen. Neben der Dampfmotorlok 19 1001 und einem Schnelltriebwagen vom Typ Köln gehörten hierzu die drei Kriegslokomotiven 42 1597 (Esslingen 1945), 52 2006 Kon (Henschel 1944) und 52 3674 (Krenau für Krauss-Maffei 1943), außerdem eine Halbtender-Feldbahnlok HF 110 C (Jung 1944) und die Rangierlok 21 339 (Orenstein & Koppel 1939), Typ WR 360 C 14, aus Beständen der Wehrmacht. Sie wurden 1945/46 nach den USA verschifft, im Bundesstaat Virginia mehrfach ausgestellt – Einzelteile wurden der Industrie zu Versuchen überlassen – und 1951 verschrottet[202].

200 Siehe Anm. 196.

201 Als Beispiele seien genannt Zeitschrift Deutschland Heft 7/1943; Signal (russisch), Heft 8/43; Signal (deutsch), Heft 8/43; Berliner Illustrierte Zeitung, Hefte 32/1943 und 49/1943.

202 Siehe Deutsche Lokomotiven in den USA. – In: LOK-MAGAZIN 27 (1967). S. 39–42.

Die deutsche Nachkriegsproduktion der Baureihe 52

Wegen der großen Bedeutung des Schienenverkehrs im Zweiten Weltkrieg besaßen auch die Alliierten Armeen[203] Feldeisenbahntruppen, die nach der deutschen Kapitulation teilweise in den Lokomotivfabriken und Reichsbahn-Ausbesserungswerken ihr Quartier bezogen. Bei der Industrie stellten sie nun fest, daß sich dort noch einige Loks in sehr weit fortgeschrittenem Bauzustand befanden und mit geringem Aufwand komplettiert werden konnten; auch lagerten dort noch größere Bestände vormontierter Großteile zusammen mit Material aus Zuliefererbetrieben. Sobald ihm eine Meldung über den Sachverhalt zuging, ordnete das Oberkommando der US-Feldeisenbahnen in Europa den Weiterbau und die Indienststellung der bereits angearbeiteten Einheiten unter Mitwirkung der Besatzungsmacht an. So trugen die in Kassel noch gebauten Kriegslokomotiven außer dem üblichen Firmenschild von Henschel an der Rauchkammer hinter dem Windleitblech auch eine Fabrikplatte des 757. Railway Shop Batailion, das am 6. Mai 1945 von Cherbourg angerückt war. Die Tabelle 10 gibt die wichtigsten Daten der nach der Kapitulation abgelieferten Loks der BR 52 an. Hier ist besonders bemerkenswert, daß der Mangel an Radsätzen und Lagern durch Entnahme aus am Kessel beschädigten Lokomotiven behoben wurde.

Die Reihenfolge der Fabriknummern aus zwei aufeinanderfolgenden Serien und der Bauserie 52 Kon zeigt, daß einzelne Maschinen daraus erst wenige Tage vor der Besetzung des Kasseler Werks ausgeliefert worden waren. Danach wurde mit F.-Nr. 27 356/1947 ein Ersatzkessel für die 52 2004 geliefert; es folgten die 29 im Unterabschnitt »Kondenslokomotiven« genannten Kondenstender 2'2'T 13,5 Kon mit F.-Nr. 27 357-385/1946 – 49. Die zweite Serie, die bis 52 1818 (F.-Nr. 28 273) reichte, wurde mit einem stationären Ersatzkessel (28 274) vom Typ der BR 52 sowie zwei Maschinen dieses Typs für die Roddergruben-Bahn der Rheinischen Braunkohlewerke fortgesetzt[204]. Hierauf folgte die Nachkriegslieferung 52 124 (28 277), die im folgenden Abschnitt näher beschrieben ist.

Zur gleichen Zeit lieferte die Lokfabrik Jung auf Anweisung des EZA Göttingen noch elf an die während des Krieges gebauten Loks 52 3100 – 3320 (F.-Nr. 11 111–331) sich anschließende Maschinen mit den Betriebsnummern 52 3321 – 3331. Ihr Stückpreis betrug ohne Radsätze und Rollenlager jeweils 139 110 RM. Sie gingen an die Südwestdeutschen Eisenbahnen (SWDE) in Speyer, die sie beim Bw Worms (52 3323–3325, 3327) und beim Bw Betzdorf (52 3330) einsetzten[205], die restlichen Loks im Saarland[206]. Nachdem Jung am 21. November 1946 mit der 52 3331 die letzte Einheit dieser Serie abgegeben hatte, übernahm das Werk die planmäßige Unterhaltung der Reihen 42, 50 und 52 bis zum Jahre 1949 als Privat-Ausbesserungswerk (PAW), hier als Abteilung des AW Betzdorf[207].

Während jedoch die genannten Lokomotiven nicht von den vorher gelieferten Kriegslok-Ausführungen abwichen und deshalb hier als Nachkriegsauslieferungen bezeichnet werden sollen, handelt es sich bei den nachstehend beschriebenen 40 Einheiten um Lokomotiven, die erst nach neuerlichem Auftrag der Eisenbahn-Generaldirektion über das EZA Göttingen hergestellt wurden. Dieser Auftrag war die Folge eines Entschlusses der Bahnverwaltung, weitere bei den Firmen lagernde Großteile (halbfertige Rahmen und Kesselteile) doch nicht zur Ausbesserung im Kriege beschädigter Lokomotiven zu übernehmen, sondern wirtschaftlicher daraus neue Maschinen herstellen zu lassen. Erst diese sollen deshalb als Nachkriegslieferungen benannt werden.

Bei der Auftragsvergabe an Henschel nahm das EZA die Möglichkeit wahr, zahlreiche der nach den Erfahrungen der Vorkriegs- und Kriegszeit inzwischen entwickelten Bauteile, die für die Neubaureihen in Erwägung gezogen worden waren, versuchsweise anzuwenden. Daneben war man bestrebt, die fertigungstechnischen Mängel der Kriegslieferungen im Interesse einer längeren Lebensdauer der 40 Maschinen zu beseitigen. So kamen zum Beispiel eine vereinfachte Feuertür, der Druckausgleichs-Kolbenschieber Bauart Müller, Bodenring-Queranker, verschiedene Stehbolzentypen und -anordnungen sowie eine gegenüber den Regelausführungen wesentlich verbesserte Oberflächenbearbeitung zur Anwendung. Der Heißdampfregler wurde an der Lok 52 878 erprobt. Eine Lokomotive wurde mit einem Musterführerstand für die neuen Baureihen der späteren DB ausgestattet und erhielt deshalb ein Lüftungsgebläse, Drahtglas-Oberlicht, federnde Polstersitze, Klapptische, Klarsichtscheiben vorn usw. Für die Lokomotiven 52 891 und 692 wird der vorübergehende Einbau von Kylchap-Blasrohranlagen angegeben[208]. Außerdem wurden mehrere Vorwärmerbauarten und -systeme verglichen, um die be-

203 Vgl. Carl R. Gray jr.: Railroading in Eighteen Countries – New York 1955; O. S. Nock [26]; Ron Ziel: Steels Rails to Victory. – New York 1970.

204 Die 1947 abgegebenen Loks erhielten die Nummern 30 und 31 und wurden auf der Grubenanschlußbahn Ville eingesetzt. Die Maschinen wurden in eigenen Werkstätten der Gesellschaft unterhalten und jeweils von der DB abgenommen. Im August 1961 wurde die Lok 31, im Dezember 1963 die Lok 30 verschrottet.

205 Beheimatungen bis zur Ausmusterung aller Loks am 18. Oktober 1954 unverändert.

206 Bw Sbr.-Schleifmühle bis Dezember 1947, Bw Sbr.–Vbf bis Dezember 1948, Bw Homburg (S) bis zur Ausmusterung. Siehe auch die Aufstellung im Abschnitt: »Die Kriegslokomotiven im Einsatz bei der Deutschen Bundesbahn.«

207 Über den Umfang der Privatausbesserungen im Südwestbereich vgl. Hansjürgen Wenzel: Die Südwestdeutschen Eisenbahnen in der französischen Zone (SWDE). Herausgegeben von Gustav Röhr. – Krefeld 1971, passim.

208 Friedrich Flemming: Die Fortentwicklung der Dampflokomotiven bei der DB. – In: Die Bundesbahn 25 (1951), S. 354.

züglich Erhöhung des Wirkungsgrades, Vergrößerung des Aktionsradius und Verringerung des Kesselsteinansatzes wirksamste Kombination von Vorwärmer und Speisepumpe zu finden:

52 124–127 F.-Nr. 28 277–280/1948 ohne Vorwärmer[209]
52 128 F.-Nr. 28 281/1946 Knorr-Oberflächenvorwärmer[209]
52 129–132 F.-Nr. 28 282–285/1949 Henschel MVR mit Turbopumpe VTP-B 18 000
52 133 F.-Nr. 28 286/1949 Henschel MVR mit Kolbenpumpe KT 1 und Heber
52 134–135 F.-Nr. 28 287–288/1950 Henschel MVR mit Turbopumpe TP6 18 000 und Heber
52 136–137 F.-Nr. 28 289–290/1950 wie 52 129–132
52 138 F.-Nr. 26 291/1950 Henschel-Dreitrommel-WVR mit Turbopumpe VTP-B 18 000
52 139–143 F.-Nr. 28 292–296/1950 wie 52 129–132
52 875–890 F.-Nr. 26 297–312/1950 wie 52 129–132
52 891–892 F.-Nr. 28 315–316/1951 Heinl-MVR mit Heinl-Kolbenpumpe V 10
52 (893–894) F.-Nr. 28 313–314/1951 Franco-Crosti-Vorwärmer später 42 9000–9001

Obgleich die Maschinen auf der Basis der Kriegsloks entstanden waren, übertrafen sie die Leistungen der BR 50 durch ihren Mischvorwärmer. Bei Rückgewinnung von 15 Prozent Kesselspeisewasser und großer Kesselschonung ließen sich ungefähr 10 Prozent Kohlenersparnis oder Leistungssteigerung erzielen. Während der Meßfahrten beim Lok-Versuchsamt mit den Lokomotiven 52 129, 52 128, 52 875 und 52 692 gelang es allerdings nur ganz allmählich, die Aschkastenprobleme über dem Blechrahmen durch Schaffung größerer seitlicher Luftöffnungen zu bewältigen. An der 52 875 wurden erstmals Seiten-Luftlappen angebracht und die Saugzuganlage neu abgestimmt. Anläßlich der Entwicklung neuer Theorien über die Ermittlung des Kohleverbrauchs aus dem ZV-Diagramm wurde sie genauen Messungen unterzogen, die außer in den üblichen Versuchsberichten auch in einer ausführlichen Veröffentlichung[210] ihren Niederschlag fanden. Unter diesen 40 Maschinen können die beiden letzten Lokomotiven besonderes Interesse für sich beanspruchen: Ausgehend von den günstigen Versuchsergebnissen, welche die Italienischen Staatsbahnen mit dem Einbau von Abgas-Speisewasservorwärmern in ihre Lokomotiven erzielt hatte, stellte auch die DB angesichts der seit Kriegsende stark angestiegenen Kohlenpreise am 13. Januar 1951 und 6. Februar 1951 zwei mit Franco-Crosti-Kesseln ausgerüstete Güterzuglokomotiven in Dienst. Dazu waren die beiden aus der bei Henschel noch laufenden Serie entnommenen Maschinen 52 893 und 894 (F.-Nr. 28 313/4) unter persönlicher Beteiligung von Professor Piero Crosti umgestaltet worden. Der Abgasvorwärmer stellte in der Praxis die Nachschaltung einer weiteren Kesselheizfläche hinter den eigentlichen Lokomotivkessel dar, die in zwei nach hinten leicht geneigten Vorwärmertrommeln seitlich unter dem Langkessel angebracht war. Dazu wurde die Kesselmitte auf 3300 mm über SO angehoben. Da sich aber beim Regelkessel nach

209 Diese Lokomotiven kosteten ohne Tenderradsätze 160 755 (RM). Der spätere Einbau von Mischvorwärmern war vorgesehen, wurde aber nicht mehr durchgeführt.

210 Carl Theodor Müller: Meßwagenversuche mit einem Franco-Crosti-Vorwärmer. – In: ETR 2 (1953), S. 137; Friedrich Witte: Zwei Franco-Crosti-Lokomotiven für die DB. – In: Glas. Ann. 75 (1951), S. 55; ders.: Lokomotive 50 1412 mit Franco-Crosti-Kessel. – In: Glas. Ann. 19 (1955), S. 262.

Die Nachkriegslieferung von Henschel für die DB: Lok 52 134 mit Henschel Mischvorwärmer MVR. (Werkfoto)

Tabelle 10: Nachkriegsauslieferungen der Reihe 52 in den Westzonen

Lok-Nr.	Fabrik-Nr.	Abgenommen		Geliefert an	Preis in RM
		am	vom RAW		
Lokomotivfabrik Henschel & Sohn, Kassel					
52 1797[1]	28 252	14.11.45	Kassel	US-Zone	127 585
52 1803[2]	28 258	5.11.45	Kassel	US-Zone	147 885
52 1804[1]	28 259	17. 9.45	Kassel	US-Zone	127 585
52 1805[2]	28 260	8.12.45	Göttingen	Br. Zone	147 885
52 1806[2]	28 261	8.12.45	Göttingen	Br. Zone	147 885
52 1807[2]	28 262	21.12.45	Göttingen	Br. Zone	147 885
52 1808[2]	28 263	(ohne)	(ohne)	Fr. Zone	147 885
52 1809[2]	28 264	18.12.45	Göttingen	Br. Zone	147 885
52 1810[2]	28 265	19.1.46	Göttingen	Br. Zone	147 885
52 1811[2]	28 266	2.2.46	Göttingen	Br. Zone	147 885
52 1812[2]	28 267	1.3.46	Göttingen	Br. Zone	147 885
52 1813[2]	28 268	25.3.46	Göttingen	Br. Zone	147 885
52 1814[2]	28 269	1.4.46	Göttingen	Br. Zone	147 885
52 1815[2]	28 270	16.4.46	Göttingen	Br. Zone	147 885
52 1816[2]	28 271	25.4.46	Göttingen	Br. Zone	147 885
52 1817[2]	28 272	16.11.46	Göttingen	Br. Zone	147885
52 1818[2]	28 273	6.1.47	Göttingen	Br. Zone	147 885
52 2018[2]	27 346	28.9.45	Kassel	US-Zone	272 750
52 2019[2]	27 347	19.5.45	Kassel	US-Zone	272 750
52 2020[2]	27 348	18.9.45	Kassel	US-Zone	272 750
52 2022[2]	27 350	16.10.45	Kassel	US-Zone	272 750
52 2023[2]	27 351	(ohne)	(ohne)	US-Zone	272 585
52 2024[2]	27 352	2.10.45	Kassel	US-Zone	272 585
52 2025[2]	57 353	16.10.45	Kassel	US-Zone	272 585
52 2026[2]	27 354	9.7.47	Göttingen	RBD Kassel	254 152
52 2027[2]	27 355	11.7.47	Göttingen	RBD Kassel	254 152
52 2869[2]	28 226	(ohne)	(ohne)	US-Zone	147 885
52 2871[2]	28 228	22.9.45	Kassel	US-Zone	147 885
52 2877[1]	28 234	25.10.45	Kassel	US-Zone	127 585
52 2888[2]	28 245	9.2.46	Kassel	US-Zone	147 885
52 2889[2]	28 246	22.1.46	Kassel	US-Zone	147 885
52 2890[2]	28 247	7.6.46	Kassel	US-Zone	147 885
52 2891[2]	28 248	(ohne)	(ohne)	US-Zone	147 885
52 2892[2]	28 249	27.3.46	Kassel	US-Zone	147 885
52 2893[2]	28 250	25.7.46	Kassel	US-Zone	147 885
Lokomotivfabrik Arn. Jung, Jungenthal					
52 3321	11 332	(ohne Abnahme	an ED Saarbrücken)		
52 3322	11 333	(ohne Abnahme	an ED Saarbrücken)		
52 3323	11 334	5.2.46	Nied	ED Mainz	
52 3324	11 335	4.5.46	Nied	ED Mainz	
52 3325	11 336	24.5.46	Nied	ED Moinz	
52 3326	11 337	(ohne Abnahme	an ED Saarbrücken)		
52 3327	11 338	29.6.46	Nied	ED Mainz	
52 3323	11 339	(ohne Abnahme	an ED Saarbrücken)		
52 3329	11 340	(ohne Abnahme	an ED Saarbrücken)		
52 3330	11 341	30.9.46	Nied	ED Mainz	
52 3331	11 342	(ohne Abnahme	an ED Saarbrücken)		

1 Ohne Tender und ohne Radsätze 2 Ohne Radsätze und ohne Rollenlager

Bei den nach Kriegsende noch gebauten Maschinen der Baureihe 52 unternahm die Bundesbahn Versuche mit zahlreichen Vorwärmertypen, um für ihre Neubaulokomotiven die günstigste Bauart zu ermitteln. Als ein Beispiel für viele kann die Lokomotive 52 138 von Henschel & Sohn gelten, die im Mai 1949 als Fabriknummer 28 291 geliefert wurde. Sie war mit dem Henschel-Dreitrommel-Mischvorwärmer und der Turbopumpe VTP-B 18 000 bestückt. Diese Lokomotive gehörte zu den letzten der Baureihe 52, die 1963 von der Bundesbahn außer Dienst gestellt wurden. (Werkfoto)

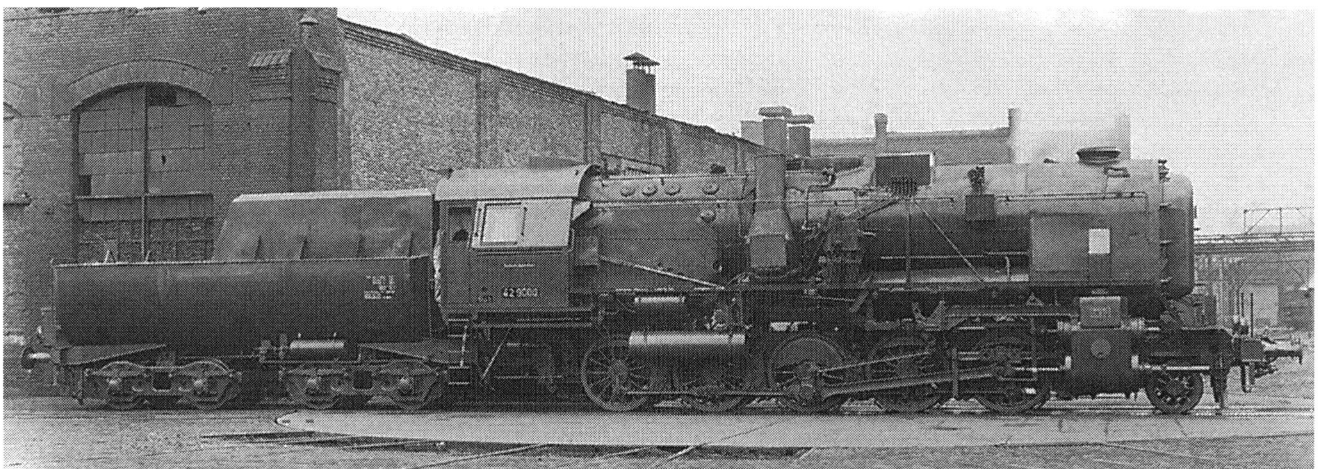

Eine besonders auffällige Variante der Kriegslok bildeten die beiden mit Franco-Crosti-Vorwärmer ausgestatteten Maschinen. Dazu wurden die bei Henschel nach Kriegsende noch vorhandenen Lokomotiven 52 893 und 52 894 im Auftrag der Bundesbahn mit zwei Vorwärmertrommeln unter dem Hauptkessel ausgerüstet, durch die die Abgase zu den beiden seitlichen Schornsteinen geleitet wurden. Weil die Lokomotiven dadurch auf 17 t Achsfahrmasse kamen, wurden sie als 42 9000 und 42 9001 in den Nummernplan der schweren Kriegslok eingeordnet. Sie standen bis 1959 im Betrieb. (Werkfoto)

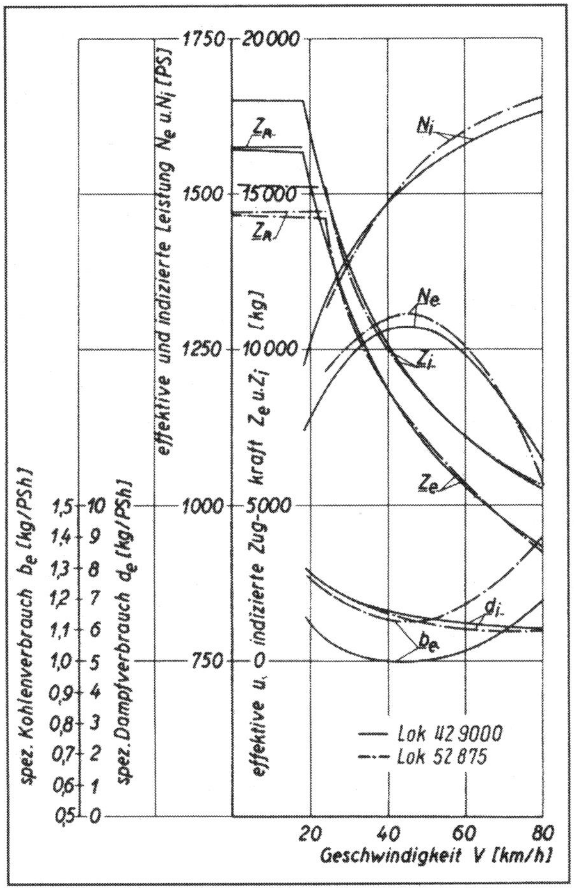

Leistungscharakteristik der beiden Lokomotiven 42 9000 (Franco-Crosti-Vorwärmer) und 52 875 (Mischvorwärmer) bei gleicher Dampfleistung Dges = 10 120 kg/h. (Aus ETR 1953, S. 137)

weitgehender Ausnutzung der Rauchgase in den Heizrohren usw. ein zu geringes Temperaturgefälle für die Verwendung im Vorwärmer ergab, verschob Crosti dieses Gefälle in Richtung auf dessen Heizfläche. Da der neue Kessel nur noch die reine Verdampfungsarbeit zu leisten haben sollte, erhielt er statt der bisherigen 177,33 m^2 nur noch 121,22 m^2 Verdampfungsheizflache. In der Rauchkammer ergab sich hierdurch eine wesentlich höhere Gastemperatur von bis zu 420 °C, die nun auf den 128,96 m^2 Vorwärmerheizfläche bei Dges = 13 t/h auf etwa 160-170 °C verringert wurde[211]. Die große Vorwärmerheizfläche verursachte wegen ihrer geringen spezifischen Leistung allerdings, daß die Leermasse von 75,9 t auf 87,6 t und die Dienstmasse von 84,0 t auf 98,7 t gegenüber der Blechrahmen-52 anstiegen, so daß die beiden Loks wegen ihrer nun höheren mittleren Kuppelachsfahrmasse von 17,6 t als 42 9000 und 42 9001 in das Nummernsystem der 2. Kriegslok eingereiht wurden.

Bei 121,22 m^2 + 128,96 m^2 = 250,18 m^2 Gesamtkesselheizfläche konnte die Dampfleistung mühelos von 10 t/h (BR 50/52) auf 12 bis 13 t/h gesteigert werden. Die auf die gesamte Heizfläche bezogene maximale Verdampfungsleistung zur entsprechenden Erzeugung von 10 120 kg/h Dampf (bei BR 50/52 die Grenzlast b_H = 57 kg/m^{2}h) betrug nur noch 47 kg/m^{2}h. Besonders wirtschaftlich arbeitete die Maschine, wenn sie stärker belastet wurde. Als Gesamtwirkungsgrad für die Reihe 42^{90} wurden 9,70 Prozent genannt; für die Reihe 52 mit Mischvorwärmer waren es 8,65 Prozent.

Die beiden Lokomotiven haben sich wegen ihrer hohen Überhitzung (bei D_{ges} = 13 t/h um 415 °C) und Verdampfungswilligkeit als recht beliebt erwiesen; ernstere Mängel ergaben sich nach einiger Betriebszeit daraus, daß die bereits stark abgekühlten Rauchgase sich noch in der Maschine niederschlugen und Säuren bildeten, wodurch die Schornsteine und Rauchkammern korrodierten. Ersatzteile aus Chromstahlblech mußten eingebaut werden.

Nach Abschluß der Versuchsfahrten mit der 42 9000 wurden die beiden Lokomotiven dem Bw Bingerbrück zugeteilt und in den Plänen der dortigen 52er auf der Rheinstrecke zwischen dem Ruhrgebiet und der Oberrheinischen Tiefebene wie die Maschinen des Bw Wedau eingesetzt. Die Franco-Crosti-Bauart wurde weiterentwickelt und ab 1958/59 in 31 Exemplaren der westdeutschen Baureihe 50^{40} serienmäßig angewandt. Mit der Beheimatung von elf Loks der BR 50^{40} in Bingerbrück wurden die beiden ersten deutschen Franco-Crosti-Lokomotiven im Mai 1958 zum Bw Oberlahnstein umstationiert, wo sie als Splittergattung von der BD Mainz am 23. Juli 1959 (42 9000) und am 10. Oktober 1959 (mit Verfügung der HVB vom 20. Juli 1959 und 30. September 1960) ausgemustert worden sind.

Schließlich soll noch auf einen Vorschlag aus der Nachkriegszeit hingewiesen werden, nach dem Loks der BR 52 probeweise auf Turbinenantrieb umgebaut werden sollten. Es handelt sich um Untersuchungen der Ingenieurgruppe Kanis mit Professor Röder von der TH Hannover aus dem Jahre 1947, wonach mit erheblichen Kohlenersparnissen zu rechnen war. Die Entwürfe behandelten sowohl Auspuff- als auch Kondensationsbetrieb (mit Henschel-Kondenstender), sind aber nicht mehr zur Ausführung gekommen. Dennoch bildeten sie die Grundlage für spätere Diskussionen um eine Schnellzug-BR 10 mit Turbinenantrieb (Mitteilung Friedrich Witte).

211 Carl Theodor Müller: Meßwagenversuche mit einem Franco-Crosti-Vorwärmer. – In: ETR 2 (1953), S. 137; Friedrich Witte: Zwei Franco-Crosti-Lokomotiven für die DB. – In: Glas. Ann. 75 (1951), S. 55; ders.: Lokomotive 50 1412 mit Franco-Crosti-Kessel. – In: Glas. Ann. 19 (1955), S. 262.

10

Die Nachkriegsproduktion der Baureihe 42

In den nunmehrigen deutschen Westzonen war bis Kriegsende lediglich die Maschinenfabrik Esslingen Lieferer der BR 42 gewesen. Sie hatte zwischen Sommer 1944 und Mai 1945 in teilweise sehr verworfenen Serien 71 Maschinen gebaut. Zum Zeitpunkt der Besetzung hatte die elfte Lokomotive der Serie 4932 ff., die 42 1591, bereits das Werk verlassen, so daß nach Auftrag durch die 704th Railway Grand Division die Maschine 42 1592 im Juni 1945 zur ersten Nachkriegsauslieferung wurde. Sie und die bis zum Jahresende noch folgenden zehn Loks wurden ohne Radsätze zum Stückpreis von 142 000 RM abgegeben. Die vier im Jahre 1946 ohne Tender und ohne Radsätze gelieferten Loks bis zur Betriebsnummer 42 1606 kosteten nur 130 000 RM. Dann übernahm das EZA Göttingen wieder die Auftragsvergabe; es mußte für die 42 003 ohne Radsätze jetzt 195 140 RM aufwenden.
1948 wurden drei Ersatzkessel der BR 42 für das RAW Frankfurt-Nied gefertigt. Die Nachkriegsauslieferungen wurden im süddeutschen Bereich als 42 1592 – 42 1606 und 42 003 in Betrieb genommen. 42 1595 und 42 1598 kamen zur RBD (ED) Frankfurt (Main). 42 1606 zu den Saarbahnen und 42 003 zunächst zur RBD (ED) Nürnberg. Alle weiteren Nachkriegs-42er wurden bei der RBD (ED) Stuttgart eingesetzt; die Lok 42 1597 hingegen kam auf Weisung amerikanischer Militärbehörden (First Military Railway Battalion) im Transport der 19 1001 nach den USA, wo sie 1951 verschrottet wurde.
Da sich diese 16 Lokomotiven technisch nicht von den Kriegslieferungen unterschieden, wurden sie nicht außergewöhnlich eingesetzt, sondern bis zur Ausmusterungsverfügung für fast alle Kriegslokomotiven 1953/54 meist nur bei einem Betriebswerk verwandt. Der Einfachheit halber sind diese Einsatzdaten und die Ausmusterungen noch in die folgende Lieferliste aufgenommen:

42 1592 4943/	4.6.1945 ED Stgt. Bw Karlsruhe Hbf 1.1.1953 BD Kar212 Bw Karlsruhe Hbf 29.4.1953 BD Stgt. Bw Pforzheim + 26.10.1954
42 1593 4944/	4.6.1945 ED Stgt. Bw Karlsruhe Hbf 1.1.1953 BD Kar212 Bw Karlsruhe Hbf + 20.9.1953
42 1594 4945/	15.6.1945 wie Lok 42 1592 + 26.10.1954
42 1595 4946/	2.7.1945 ED Ffm Bw Wiesbaden + 7.9.1953
42 1596 4947/	9.7.1945 ED Stgt. Bw Heilbronn + 26.10.1954
42 (1597) 4948/	10.9.1945 1st MRB, US Army + 1951
42 1598 4949/	25.7.1945 ED Ffm. Bw Mz-Bischofsheim + 7.9.1953
42 1599 4950/	6.8.1945 ED Stgt. Bw Heilbronn + 26.10.1954
42 1600 4951/	18.8.1945 wie Lok 42 1599 + 26.10.1954
42 1601 4952/	12.9.1945 wie Lok 42 1599 + 26.10.1954
42 1602 4953/	4.10.1945 wie Lok 42 1599 + 26.10.1954
42 1603 4954/	3.1.1946 ED Stgt. Bw Lauda + 26.10.1954
42 1604 4955/	15.1.1946 wie Lok 42 1599 + 26.10.1954
42 1605 4956/	24.1.1946 ED Stgt. Bw Crailsheim + 26.10.1954
42 1606 4957/	6.6.1946 Saarbrücken[213] Bw Saarbrücken Rbf + 10.8.1962
42 003 4958/	10.12.1947 ED Nür. Bw Bamberg 7.4.1953 BD Mz Bw Bingerbrück + 18.10.1954

212 Bw Karlsruhe gehörte bis 31. Dezember 1953 zur BD Stuttgart, ab 1. Januar 1954 zur BD Karlsruhe.

Auch in der sowjetischen Besatzungszone wurden noch einige Nachbauten, die technisch ebenfalls unverändert waren, in Dienst gestellt. Aus bei Schwartzkopff lagerndem Halbfertigungsmaterial und aus Ersatzteilen der Ausbesserungswerke setzte das Raw Stendal noch drei Lokomotiven der BR 42 zusammen. Sie wurden bei der Deutschen Reichsbahn als

42 001 am 24. Dezember 1948,
42 002 am 4. Januar 1949 und
42 003 am 2. Mai 1949[214]
in Betrieb genommen. Durch die im Herbst 1949 bei der Bundesbahn vorgenommene Umzeichnung der beiden Brotankessel-Prototypen auf 42 001 und 42 002 sowie die Indienststellung der Lok 42 1607 als 42 003 beim Bw Bamberg am 10. Dezember 1947 kam es hier also zur ersten Doppelbesetzung bei den Bahnverwaltungen, die sich in der Folge des Krieges in Deutschland gebildet hatten.

213 Saarland ab 1. Januar 1957 zur BRD.

214 Nach Pieper [29], S. 234.

In Österreich[215] waren die bei der Wiener Lokfabrik noch vorhandenen Teile für die Serie 42 2701 – 42 2720 (F.-Nr. 17 584 – 17 603) zu 20 Einheiten vorgesehen, nachdem das Werk die Ablieferung seiner letzten Serie mit der Lokomotive 42 2580 (F.-Nr. 17 583) im März 1945 vor der Besetzung beendet hatte. Zwar mußten erst zahlreiche Einwände der sowjetischen Verwaltung des USIA-Betriebes ausgeräumt werden, doch bereits am 30. Oktober 1945 konnte die Lokomotive 42 2701 als erster Neubau der Bahn unter der Eigentumsbezeichnung »StB Austria« (später auch »ÖStB Austria«) in Dienst gestellt werden; ihr folgten bis Ende 1946 die Maschinen 42 2702 bis 42 2715. Die Lokomotive 42 2716 mußte an die Sowjetische Mineralölverwaltung in Österreich abgeliefert werden, so daß die 42 2717 als 16. Maschine (F.-Nr. 17 600; Heinl-Mischvorwärmer) von der Österreichischen Staatseisenbahn erst am 12. März 1947 in Betrieb genommen wurde. Entsprechend dem damals in Österreich herrschenden Kohlenmangel wurden, ähnlich wie bei der Baureihe 52/152, die Lokomotiven 42 2701 bis 42 2714 mit Ölzusatzfeuerung versehen; vorübergehend wurden auch Ölhauptfeuerungsanlagen benutzt.

Obwohl die ÖBB wegen ihres inzwischen aufgestellten Elektrifizierungsprogramms keine weiteren Lokomotiven der BR 42 mehr abzunehmen beabsichtigte, baute die WLF auch in den folgenden Jahren weitere Einheiten der Güterzuglokomotive, die als 42 2718 ff.(F.-Nr. 17601 ff.) anderen Kunden auf Abruf zur Verfügung standen. Die hierdurch sehr kurz gehaltenen Lieferlisten waren neben den technischen Merkmalen der BR 42 ausschlaggebend für den Entscheid der Luxemburgischen Staatsbahnen, neben ihren 20 Lokomotiven der Reihe 56 (DR 52) weitere ehemalige Kriegslokomotiven für den schweren Erz- und Kohlenzugdienst zu bestellen. Aus den Wiener Bauserien wurden daraufhin zwischen dem 20. Dezember 1948 und dem 14. Januar 1949 die Lokomotiven 42 2718–2719 (Heinl), 2721 (Heinl), 2725–2729 und 2731–2742 als luxemburgische 55.01–55.20 in Dienst gestellt. Zwei weitere Lokomotiven aus Wien konnten günstig verkauft werden, indem die Hauptverwaltung Volkseigener Betriebe der DDR die Maschinen 42 2722 und 42 2724 (F.-Nr. 17 605 und 17 607) des Baujahres 1947 als Werklokomotiven für die Buna-Werke in Schkopau erwarb.

Mittlerweile war die Bauplanung bis zur Lokomotive 42 2780 fortgeschritten; das entsprach vier der zu Kriegsende üblichen Lose. Die verbliebenen Maschinen 42 2720, 42 2723 und 42 2730 sowie die Maschinen 42 2743 ff., welche weiterhin die Werkhallen verließen, hatten jedoch noch keinen Käufer gefunden, da fast alle zunächst interessierten Bahnverwaltungen inzwischen die Umstellung auf moderne Traktionsarten beschlossen hatten und zumindest vorsorglich keine Dampflokomotiven mehr beschaffen wollten. Die Nachkriegsserien der WLF wurden deshalb nach 72 Lokomotiven (F.-Nr. 17 584 – 17 608; 17 612 – 17 658) abgeschlossen. Nach längeren Verhandlungen kam schließlich ein Vertrag zustande, demzufolge die Bulgarischen Staatsbahnen zunächst sechs der Floridsdorfer Maschinen kauften, die zum 3. April 1952 auch übergeben wurden. Bis zum 14. Oktober 1952 folgten die weiteren 27 Lokomotiven, die noch in Wien standen. Sie wurden zusammen mit den ersten sechs Maschinen als 16.01 – 16.33 bei den BDZ eingereiht. Die von der Lokomotivfabrik »Feliksa Dzierzynkiego« in Chrzanow an die Polnischen Staatsbahnen gelieferten 42er sind auf S. 142f. näher besprachen.

215 Eine ausführliche Darstellung findet sich bei Hellmuth Fröhlich: Die Nachkriegsbauten der Reihe 42. – In: Eisenbahn 20 (1967), S. 213–214.

Die Kriegslokomotiven im Einsatz bei der Deutschen Bundesbahn

Die ersten Angaben über die BR 52 in den drei westlichen Besatzungszonen liegen für die Zeit kurz nach der Gründung der Deutschen Bundesbahn vor: Am 31. Dezember 1949 verfügte die DB über 814 Lokomotiven der BR 52, von denen allerdings 660 betriebsunfähig abgestellt und nur 154 Maschinen einsatzbereit waren. Schon damals wurde der Entschluß gefaßt, die fast durchwegs nicht mehr erhaltungswürdigen Serien aus der Kriegszeit nicht mehr mit Hauptausbesserungen zu versehen; bald darauf wurde auch verfügt, aus Gründen der Typenbereinigung die BR 52 Kon (die teilweise erst kurz vorher neue Tender erhalten hatte), nicht mehr zu unterhalten. Auch der Betriebsdienst, besonders das Personal, lehnte die entfeinerte und instabile BR 52 ab; man zog die BR 5620 (Baujahre 1919 – 1927) vor, wenn keine BR 50 zur Verfügung stand.

Bis zur Jahreswende 1953/54, einem bedeutenden Punkt im Einsatz der BR 52 bei der DB, verringerte sich der Gesamtbestand folgendermaßen: 1951-789, 1952-713, 1953-712, 1954-116 (!). Damit waren der größte Teil der Kriegslieferungen und alle Einheiten der BR 52 Kon ausgeschieden, deren letzte Exemplare beim Bw Kirchweyhe der BD Münster aus dem Betrieb gezogen wurden:

52 1944, 1949, 1955,1967, 2027 am	1. Juni 1953;
52 2026 am	11. November 1953;
52 1960 am	23. März 1954.

Am 18. Oktober 1954 wurde auch der Prototyp 52 001 bei der DB außer Dienst gestellt, ihr Kessel am 11. April 1957 in die 50 1696 und am 7. Februar 1967 in die 50 833 eingebaut. Bereits 1953 war die weitere Unterhaltung der BR 52, seit Mai 1952 vom AW Kassel zum AW Bremen übergeben, ausschließlich auf die Nachkriegslieferungen beschränkt. Nun setzte sich der Einsatzbestand aus diesen Lokomotiven sowie aus Kriegslieferungen zusammen, die vornehm-

lich zwei jüngeren Serien (52 1100 – 1349 von DWM/Posen und 52 5125 – 5374 von Krenau) entnommen und technisch einheitlich ausgeführt waren. Obwohl ihr Einsatz häufig schon in den Plänen der BR 50 zusammen mit Maschinen dieser Baureihe erfolgte, gab es doch noch einige sehr bemerkenswerte Läufe der BR 52 auf den Strecken Ruhrgebiet – Koblenz und Ruhrgebiet – Oberlahnstein. Durch den von 1952 an erstrebten und 1953 erstmals wieder realisierten Durchlauf der Güterzugmaschinen in Troisdorf wurde es in dem vom 17. Mai 1953 an gültigen Fahrplan ermöglicht, daß sechs Wedauer Maschinen der Nachkriegsausführung mit 485 km die höchsten (dienstplanmäßigen) Tagesleistungen der DB fahren konnten. Auch in den Sommerfahrplänen von 1954 (463 km) und 1955 (454 km) wurden noch spezifische Dienstplanleistungen gefordert, die zur Spitzenklasse der DB gehörten[216].

Inzwischen wurden jedoch die nicht mit Mischvorwärmern gelieferten fünf Lokomotiven 52 124 – 128 bereits nicht mehr zu Hauptausbesserungen vorgesehen (ausgemustert am 18. Oktober 1954), so daß der Unterhaltungspark nur noch 33 Einheiten umfaßte. 1956 und 1957 wurden weitere sieben Lokomotiven der BR 52 durch ihre Umzeichnung auf die BR 50 aus den Verzeichnissen gestrichen. Jedoch erfuhr der Unterhaltungsbestand durch die Eingliederung der Bahnen des Saarlandes im selben Jahre eine Aufstockung in Höhe von acht Maschinen des Bw Homburg (Saar), AW St. Wendel. Nach deren Auslaufen Mitte 1959 waren es wieder die 26 Maschinen der Nachkriegslieferungen, die noch bis zum 2. Oktober 1960 unterhalten und dann aus dem Bestand der Einsatzgattungen ausgeschieden wurden. Die endgültige Ausmusterung der Splittergattung war wie folgt:

52 3328	Bw Homburg	25. Januar 1962
52 882, 889	Bw Löhne	28. Juni 1962
52 3329	Bw Homburg	30. August 1962
52 140, 141,	Bw Wedau	25. Oktober 1962
52 884, 891	Bw Wedau	25. Oktober 1962
52 878	Bw Löhne	23. Oktober 1962
52 138, 143	Bw Wedau	27. Juni 1963
52 887	Bw Löhne	27. Juni 1963

Ein großer Teil der durch die Ausmusterung der BR 52 zurückgewonnenen Kessel aus Stahl St 34 wurde nach Freigabe durch die HVB aufgearbeitet und ersetzte bei der BR 50 die zu einem großen Teil aus dem nicht alterungsbeständigen St 47 K gefertigten Kessel. Zwischen 1953 und 1964 kamen so im AW Bremen 155 Kessel zum Tausch. Daneben waren auch die AW Esslingen, Ingolstadt und Schwerte an dieser Maßnahme beteiligt, jedoch liegen hierzu nur lückenhafte Aufzeichnungen vor, so daß zuverlässige Angaben über den Umfang der Arbeiten nicht möglich sind[217]. Eine gewisse Sonderstellung unter diesen Kesseltauscharbeiten nimmt der 1956 und 1957 an sieben Maschinen des Bw Löhne (BD Hannover) durchgeführte Einbau von Rahmen und Fahrwerk der BR 50 ein, wodurch die Lokomotiven der Kriegsbauart Achslagerstellkeile erhalten sollten:

52 129 in 50 3165	Rahmen von 50 2234	7.57
52 130 in 50 3166	Rahmen von 50 1957	5.57
52 131 in 50 3167	Rahmen von 50 1935	9.57
52 132 in 50 3168	Rahmen von 50 2661	3.57
52 133 in 50 3169	Rahmen von 50 1125	10.57
52 134 in 50 3170	Rahmen von 50 1939	8.56
52 135 in 50 3171	Rahmen von 50 2254	1.57

Auch später sind diese Maschinen beim Bw Löhne verblieben, wo sie 1965 und 1966 ausgemustert wurden. Nachdem ursprünglich auch der Umbau der restlichen 26 Loks der Nachkriegslieferungen auf diese Weise geplant war, wurde im Hinblick auf den Strukturwandel davon abgesehen. Die nebenstehende Tabelle 11 soll über die Verteilung des Unterhaltungsbestandes und den Gesamtbestand der BR 52 bei der Bundesbahn informieren.

Obwohl die Baureihe 42 hauptsächlich für den Einsatz auf den Strecken Österreichs, Polens und der Tschechoslowakei entworfen worden war, befanden sich bei Kriegsende fast alle Maschinen in den vier deutschen Besatzungszonen. Allein in den Westzonen gab es noch Ende 1950 649218 Lokomotiven der 2. Kriegslokomotivbauart, von denen allerdings nur 113 (17,5 Prozent) eingesetzt waren, darunter auch die Sonderlinge 42 0001 und 42 0002. Bis 1952 waren die Zahlen bereits auf 569 und 78 zusammengeschrumpft.

In den Jahren 1953 und 1954 wurde der Lokomotivbestand der Bundesbahn den betrieblichen Erfordernissen angepaßt, und in derselben großen Ausmusterungsaktion, in der auch fast alle Kriegslokomotiven der BR 52 ausschieden, sank die Anzahl auf 427 Loks der BR 42 (31. Dezember 1953), von denen lediglich 16 noch aktiven Dienst verrichteten. Bis auf insgesamt sechs Lokomotiven wurden sie alle innerhalb des Jahres 1954 ausgemustert und zur Verschrottung freigegeben, so auch die Maschinen der Nachkriegsauslieferung 42 1592 – 1605 und 42 003. Eine größere Stückzahl der Lokomotiven wurde als Pseudo-Restitutionsmaschinen nach Frankreich abgegeben, dort jedoch nicht wieder in Betrieb genommen. Genaue Angaben liegen nicht mehr vor. Die bei der DB verbliebenen sechs Maschinen wurden bei den folgenden Direktionen und Betriebswerken außer Dienst gestellt:

216 Siehe hierzu Klingensteiner/Ebner: Der Zugförderungsdienst im Fahrplanjahr 1953/54. - In: Die Bundesbahn 27 (1953), S. 716; 1954/55 in 28 (1954), S. 791; 1955/56 in 29 (1955), S. 671.

217 Vorsichtige Schätzungen sprechen von 400 bis 500 Kesseltauschen.

218 Mittlg. 4.841 Azm der Bundesbahn-Hauptverwaltung vom 13. Mai 1968.

Tabelle 11 : Bestandsentwicklung der Baureihe 52 bei der Deutschen Bundesbahn

Verteilung des Unterhaltungsbestandes		1951	15.5. 1952	1.12. 1953	1954	1955	1.1. 1956	1.10. 1957	1958	1.1. 1959	2.10. 1960	1961	1962
Gesamtbestand		789	713	712	116	111	107	66	53	32	29	12	3
BD Esn	Bw Wedau			12	12	12	12	12	14	14	14		
BD Han[1]		68	63	21	21	19	19	12	12	12	12		
BD Kar	BW Freiburg	8											
	Bw Freudenstadt	6											
	Bw Friedrichshafen	16											
	Bw Radolfzell	14											
	Bw Singen (H)	2											
BD Mz	Bw Bingerbrück					2	2	2					
	Bw Betzdorf	8											
	Bw Mainz	9											
	Bw Worms	17											
BD Sbr[2]	Bw Homburg (S)	(14)	(14)	(14)	(14)	(14)	(12)	8	8	6			
BD Trier	Bw Ehrang	5											
	Bw Kirn	4											
Unterhaltungs-bestand													
	AW Bremen	157	63	33	33	33	33	26	26	26	26	–	–
	AW St. Wendel	(14)	(14)	(14)	(14)	(14)	(12)	8	8	6	–	–	–

Der Unterhaltungsbestand am 1. OktOber 1957:

DB Esn: 52 136-138, 140-143, 876-877, 880, 884-885 = 12 Loks[3]

BD Han: 52 139,875,878-879,881-883,886-890 = 12 Loks

BD Mz: 52 891-892 = 2 Loks[3]

BD Sbr: 52 2443, 2587, 3321-3322, 3326, 3328-3329, 3331 = 8 Loks

1 Leider liegt für die BD Han die Verteilung auf die Bw nicht vollständig vor; nachdem zunächst auch Minden und Herford über Loks BR 52 verfügten, wurden sie ab 1954 in Löhne zusammengezogen.

2 Saarland ab 1. Januar 1957 zur BRD.

3 Am 29. Mai 1958 gingen die Loks 52 891 und 892 von der BD Mz zur BD Esn über; bis zur Ausmusterung der Lokomotiven änderten sich die Beheimatungen nicht mehr.

42 653 BD Kar	Bw Haltingen	18.3.1955
42 2315	Bw Haltingen	18.3.1955
42 1006	Bw Haltingen	12.5.1955
42 2339	Bw Haltingen	2.11.1955
42 2616	Bw Haltingen	27.3.1956
42 001 BD Nür	Bw Bamberg	27.3.1956

Es ist besonders bemerkenswert, daß gerade die Lokomotive 42 001 als letzte 42er der DB abgestellt wurde, und daß auch die zweite Maschine mit WLF-Brotankessel, die 42 002, nicht vor den Maschinen der Regelausführung (die allerdings sehr früh ausschieden) ausgemustert werden mußte. Wie bereits bei den Lokomotiven 50 3011 und 50 3012 hatte sich der Wasserrohrkessel durch gute Dampflieferung an sich ausgezeichnet, andererseits aber an der Verbindung von Hinterkesseltrommel und Langkessel häufig Schäden aufgewiesen. Die Kesselsteinfrage war sehr umstritten.

Durch den Anschluß der Saarbahnen und die Errichtung der BD Saarbrücken mit Wirkung vom 1. Januar 1957 kamen außer den zwölf Lokomotiven der Baureihe 52 auch 21 Maschinen der BR 42 in den Bestand der DB, die Anfang 1958, nachdem vier Maschinen bereits ausgemustert waren, im Bw Saarbrücken Rbf zusammengefaßt wurden. Nachdem im Dezember 1958 die Lokomotiven 42 1505 und 42 2363 abgestellt worden waren, wurden die restlichen 15

Maschinen zwischen 1960 und 1962 ausgemustert:

15. Mai 1960:	Lok 42 636, 42 1489, 42 1894
15. Oktober 1960:	42 2356
5. November 1960:	42 585, 42 1087, 42 5000[219]
1. Februar 1961:	42 1510
15. Mai 1961:	42 2807
9. Januar 1962:	42 1419, 42 2332
10. August 1962:	42 963, 42 1606, 42 1888
10. Oktober 1962:	42 2539.

Einsatz und Modernisierung der Kriegslokomotiven bei der Deutschen Reichsbahn

Bei der Deutschen Reichsbahn waren nach Kriegsende etwa 1300 bis 1400 Lokomotiven der BR 52 vorhanden, von denen ein gewisser Teil nach Polen und in die UdSSR abgefahren wurde und ein anderer Teil als Kolonnenloks dem Verkehr der sowjetischen Truppen diente. 1954 standen der Reichsbahn nur 505 dieser Maschinen, davon 324 betriebsfähig, zur Verfügung. Ihr Einsatz in den folgenden Jahren erstreckte sich auf alle Betriebszweige, vornehmlich jedoch auf den mittleren und schwereren Güterzugdienst,

219 Eine Lok unbekannter F.-Nr. von Esslingen mit WLF-Kessel 17 172 (= 42 2316/1944), die 1945 ohne Schilder bei den Saarbahnen vorgefunden wurde, erhielt die Betr.-Nr. 42 5000.

Zahlreiche Lokomotiven der Reihen 52 und 42 befanden sich nach dem Kriegsende in einem Zustand, der die Aufarbeitung nicht mehr lohnend erscheinen ließ. Reste der Maschine 52 2462 Frankfurt (Oder) Rbf, buchmäßig ausgemustert am 30. April 1951. (Foto: ZBDR)

weil nur geringe Bestände an BR 44 und BR 50 für diese Zwecke vorhanden waren. Über Einsatzschwerpunkte läßt sich aus verständlichen Gründen wenig sagen, der Hinweis auf zwei Versuch, einen ersten Einblick zu vermitteln, muß deshalb genügen. In den letzten Jahren war die BR 52, nachdem in der DDR produzierte und aus der UdSSR importierte Dieselloks den Hauptstreckenverkehr weitgehend übernommen haben, als Ersatz älterer preußischer Typen (G 8^1, G 10, G 12) häufiger auf Nebenbahnen im Betrieb. Um die Maschinen wirtschaftlich einsetzen zu können, hat die Reichsbahn verschiedene Modernisierungsmaßnahmen ergriffen, bei deren Ausführung auch die auffälligsten Mängel der Kriegskonstruktion beseitigt wurden.

So entschloß man sich wegen der bekannten Vorteile der Kohlenstaubfeuerung nach den zufriedenstellenden Ergebnissen mit dem System von Hans Wendler, über 100 Maschinen, vornehmlich schwere Güterzugloks, damit auszurüsten. Hierunter befanden sich auch 25 Loks der BR 52, die zwischen 1951 und 1953 im Raw Stendal auf Kohlenstaubbetrieb umgestellt und mit vom LEW Hennigsdorf sowie von den Raw Brandenburg-West, Meiningen, Stendal und Zwickau umgebauten Tendern gekuppelt wurden. Während zu diesem Zweck anfangs auch Tender der Bauart 2'2' T 31,5 Verwendung fanden, wurden später alle Loks der BR 52 Kst mit aus K 2'2' T 30 entstandenen Kohlenstaubtendern gekuppelt. Zum Abschluß dieser Vereinheitlichung erhielten die Loks 52 2650 und 52 3794 Ende 1967 den Kohlenstaub-Wannentender, der in Abhängigkeit von unterschiedlichen Staubbehälterausführungen 11 bis 12,5 t Staubvorrat und 24 bis 28 m^3 Wasserinhalt besaß. Die Betriebsnummern der umgebauten Maschinen finden sich in der Literatur.[220] Durch den neuen DR-Nummernplan wurden sie ab 1970 in die Gruppe ab 52 9000 eingereiht, wobei man die drei letzten Ziffern der alten Nummer beibehielt. Inzwischen sind diese Maschinen ausgemustert.

Aufgrund des allgemeinen Lokomotivmangels ließ die Reichsbahn ab 1958 an denjenigen Lokomotiven der BR 52, die auf längere Sicht nicht ausgemustert werden konnten, eine Generalüberholung vornehmen, bei der besonders die konstruktiven Mängel der Kriegsbauart beseitigt werden sollten. Demzufolge war an den Einbau von Speisewasservorwärmern und Achslagerstellkeilen gedacht. Um die größere Ausschnittweite zur Aufnahme der Keile zu erreichen, war bei Barrenrahmen nur die Erweiterung der Achslagerausschnitte in den Rahmenwangen nötig, jedoch wurde der Rahmen durch in die Aussparung eingeschweißte Stegbleche verstärkt. Bei den Lokomotiven mit Blechrahmen hingegen wurde ein Zerschneiden der Radsatzlagerführungen erforderlich, in die Zwischenstücke eingeschweißt werden mußten. Die Radsatzgabelstege wurden verlängert.

220 Griebl/Schadow [14], S. 81, Anm. 92; Griebl/Wenzel [15], Passim.

Nachträglich rüstete die Deutsche Reichsbahn in den fünfziger Jahren eine Anzahl ihrer ehemaligen Kriegslokomotiven mit Kohlenstaubfeuerung nach System Wendler aus. Dazu wurde der Tender mit einem Staubbehälter sowie einer Führerhausrückwand ausgerüstet, so daß er auch mit anderen Lokomotivtypen gekuppelt werden konnte. Die abgebildete Henschel-Maschine 52 2543 war im Oktober 1943 abgeliefert worden; sie trug später die Betriebsnummer 52 9543-1. (Foto: Kluge)

Zur Speisewasservorwärmung kam nach den Erfahrungen der DR nur der bewährte einstufige Mischvorwärmer in Betracht, wobei die Maße des Mischkastens zu einer Verlängerung der Rauchkammer um 200 mm führten. Die Verbundspeisepumpe wurde links auf einem in Lokmitte am Rahmen montierten Pumpenträger angebracht. Alle weiteren Teile des Vorwärmers konnten unterhalb des Langkessels auf den Rahmen gestellt werden, wobei ein Hauptluftbehälter auf den rechten Umlauf ausweichen mußte. Außerdem erhielten alle generalüberholten Maschinen einen neuen, geschweißten Stehkessel (mit zwei sichtbaren Wasserständen) unveränderter Konstruktion, der mit dem alten Langkessel durch genietete Rundnaht verbunden wurde. Dies war notwendig geworden, nachdem man an einigen Lokomotiven festgestellt hatte, daß sich die Stehkesselvorderwand und gleichzeitig auch der untere Teil der Feuerbüchsrohrwand merklich wölbten. Als Ursache hierfür wurden mitten im Schaft abgerissene benachbarte Stehbolzen angegeben. Die so ausgestatteten Lokomotiven haben zwar ihre alten Betriebsnummern behalten, werden aber allgemein als BR 52 GR bezeichnet. Diese Unterbauart ist an der Maschine nicht angeschrieben. 1982 waren noch zwei Loks vorhanden.

Rund 30 Maschinen der Bauart, die noch als ÜK-Typ der BR 50 angearbeitet worden war, erhielten bei der DR lediglich neue Achslagergestellkeile und Mischvorwärmer, ohne daß der Kessel erneuert wurde. Auch sie wurden nicht umgezeichnet, sondern unter den bisherigen Betriebsnummern weiter eingesetzt.

Anläßlich der Generalüberholung nach diesen Richtlinien wurden bei einigen Maschinen der BR 52 umfangreiche Langkesselschäden festgestellt, deren Beseitigung etwa so kostspielig wie ein Kesselersatz veranschlagt werden mußte. Analog den Überlegungen im Sonderausschuß Lokomotiven von 1942, den bewährten Kessel der BR 50 für die Kriegslok zu übernehmen, wurde die Verwendung des Rekonstruktionskessels der BR 5035 als Tauschkessel für die BR 52 in Erwägung gezogen, was sich auch als ohne weiteres durchführbar erwies. Es sei daran erinnert, daß der Rekonstruktionskessel der BR 5035 mit gegenüber dem Kessel der BR 50 verkleinerten Rost und vergrößerter Strahlungsheizfläche aus dem Stehkessel der BR 2310 mit Verbrennungskammer und einem neuentworfenen Langkessel bestand; ein in allen Teilen geschweißter Kessel mit konischer Erweiterung des Langkessels im Verbrennungskammer-Bereich. Die Rostfläche dieses Kessels belief sich auf 3,71 m^2: direkte und indirekte Heizfläche wurden mit 17,9 m^2 und 154,4 m^2 angegeben, woraus sich eine Gesamtheizfläche von 172,3 m^2 ergab. Die Vergrößerung des Strahlungsverhältnisses von $\phi_s = 4{,}09$ bei der BR 50 auf $\phi_s = 4{,}82$ beim Rekokessel und die Veränderung des Heizflächenverhältnisses von $\phi_s = 10{,}18$ auf $\phi_s = 8{,}62$ waren

Ausdruck der für deutsche Eisenbahnverwaltungen »neuen« Baugrundsätze der Nachkriegsperiode. Geht man von der bei Rekokesseln geläufigen Kesselbelastung von bH = 65 kg/m^2h aus, so ergab sich bei den Baureihen 5035, 5280 (und 5830) als Dampferzeugung D ca. 11 200 kg/h; für b_H = 70 kg/m^2h war DN dementsprechend etwa 12 060 kg/h.
Um vollständige Tauschgarantien zu erzielen, sollten im Raw alle Anpassungsarbeiten beim Kesseltausch in den Rahmen der Kriegslok (aus Kostengründen ausschließlich Maschinen mit Blechrahmen) verlegt werden. Sie erhielten anstelle der hinteren Pendelbleche einen neuen Stehkesselträger; alle Langkesselpendelblechhalter wurden versetzt. Wegen des neuen Aschkastens mit unmittelbar unter dem Bodenring liegenden seitlichen Luftklappen mußte auch eine Rahmenverbindung nach vorn verlegt werden. Auch wurden durch den neuen, breiteren Stehkessel eine neue Führerhausvorderwand und eine Teilung der Steuerstange erforderlich. Der damit entstandene seitliche Versatz wurde durch ein Pendel, unter dem Umlauf hängend, überbrückt. Gleichfalls wurde an den Steuerbockbefestigungen in Anlehnung an die BR 5035 eine Veränderung vorgenommen. Der Steuerbock war nun nicht mehr am Stehkessel, sondern auf einem verstärkten Laufblechträger am Rahmen befestigt, so daß die Steuerung von Längenveränderungen des Kessels unabhängig wurde. Der Naßdampfregler nach Schmidt-Wagner blieb jedoch erhalten. Bezüglich der Ausstattung mit Achslagerstellkeilen und Mischvorwärmeranlage gilt das über die Lokomotiven der BR 52 GR Gesagte. Soweit dies nicht schon vor der Rekonstruktion der Fall war, wurden den Maschinen Wannentender beigestellt.

Die erste der so modernisierten Lokomotiven, die 52 671, verließ im Sommer 1960 das Raw Stendal und wurde als 52 8001[221] bezeichnet. Ihr folgten dann Fahrzeuge bis zur Betriebsnummer 52 8200. Ab Lok 52 8186 kamen überdies bei der Rekonstruktion auch Giesl-Flachejektorern[222] zum Einbau, während die vorher umgebauten Maschinen ihn anläßlich ihrer L 4 erhalten sollten. Da bei der so erzielten Einbauquote von 50 bis 80 Ejektoren pro Jahr der Umbau aller 52^{80} aber drei bis vier Jahre in Anspruch genommen hätte, ordnete die Hv der Maschinenwirtschaft der DR am 21. Mai 1968 an, daß mit sofortiger Wirkung anstelle der BR 52^{80} (und 50^{35}) mit Rekokessel die Baureihen 52 (und 50) mit Altbaukessel mit Ejektor auszurüsten seien. Nach Programmschluß standen bei der Deutschen Reichsbahn 97 Loks der BR 52^{80} und 158 gewöhnliche Loks der BR 52 mit dem Ejektor im Dienst.
Im Gegensatz zu dem großen Umfang ihres BR-52-Bestandes verfügte die Reichsbahn nur über sehr wenige Maschinen des 2. Kriegsloktyps. Es soll sich nur um 49 Einheiten gehandelt haben[223], die zunächst in Stralsund, Berlin-Schö-

221 Die Gruppe 5280 war zuvor kurz mit den aus der UdSSR zurückgegebenen Maschinen besetzt. Der Umzeichnungsplan findet sich z. T. bei Griebl/Schadow [14], S. 81, Anm. 99; Griebl/Wenzel [15], passim; Pieper [29], so daß hier darauf verzichtet werden konnte.

222 Siehe: Ejektoren-Großprogramm der Reichsbahn beendet Der Giesl-Ejektor in Deutschland. - In: LOK-MAGAZIN 41 (1970), S. 110–114. Der Einbau von Giesl-Ejektoren in die Kriegslokomotiven anderer Verwaltungen wurde in der Auflage 1970, S. 53–55, ausführlich behandelt.

223 Pieper [29]. S. 232.

Lokomotive 52 3166 (Jung 11 177 von 1943) nach Rückgabe aus der UdSSR in Leipzig-Wahren 1962. Kleine Rauchkammer, Flacheisen-Kuppelstangen und verlängerter Kohlekasten waren Merkmale dieser Lok, die 1963 zur 52 8159 umgebaut wurde. (Foto: Archiv)

52 3705 (Krenau, 1943) verblieb nach dem Zweiten Weltkrieg bei der DR. Im Juni 1963 war die Maschine mit einem langen Personenzug bei Berlin Karower Kreuz unterwegs. (Foto: Slg. D. Endisch)

neweide, Dresden-Friedrichstadt und Karl-Marx-Stadt-Hilbersdorf beheimatet waren. Bis 1963 war bereits ein ganzer Teil ausgemustert, während die restlichen 36 Loks in der Rbd Greifswald zusammengezogen wurden. Dort waren sie bei den Bw Angermünde und Pasewalk im schweren Güterverkehr mit der Rbd Berlin eingesetzt, doch ihre Unterhaltung lief schon bald aus. 1968 wurden 28 Stück, 1969 die letzten sechs Einheiten dieses Musters ausgeschieden.

Die Kriegslokomotiven im europäischen Ausland

Die Kriegslokomotiven der Reichsbahn kamen in fast allen Ländern Europas zum Einsatz, die von der Deutschen Wehrmacht besetzt worden oder mit dem Reich verbündet waren. Oft konnten sie, als die Truppen wieder zurückgedrängt wurden, nicht mehr mitgenommen werden, so daß die Bahnverwaltungen der befreiten Staaten sie in ihre Bestände einreihten. Wegen der großen Verluste, welche die Fahrzeugparks während des Krieges erlitten hatten, kamen die anspruchslosen und noch recht neuen Maschinen den Bahnen überall sehr gelegen. In den Jahren nach 1945 sind die Kriegslokomotiven – manche sogar jahrzehntelang – für die Transporte des Wiederaufbaus unentbehrlich gewesen. Zumeist siegte die nüchterne Berechnung ihrer Nützlichkeit über die Versuche, sie als Überbleibsel eines »Betriebsunfalls der Geschichte« so rasch wie möglich auszumustern und zu vergessen. Aufgrund der günstigeren Quellenlage kann die Nachkriegsgeschichte der Lokomotiven heute als durch die einschlägigen Veröffentlichungen gesichert angesehen werden[224], so daß hier – um die Wiederholung vieler Details zu vermeiden – nur in groben Zügen geschildert werden soll, welche Bedeutung sie für die Bahnen des Auslands besaßen.

In *Norwegen (NSB)* befanden sich während des Krieges für die Beförderung von Wehrmachtstransporten zahlreiche deutsche Leihlokomotiven, welche die RBD Stettin als Abwicklungsstelle vermittelt hatte. 1945 verblieben dort 74 Loks der BR 52, die als Typ 63 a bezeichnet wurden und ihre deutschen Ordnungsnummern weiterhin trugen. Trondheim war der Einsatzschwerpunkt, dort wurden auch sechs auf Ölfeuerung umgestellte Loks der Reihe 63 a vorgehalten. Ab 1960 wurde der Bestand stark reduziert; 1970 lief in Norwegen die letzte Kriegslok aus.
Bei den Lokfabriken *Belgiens (SNCB)* befand sich 1945 eine Serie der BR 52 im Bau, aus der Cockerill, Haine-St. Pierre, Tubize und Franco-Belge in den ersten Friedens-

224 Griebl/Wenzel [15], S. 73–103; Durrant [11]; ferner S. 43–53 der Auflage von 1970; schließlich zahlreiche Aufsätze der in- und ausländischen Zeitschriften.

Bei den Norwegischen Eisenbahnen stand die Kriegslok 52 4929, gebaut bei MBA im Dezember 1943 unter Fabriknummer 13 999, noch lange Jahre im Einsatz. (Foto: NSB)

Einer Nachkriegslieferung der Baureihe 52 aus der Fabrik Haine-St. Pierre (Fabriknummer 1914 von 1945) entstammte die Maschine 26.050 der Belgischen Staatsbahnen. (Foto: SNCB)

monaten jeweils 25 Einheiten ablieferten. Diese Maschinen wurden zunächst als 2600 bis 2699, später als 26.001 bis 26.100 im Bestand geführt; 1946 wurden hieraus zehn Einheiten von Luxemburg übernommen. 1955 war der Einsatz von mehr als 60 Loks bereits beendet, 1963 wurden die letzten aus den Verzeichnissen gestrichen. Außerdem befanden sich bei Kriegsende drei Kondensloks der BR 52 in Belgien, die mit den Nummern 2800 bis 2802, später als 27.001 bis 27.003, nur wenig eingesetzt und 1950 an die DB zurückgegeben werden.

Luxemburg (CFL) errichtete erst nach dem Kriege eine staatliche Bahnverwaltung, die zu ihren älteren Maschinen aus verschiedenen Quellen 40 deutsche Kriegsloks hinzukaufte: Die zehn aus Belgien erhaltenen Loks BR 52 wurden in 56.01 bis 56.10 umgezeichnet; weitere zehn Lokomotiven dieses Typs kamen als 56.11 bis 56.20 aus den französischen Graffenstaden-Werken. Sie wurden 1962 zusammen ausgemustert. Von der 2. Kriegslok, BR 42, beschafften die CFL, im Jahre 1949 bei der Wiener Lokfabrik die 20 Einheiten 55.01 bis 55.20. Eine zurückgelassene Lok aus deutschen Beständen kam als 55.21 hinzu. 1964 wurden sie stillgelegt.

Der Bestand *Frankreichs (SNCF)* an deutschen Kriegslokomotiven setzte sich aus dort zurückgelassenen Fahrzeugen und aus Neubauten zusammen. 25 Reichsbahnmaschinen, darunter eine Kondenslok, der BR 52 aus deutscher Produktion sowie 17 Einheiten der Nachkriegsserie von Graffenstaden wurden in der Reihe 150 Y zusammengefaßt. Bis zur Mitte der fünfziger Jahre standen sie bei der Ostregion im Dienst; 1957 wurde die letzte ausgemustert. Vier Loks wurden an ein nordfranzösisches Grubenunternehmen verkauft und von diesem bis 1961 verwendet.

Nachdem *Italien (FS)* seit September 1943 nicht mehr an den Kriegsanstrengungen des Deutschen Reiches teilnahm, wurde dort eine besondere Wehrmachts- Verkehrsdirektion errichtet. Diese lieh sich ab 1944 über die Abwicklungsstelle der RBD Villach zahlreiche Loks der BR 52, von denen bei Kriegsende 52 Stück in Italien verblieben. Aufgrund eines Abkommens mit den Bahnen der deutschen Westzonen wurden sie von 1947 bis 1951 nach Deutschland zurückgegeben. Daneben befanden sich in britischem Auftrag von 1945 bis 1947 aus österreichischem Besitz zehn Loks der BR 52 leihweise in Italien.

Auf dem Gebiet *Österreichs (ÖBB)* befanden sich zur Zeit der Kapitulation mehr als 700 Loks der BR 52 und über 100 Maschinen der BR 42, von denen in den folgenden Monaten – vor allem aus der sowjetischen Zone – jeweils fast die Hälfte in die UdSSR, nach Ungarn und Jugoslawien abgefahren wurde. Wenden wir uns zunächst der BR 52 zu: Bereits im Sommer 1948 wurden jene etwa 330 Loks in den ständigen Betriebspark der B. B. Österreich eingegliedert, die von WLF gebaut worden waren, da sie im Gegensatz zu den Maschinen deutscher Lieferer nicht als ehemaliges DR-Eigentum (und damit als sowjetische Beute) betrachtet wurden. Zehn dieser Maschinen wurden am 5. November 1951 gegen 15 Einheiten der Reihe 33[1] (113) aus dem sowjetischen Beutebestand eingetauscht. Daneben befanden sich noch Sperrlokomotiven der BR 52 im Land, die zur Führung von Militärzügen dienten und dem ÖBB-Betriebseinsatz nicht zur Verfügung standen. Die letzten elf dieser Loks wurden erst am 23. März 1953 in die UdSSR abgezogen, nachdem am 19. März 1953 das neue ÖBB-Nummernschema als Zeichen beginnender Souveränität in Kraft getreten war. Damals wurden 270 Loks der Reihe 52 (Blechrahmen) und 37 Loks der Reihe 152 (Barrenrahmen) aufgenommen. Ihr Einsatz erfolgte in fast allen Teilen des Landes; 1973 standen noch etwa 160 Loks der BR 52 im Betrieb, während die Barrenrahmen-152 ab 1968 in zehn Exemplaren an die Graz-Köflacher-Bahn abgetreten wurde, so daß sie aus dem Park der ÖBB verschwanden. Zahlreiche Maschinen erfuhren Abwandlungen von der Ursprungsausführung. So wurde ab 1945 wegen Kohlenmangels mit dem Einbau von Ölhauptfeuerungen begonnen, die jedoch wegen der hohen Brennstoffkosten bis 1958 wieder entfernt wurden. Daneben erhielt eine Reihe von 52ern den aus dem Wannentender entstandenen Kabinentender 9793, der jedoch bei Loks der Reihe 152 keine Verwendung fand. Zur Kesselschonung kamen 1958 an 30 Einheiten der Reihe 52 und an zehn Einheiten der Reihe 152 Heinl-Mischvorwärmer zum Einbau; 100 bzw. 36 Lokomotiven der beiden Baureihen erhielten den Giesl-Flachejektor Typ F-2-142-1. Vom versuchsweisen Einbau von Trofimoff-Kol-

Restbestände der Kriegslok-Baureihe 42 in der Wiener Lokfabrik Floridsdorf nach dem Ende des »Dritten Reiches«. Die Maschinen wurden in verschiedene Länder verkauft. Hier sind die für Luxemburg gedachten 42er im Januar 1948 in Floridsdorf versandbereit. (Foto: Lofag-Geschichtswerkstatt)

Die Österreichischen Bundesbahnen versahen zahlreiche Wannentender der Baureihen 52 und 42 mit Zugführerkabinen. (Foto: Schmidt)

benschiebern wurde gleichfalls berichtet. Diese Teile fanden sich in der Praxis in zahlreichen Kombinationen wieder. In der Baureihe 42 wurden schon ab Oktober 1945 die nicht mehr betriebsfähigen Loks des Bestandes durch eine Floridsdorfer Serie 42 2701 bis 2717 ersetzt, so daß 1953 noch 51 dieser Maschinen in den neuen Plan übernommen werden konnten. In den fünfziger Jahren wurden über 15 Stück ausgemustert, weitere 25 Stück wurden an Ungarn verkauft und dort teilweise wieder eingesetzt. 1963 wurden die verbliebenen Nachkriegslieferungen abgestellt, die letzten vier Loks schieden 1966 aus.

In der *Sowjetunion (SŽD)* befanden sich wohl die meisten der im Ausland verbliebenen 52er. Dort waren etwa 1500 Einheiten als Reihe TE mit den alten Ordnungsnummern im Betrieb. Die Mehrzahl dieser Maschinen war bereits während des Krieges erbeutet worden; weitere Lokomotiven der BR 52 wurden bis 1949 aus den besetzten Gebieten, besonders dem östlichen Deutschland und Österreich, abgefahren. In der UdSSR wurden sie auf Breitspur umgearbeitet und im Laufe der Zeit in unterschiedlichem Umfang mit einer Vielzahl sowjetischer Bauteile ausgestattet, wodurch sie sich in ihrem Äußeren weit vom einstigen Bild der BR 52 entfernten[225]. Da diese Maschinen seit Beginn der sechziger Jahre entbehrlich wurden, konnten sie ab 1963 in rund 700 Exemplaren an die BDŽ, ČSD, DR, JŽ, MÁV und PKP zu günstigen Bedingungen abgegeben werden. In den letzten Betriebsjahren nach 1975 war ihr Einsatz auf die baltischen Sowjetrepubliken konzentriert. Bis 1985 war der Bestand so weit zurückgegangen, daß neben einer Anzahl konserviert hinterstellter Maschinen nur noch einige Loks für Verkehr von lokaler Bedeutung vorhanden waren. Bekanntlich wurden aber viele deutsche Kriegsloks nicht verschrottet, sondern als Teil der strategischen Reserve hinterstellt.

Die Baureihe 42 ist in der UdSSR als Klasse TL bezeichnet worden. Ihr Bestand beschränkte sich jedoch auf wenige Exemplare, die überwiegend erst nach Kriegsende von den sowjetischen Feldeisenbahnen an die SZD gekommen waren.

Nach dem Abzug der deutschen Truppen aus *Polen (PKP)* verblieben dort rund 1100 vorher an der Ostfront und etwa 100 bei der Ostbahn eingesetzte Maschinen der 1. Kriegslokomotiv-Bauart, die aufgrund ihrer Achsfolge (Ty) nach den schon früher in das PKP-Nummernschema aufgenommen pr G 12 (Ty 1) als Ty 2 bezeichnet wurden. Auch die zu dieser Zeit für die DR bei Cegielski, (DWM/Posen) und Chrzanow (Krenau) im Bau befindlichen und bald darauf

225 Zu den Einzelheiten der konstruktiven Verbesserung siehe A. A. Wasslilijew und S. Dowgwillo: SZD-Lokomotiven der Baureihe TE. – In: Modelleisenbahner, Heft 2/1985, S. 6-8. Über die letzten ehemaligen Kriegslokomotiven als strategische Reserve im Raum Kaliningrad berichtet Peter Winkler: Ostpreußen. Landschaften und Lokomotiven. – Königswinter 1992.

Bemerkenswerter Größenvergleich zwischen der früheren deutschen Kriegslok TE-3115 (Dienstmasse 130 t) und der sowjetischen Reihe LW mit der Achsfolge 1'E1' (Dienstmasse 243 t) anläßlich einer Sonderfahrt im ukrainischen Ternopol; Oktober 1994. (Foto: Schrempfer)

Das Laufwerk der sowjetischen Lokomotive TE-3115 (geliefert von Jung im März 1943) läßt erkennen, wie die Radkörper beim Umbau auf Breitspur auseinandergedrückt wurden. Aufnahme vom Mai 1993 in der Ukraine. Die Kuppelstangen bestehen aus Flacheisen. (Foto: Schrempfer)

Bei den Polnischen Staatsbahnen besorgten die deutschen Kriegslokomotiven und ihre Abkömmlinge jahrzehntelang einen wesentlichen Teil des Güterverkehrs. Die Maschine Ty 2-96, in Tluszcz um 1970 aufgenommen, besaß Ölfeuerung. (Foto: Konzelmonn)

an die Polnischen Staatsbahnen abgelieferten Lokomotiven wurden noch als Ty 2 in Betrieb genommen, während weitere 83 Einheiten, die zur Deckung des unmittelbaren Nachkriegsbedarfs nach den Plänen der BR 52 produziert wurden, als PKP-Neubauten die Reihenbezeichnung Ty 45 erhielten. Durch diese Praxis fand eine Reihe der bei der Kriegslok angewandten Baugrundsätze auch Eingang in den weiteren polnischen Lokomotivbau; daneben wurde der Wannentender mit 448 Exemplaren der Nachkriegsbaureihe Ty 45 gekuppelt.

Die etwa 200 seit 1963 aus der UdSSR bezogenen TE-Maschinen wurden gleichfalls als Ty 2 bezeichnet, obwohl sie sich durch die Veränderungen bei den SZD inzwischen beträchtlich von der ursprünglichen BR 52 unterschieden.

Bedenkt man, daß die Baureihe 42 besonders auch für die Strecken der Ostbahn in Polen entworfen worden war, so

Wie andere Bahnverwaltungen, rüsteten Tschechoslowakischen Staatsbahnen ihre vormals deutschen Kriegsloks der Reihe 555.0 mit Löscheschutzblechen unter der Rauchkammer sowie mit Kraftumsteuerung aus. (Foto: Bek)

überrascht es, daß nur eine sehr geringe Anzahl als dritte 1'E-Bauart fremder Konstruktion mit Ty 3 bezeichnet wurde. Bald erfuhr aber der Bestand durch die nach deutschen Plänen gebauten Maschinen der Lokomotivfabrik Chrzanow, die im Frühjahr 1945 gerade die Produktionsumstellung von der BR 52 auf die BR 42 vollzogen hatte, eine Aufstockung um 124 Einheiten, die nach ihrem Konstruktionsjahr als PKP-Reihe Ty 43 in Dienst gestellt wurden.

Die etwa 180 in der *Tschechoslowakei (ČSD)* verbliebenen Kriegsloks der BR 52 wurden in die Serie 555.0 eingeordnet; einige Breitspurmaschinen erhielten Nummern ab 555.0600. 100 aus der UdSSR erhaltene Loks dieser Bauart wurden mit 555.0200 bezeichnet. Ende der fünfziger Jahre begann ein Rekonstruktionsprogramm dieser Baureihe, in dessen Verlauf die Loks Ölfeuerungseinrichtungen und entsprechende Ölbehälter unterschiedlicher Bauarten auf den Wannentendern erhielten. Alle rund 200 ölgefeuerten Loks trugen die neue Baureihennummer 555.3. Aufgrund überdurchschnittlicher Materialermüdung wurden die Maschinen beschleunigt ausgemustert, so daß Anfang 1973 die letzte 555.0 ausschied.

Über die Kriegslok in *Ungarn (MÁV)* liegen nur wenige Angaben vor. Die dort zunächst verbliebenen etwa 50 Einheiten sollen Anfang der fünfziger Jahre in die UdSSR abgezogen worden sein, und erst spätere Berichte über ihre Zuverlässigkeit und große Einsatzfähigkeit führten zu Nachkriegskäufen von 20 Einheiten mit Blechrahmen in Österreich 1957 und von 100 Einheiten in der Sowjetunion 1963. Letztere wurden zum größten Teil auf Normalspur umgebaut und als 520.001 – 520.094 bezeichnet. Sechs Lokomotiven der Reihe 520 wurden als 520.5001 – 520.5006 noch auf Breitspurgleisen im Übergangsverkehr mit der UdSSR eingesetzt. Sechs Normalspur-Maschinen wurden an die private Györ-Sopron-Ebenfurter Eisenbahn weitergegeben. Von den Mitte der fünfziger Jahre aus Österreich erhaltenen ehemaligen ÖBB-42ern wurden fünf aus der Nachkriegsserie stammende Maschinen wieder aufgearbeitet und als 501.001 bis 005 in Nyiregyháza stationiert.

Abschließend sollen noch die südosteuropäischen Bahnverwaltungen betrachtet werden, die aufgrund ihrer wirtschaftlichen Beziehungen zum Deutschen Reich schon vor 1945 Kriegslokomotiven besaßen, die teilweise ihre Bestände aber noch stark erweiterten.
Das beste Beispiel ist *Jugoslawien (JŽ)*, wo die Serien von SDZ und HDZ – allerdings mit einigen Lücken durch Kriegsverluste – als neue Reihe 33 zusammengefaßt wurden. Anstelle der verlorenen Maschinen befanden sich zahlreiche Loks BR 52 der Reichsbahn im Land, deren Anzahl durch Beschlagnahmung in Österreich bis 1948, als die letzten Maschinen an die JZ übergingen, weiter zunahm. Zur Stützung des wirtschaftlich schwachen Landes gab 1948 auch die UdSSR 29 noch nicht umgespurte 52er aus ihrem Beutebestand an die JZ ab. 1952 folgte ein günstiger Kauf von zur Ausmusterung vorgesehenen Maschinen bei der DB; 1963 schließlich wurden wieder von der Sowjetunion Maschinen der Reihe TE übernommen, so daß sich der JZ-Bestand der Reihe 33 wie folgt zusammensetzte:

Lokomotive 33-104 der Jugoslawischen Staatsbahnen in Doboj Novi am 11. August 1959; ehemals 52 3814 (Floridsdorf 17 303 von 1944, für Krauss-Maffei). (Foto: Luft)

33 001-015	Neubau SDZ	1944
33 016-040	Neubau HDZ	1944
33 041-177	Beute von DR	1946
33 178-179	Beute BR 50	1946
33 180-211	von ÖBB	1948
33 212-230	von SZD	1948
33 231-266	von DB	1952
33 267-341	von SZD	1963

Daneben liefen im Bergwerk Kreka noch fünf Maschinen mit den Nummern 33 501 bis 33 505 von tschechoslowakischer und sowjetischer Herkunft.

In *Rumänien (CFR)* verblieben neben den ersten 100 Loks nur noch etwa 25 Einheiten der BR 52, die ab Nr. 150.1101 angeschlossen wurden, ferner zwei Maschinen der BR 42 mit den neuen Betriebsnummern 150.1201 und 1202, die aus der Sowjetunion gekommen sein sollen.

Die *Bulgarischen Staatsbahnen (BDŽ)* besaßen bei Ende des Krieges von der BR 52 die Lokomotiven 15.01 bis 15.85, kauften 1956 noch 20 und 1961 weitere zehn dieser Loks von der Deutschen Reichsbahn, 20 von den CSD und etwa 125 Stück von den SZD. Ihr Bestand erreichte damit einen Umfang von etwa 265 Einheiten; sie war die zahlreichste Dampflokgattung der BDZ, die sie auf fast allen Strecken, vom schweren Güterzugdienst bis zum Vorort-Personenzugverkehr, einsetzten. Die 33 im Jahre 1952 nach Bulgarien exportierten Wiener Lokomotiven der Reihe 42 standen fast ohne Ausnahme bis 1985 als Reihe 16 im Betrieb. Als ihre Beheimatungsschwerpunkte wurden Ruse und Garna Orjahovitza genannt.

In der *Türkei (TCDD)* hatte sich am Bestand der intern auch als K 52 bezeichneten Reihe 56.500 lange Zeit kaum etwas geändert. Weitere Maschinen kamen nicht hinzu, größere Ausmusterungen wurden bis 1985 nicht vorgenommen. Die Mehrzahl der Loks befand sich in der westlichen Türkei im Einsatz, so auf der früheren Ottomanischen Bahn Izmir – Aydin. Daneben stellten sie die schwerste Dampflokgattung der TCDD im europäischen Teil der Türkei, wo

Die Lokomotive 150.1201 der Rumänischen Staatsbahnen, eine ehemalige 42 der Reichsbahn, war 1965 in Vadul Crisulni mit Ölfeuerung zu beobachten. (Foto: Luft)

sie regelmäßig den »Simplon-Orient« und seine Nachfolger beförderten.
Abschließend ist hier zu berichten, daß in vielen Ländern Europas deutsche Kriegslokomotiven nach ihrer Ausmusterung nicht verschrottet, sondern der musealen Erhaltung zugeführt wurden. Die betreffenden Bahnverwaltungen beabsichtigen hierdurch einerseits, die Erinnerung an die Besetzung der Länder und an den Tod zahlloser Eisenbahner während des Krieges wachzuhalten, wollten andererseits aber auch ein Dokument der 20 Jahre danach aufbewahren, in denen diese Maschinen einen wichtigen Bestandteil ihres Betriebes bildeten.

Relativ übersichtlich ist der Bestand an erhaltenen Kriegsloks der Reihe 42. Als letzte betriebsfähige polnische Ty 43 wurde aus Wolsztyn die Maschine Ty 43-126 gemeldet. Ihre Schwestermaschine Ty 43127 ist im Technikmuseum Speyer bei Heidelberg abgestellt. Zum Bestand des österreichischen Eisenbahnmuseums in Straßhof zählt die Maschine 42.2708 aus Wiener Produktion. Deren Schwestermaschine 42 2718 kam im Bürgerpark der luxemburgischen Stadt Bettembourg zur Aufstellung. Das Eisenbahnmuseum Nördlingen nennt die vormals bulgarische Lok 16.16 aus dieser Baureihe sein eigen. Eine weitere 42er aus Nachkriegsfertigung in Polen (Reihe Ty 3) wird bei der Historischen Eisenbahn Frankfurt am Main geführt.

Wesentlich umfangreicher ist der Bestand an erhaltenen Dampflokomotiven der Baureihe 52. Allein von der Kriegsausführung sind 1995/96 in der Tabelle 12 noch 72 *Stück* nachgewiesen; hierin sind die im Raum Königsberg abgestellten fast 30 Exemplare der vormaligen Strategischen Reserve der Sowjetunion nicht einmal berücksichtigt. Von der Rekonstruktions-Spielart BR 5280 der Deutschen Reichsbahn, die 200 Loks umfaßte, waren 1995/96 weitere 125 Loks noch vorhanden, doch dürfte sich diese Zahl in den kommenden Jahren vermindern. Ihr Bestand wurde deshalb hier nicht tabellarisch aufgenommen.

Großer Beliebtheit bei Museumsbahnen erfreuen sich auch die Wehrmachts-Diesellokomotiven der späteren Reihen V 20 und V 36 (Frankfurt am Main, Braunschweig, Neustadt, Bochum u. a.). Einige Museen (Berlin, Bochum) haben den Behelfspersonenwagen Mci-43 in ihre Sammlungen aufgenommen. Jeder Leser wird sich wünschen, daß es keine neuen Kriege und keine neuen Kriegslokomotiven mehr geben muß.

Diese in Bulgarien verbliebene ehemalige Kriegslokomotive war 1967 durch Ölzusatzfeuerung, Schornsteinkragen, Geländer, Kuhfänger und dergleichen den Einsatzverhältnissen in diesem Lande angepaßt. (Foto: Luft)

Zu besonderer Berühmtheit hat es die ehemalige Kriegslokomotive 52 2751 (Henschel 27 991 von 1944) gebracht. Sie wurde von Wolf Vostell 1987 in Berlin und 1993 in Marl als Mahnmal des Krieges mit dem Namen »La Tortuga« (die Schildkröte) umgedreht aufgestellt. (Foto: Stadt Marl)

Tabelle 12: Erhaltene Kriegslokomotiven der Baureihe 52 (Ursprungsausführung)

Betriebs-nummer	Her-steller	Fabrik-nummer	Baujahr	Eigentümer	Standort	Bemerkungen
Ty 2-29	Hen	26971	1942	PL	Chobowka	ex DR 52 053
52 100*	KM	16411	1943	M-1.Ö	A Straßhof	ex JZ 33-044
Ty 2-38	BMAG	12167	1942	PKP	PL Jaworzyna SL	ex DR 52 162, beschildert als Ty 2-88
150 1105*	BMAG	12201	1943	CFR	RO Sibiu	ex SZD (52 196)
52.221	BMAG	12226	1943	VTT	CH ST Sulpice	ex ÖBB Oswald Steam
52 253	WLF	9625	1942	M-1.Ö	A	ex JZ 33-502 - CSD
52 1360-8	BLW	15457	1942	MD	Vienenburg	ex DR
52 460	BLW	15557	1943	M-1.Ö	A	ex JZ 33-240 - DB
Ty 2-50	BLW	15597	1943	PKP	PL Chabowka	ex DR 52 500 mit Steifrahmentender
52 1662-7	Schi	4114	1944	DM H	D Hermeskeil	ex DR
52.855*	Kren	1476	1944	ÖBB	A Floridsdorf	Betreuung durch Gewerkschaft
52 1162	DWM	576	1943	DM H	D Hermeskeil	ex DR (Wustermark)
52.1198*	DWM	612	1943	ÖGEG	A Bischofshofen	
52.1227*	DWM	654	1944	B&B	A Baden	
52 1423-4	Essl	4609	1943	DM H	D Hermeskeil	ex DR Blechrahmen
Ty 2-1401	Essl	4705	1943	PKP	PL Koscierzyna	ex DR 52 1481
52 2093	Hen	26843	1943	DM H	D Hermeskeil	ex DR Barrenrahmen
Ty 2-81	Hen	26868	1943	PKP PL	Jaworzyna SL	ex52 2112
52 2195-7	Hen	27046	1943	BEM	D Nördlingen	
52 2202	Hen	27053	1943	EBG	D Borchen (?)	ex DR
33-339	Hen	27545	1943	SZ	SLO Jesenice	ex DR 52 2377
Ty 2-305*	Hen	27688	1943	PKP	PL Jaworzyna SL	ex DR 52 2520
15.131	Hen	27716	1943	BDZ	BG Asenovo	ex DR 52 2548
52 2751	Hen	27991	1944	Stadt	D Marl	Industriekunstwerk »La Tortugo«
63a 2770	Hen	28322	1944	NJK	N Egersund	ex DR 52 2770

Ty 2-949*	Hen	28358	1944	PKP	PL Jaworzyno SL	ex DR 52 2794
152.3109	Jung	11120	1943	Hef	D Sinsheim	Giesl-Ejektor, Kabinentender
15.24	Jung	11251	1943	BDZ	BG Mezdra	ex DR
52.3314	Jung	11325	1944	?	B	nach Belgien verkauft
52.3316*	Jung	11327	1944	ÖGEG	A Linz (?)	
Ty 2-993	Jung	11331	1945	PKP	PL Chabowka	ex DR 52 3320
33-253	KM	16543	1943	SZ	Slo Jesenice	ex DR 52 3417
52 3438	KM	16564	1943	P	ex ÖBB, Denkmal mit ISG-Wagen	
52 3502	KM	16628	1943	P	?	
5621*	KM	16630	1943	Gar	L Losheim	ex ÖBB 52.3504
52.3517*	KM	16643	1943	ÖGEG	A Linz (?)	
52 3548-6*	KM	16685	1943	BEM	D Nördlingen	ex DR
26 101*	KM	16691	1943	PFI	B Brüssel	ex schles. Sandbahn Ty 2-3554
TE-3644	WLF	17227	1943	P	CH	ex UdSSR
52.3816*	WLF	17305	1944	Stadt	A Lienz	
52 3879*	WLF	17322	1944	SSN	NL Rotterdam	ex ÖBB
Ty 2-1035*	MBA	14168	1944	PKP	PL Jaworzyno SL	ex OR 52 3914
52 4544*	DWM	860	1944	HC K	D Kassel	ex PKP Ty 2-4544
52.4552	DWM	868	1944	ÖGEG	A Summerau	
33-107	MBA	13803	1943	M FER	I Triest	Museum im einstigen Bahnhof Campo Martio
52 4867*	MBA	13931	1943	HEF	D Frankfurt am Main	ex GKB - ÖBB 152.4867
52 4900	MBA	13970	1943	DB AG	D Halle/Saale	ex DR 52 9900 Kohlenstaub
52 4924	MBA	13994	1943	Sä Em	D Chemnitz	rollfähig
33-110	MBA	14006	1943	SZ	SLO Nova Gorica	ex DR 52 436
52 4966	MBA	14036	1944	MVT	D Berlin	
52.4984*	MBA	14045	1944	ÖBB	A Knittelfeld	ex JZ 33-227 – SZD
152.5422	Schi	3700	1943	ÖBB	A	ex JZ 33-329 – SZD
52 5448	Schi	3727	1943	Em Bb	D Leipzig Bayr. Bf	
52 5679	Schi	3957	1943	DB AG	D Falkenberg	
52 5694	Schi	3980	1943	M	Rus St. Petersburg	
52 5804	Schi	4101	1944	DDM	D Neuenmarkt-Wirs-berg	ex ÖBB grauer Anstrich
5865*	Schi	4178	1944	P	GB Bressingham	ex NSB 5865
15.215	MBA	12341	1943	BDZ	BG Bojcinovitzi	ex DR
TE-5933*	BMAG	12359	1943	VHL	CH	ex UdSSR
Ty 2-1279*	BMAG	12492	1943	PKP	PL Elk	ex DR 52 6051
520 034	BMAG	12696	1943	MAV	H Komarom	ex DR 52 6253 – SZD TE-6253
52 6666	Skoda	1492	1943	DB AG	D Berlin-Schöneweide	
52 6721-6	WLF	16172	1943	DM H	D Hermeskeil	ex DR (Luckau)
52.7046	WLF	16499	1943	A Selzthal	Denkmal	
52 7102	WLF	16555	1943	P	A Wien	Piano Express
52 7175	WLF	16628	1943	P	PL	
52 7409	WLF	16862	1943	Stadt	D Würzburg	
555.3254	WLF	16913	1944	M	Bratislava	ex DR 52 7565 – SZD Ölfeuerung
52.7593	WLF	16941	1944	Stadt	A Straßhof	
52.7594*	WLF	16942	1944	ÖEM	A Straßhof	Dauerleihgabe an 1. ÖSEK
52 7596*	WLF	16944	1944	EF Zb	D Tübingen	Wannentender
52.7612	WLF	16960	1944	B&B	A Landeck	

* betriebsfähiger Zustand; Die Tabelle wurde zusammengestellt von Manfred von Kampen (Eisenbahnfreunde Witten)

Quellen- und Literaturverzeichnis

I. Ungedrucktes Material

Der relativ untergeordneten Stellung des Themas am Rande der politischen und militärischen Geschichte entsprechend, haben die ihr zugehörigen Quellen bisher keine angemessene Archivierung gefunden. Allein die wichtigsten Akten aus dem Ministerium Speer werden im Bestand R 3 des Bundesarchivs bereitgehalten; R 5 betrifft das Verkehrsministerium. Schon die Unterlagen des Hauptausschusses Schienenfahrzeuge, soweit sie nicht im Kriege überhaupt verlorengegangen sind, befinden sich aufgrund der früheren Stellung dieser Institution heute in privaten Händen, sind kaum systematisch erfaßt und nur fallweise zugänglich. Obwohl diese Aufzeichnungen, Rundschreiben, Denkschriften und Anordnungen, auf welche sich die vorliegende Arbeit in erster Linie stützt, mitunter in mehreren Stücken vervielfältigt und verteilt wurden, müssen sie als bisher unveröffentlicht gelten.

Hierzu gehören zunächst die ab Mitte 1942 von Professor Dr.-Ing. habil Gerhart Potthoff (†) privat und im Auftrag des Hauptausschusses gesammelten Kriegstagebücher des Sonderausschusses Lokomotiven, der Arbeitsausschüsse Auftragsregelung, Kontingente, Verlagerung, Arbeitseinsatz, Konstruktion, Rahmen, Kessel, Tender, Radsätze, Federn, Schmiedestücke, Energieversorgung, Werkzeugmaschinen und Ersatzteilfertigung, ferner die Tagebücher der Betreuungsstellen Ost, Süd und West sowie der meisten deutschen Lokomotivfabriken. Sie wurden mit dem Ziel geführt, die Grundlage für ein größeres Werk über die Anstrengungen der Industrie zu bilden, das nach dem Sieg Deutschlands herausgegeben werden sollte, und reichen deshalb zumeist nur bis Ende 1943. Demgegenüber wurden in Berlin die Mitteilungen des Hauptausschusses Degenkolb, welche alle wesentlichen Anordnungen der einzelnen Ausschüsse enthielten, noch bis zur 55. Ausgabe im Frühjahr 1945 gedruckt. Diese überaus umfangreiche Sammlung wird von der Vereinigung Deutscher Lokomotivfabriken (VDL) in Frankfurt am Main aufbewahrt, für die Steinhauser einen ersten Versuch der Auswertung nach wirtschaftlich-organisatorischen Gesichtspunkten unternommen hat. Seine geringe Berücksichtigung der technischen Aspekte erforderte für diese Schrift jedoch eine von Grund auf neue Durchsicht. Als wichtigste Quelle für den Bereich der Technik müssen aber die Niederschriften über die etwa 40 Sitzungen des Arbeitsausschusses Konstruktion angesehen werden, auf die im Detail verwiesen wurde, obwohl in öffentlicher Sammlung kein Exemplar bekannt ist.

II. Dienstliche Durchschriften

Ähnlich ungünstig ist die Quellenlage in bezug auf die frühere Deutsche Reichsbahn. Ein Teil ihrer politischen Akten liegt beim Bundesarchiv Potsdam; die weniger bedeutenden Schriftstücke wurden entweder vernichtet oder aber einfach aus der Hand gegeben, so daß auch hier der systematischen Erforschung große Hindernisse entgegenstehen. Nur wenige dienstliche Druckwerke kamen in den Bestand des Verkehrsarchivs beim Verkehrsmuseum Nürnberg.

[1] Deutsche Reichsbahn, Reichbahn-Zentralamt Berlin: Beschreibung der Güterzuglokomotive Reihe 50. - Berlin o. J. [um 1938].

[2] –: Beschreibung der Güterzuglokomotive Reihe 52. – Berlin o. J. [1942].

[3] –: Beschreibung der Güterzuglokomotive Reihe 42. – Berlin o. J. [1944].

[4] –: Kriegslok Reihe 52 . Hilfsheft 605. – Leipzig 1944.

[5] Friedrich Witte: Die Entwicklung der 1 E-h2 Kriegslokomotive Reihe 52 der Deutschen Reichsbahn. – o. O. u. J. [Denkschrift der DR, Berlin um 1942].

[6] Henschel & Sohn GmbH, Kassel: Beschreibung und Betriebsanweisung der 1'E-Henschel-Kondenslokomotive Baureihe 52 der Deutschen Reichsbahn. - Kassel 1944.

[7] Deutsche Bundesbahn, Zentralamt Minden/Westf. (Hrsg.): Merkbuch für Dampflokomotiven und Tender. Ausgabe 1953, mit 2 Nachträgen o. J. [1955] und 1960.

III. Veröffentlichungen der Nachkriegszeit

[8] Willi A. Boelcke: Deutschlands Rüstung im Zweiten Weltkrieg. Hitlers Konferenzen mit Albert Speer 1942 – 1945. –Frankfurt am Main 1969.

[9] Max Bork: Das deutsche Wehrmachttransportwesen –eine Vorstufe europäischer Verkehrsführung. – In: Wehrwissenschaftliche Rundschau 2 (1952), S. 50.

[10] Erhard Born: Die Regel-Dampflokomotiven der Deutschen Reichsbahn und der Deutschen Bundesbahn. – Die Fahrzeuge der Deutschen Eisenbahnen, Heft I. Frankfurt am Main 1953.

[11] A. E. Durrant: The Steam Locomatives of Eastern Europe. – Newton Abbot 1966.

[12] Dietrich Eichholtz: »Geschichte der Deutschen Kriegswirtschaft. Band I, 1939 – 1941. – Berlin 1969.

[13] Johann Sebastian Geer: Der Markt der geschlossenen

Nachfrage. Eine morphologische Studie über die Eisenkontengierung in Deutschland 1937 – 1945. Nürnberger Abhandlungen zu den Wirtschafts- und Sozialwissenschaften, Bd. 14. – Berlin 1961.

[14] Helmut Griebl und Friedrich Schadow: Verzeichnis der deutschen Lokomotiven 1923–1963. – Berlin und Wien 1965, 2. Auflage 1967.

[15] Helmut Griebl und Hansjürgen Wenzel: Geschichte der deutschen Kriegslokomotiven. Reihe 52 und Reihe 42. – Wien 1971.

[16] Karl Eugen Hahn: Eisenbahner in Krieg und Frieden. Ein Lebensschicksal. – Frankfurt am Main 1954.

[17] Fritz Heigl: Taschenbuch der Tanks. Neu bearbeitet von O. H. Hacker, R. J. Icks, O. Merker und G. P. von Zezschwitz. – 2 Bände München 1935 [Nachdruck München 1970].

[18] Henschel & Sohn GmbH (Hrsg.): Henschel-Lokomotiv-Taschenbuch. Bearbeitet von Kurt Ewald. – Kassel 1952.

[19] Henschel-Werke GmbH (Hrsg.): Henschel-Lokomotiv-Taschenbuch. Bearbeitet von Kurt Ewald. – 2. Ausgabe, Kassel 1960.

[20] Gregor Janssen: Das Ministerium Speer. Deutschlands Rüstung im Krieg. – 2. Auflage Berlin 1969.

[21] Rudolf Lusar: Die deutschen Waffen und Geheimwaffen des Zweiten Weltkriegs und ihre Weiterentwicklung. – 6. Auflage München 1971.

[22] Rudolf Lusar: Riesengeschütze und schwere Brummer einst und jetzt. – München 1972.

[23] Alan S. Milward: Die deutsche Kriegswirtschaft 1939 – 1945. – Schriftenreihe der Vierteljahreshefte für Zeitgeschichte Nr. 12, Stuttgart 1966.

[24] Alan S. Milward: Hitlers Konzept des Blitzkrieges. – In: Probleme des Zweiten Weltkrieges. Herausgegeben von Andreas Hillgruber. Köln 1967, S. 19 – 40 (entspr. Teil I der Quelle [23]).

[25] Burkhart Müller-Hillebrand: Das Heer 1933 – 1945. Bd. III, Der Zweifrontenkrieg. Das Heer vom Beginn des Feldzuges gegen die Sowjetunion bis zum Kriegsende. – Frankfurt am Main 1969.

[26] O. S. Nock: Britain's Railways at War 1939 - 1945. – London 1971.

[27] Johannes Pfeifer und Wolf Zickler: 50 Jahre VB – TGA – TGB. Überblick zur Entwicklung des Vereinheitlichungsbüros der Deutschen Lokomotivindustrie und seiner Nachfolge-Institutionen. – a. O. [Frankfurt a. M.] 1972.

[28] Henry Picker: Hitlers Tischgespräche im Führerhauptquartier 1941–1942. – München 1968.

[29] Oskar Pieper: Lokomotivverzeichnis der Deutschen Reichsbahn, DB und DR. Herausgegeben von Gustav Rohr. [Bisher] Bd. 1 - 4. – Krefeld 1968 ff.

[30] Hans Pottgießer: Die Reichsbahn im Ostfeldzug 1939 –1944. – Neckargmünd 1960.

[31] Brian Reed: German Austerities, 2-100. - In: Loco-Profile 18 (1971). S. 121 – 144.

[32] Adolf Sorter: Landesverteidigung und Eisenbahn. – Bad Hersfeld 1955.

[33] Johannes Schwarze u.a.: Die Dampflokomotive. – 2. Auflage Berlin 1965.

[34] Rüdiger Scotland : Die Rückwirkungen der Kriegszerstörungen und der Betriebseinschränkungen auf den Verkehr der Deutschen Reichsbahn in den Jahren 1945 und 1946 . – Hannover [Dissertation, Technische Hochschule) 1949.

[35] Ferdinand Maria von Senger und Etterlin: Die deutschen Geschütze 1939 – 1945. – 2. Auflage München 1960.

[36] Albert Speer: Erinnerungen. – Berlin 1969.

[37] Hanns Stockklausner: Neue Dampflokomotiven in Europa. – Wien 1951.

[38] Hanns Stockklausner und Werner Weinstötter: 25 Jahre Deutsche Einheitslokomotive. – Nürnberg 1950.

[39] Herrmann Teske: Die silbernen Spiegel. Generalstabsdienst unter der Lupe. –Heidelberg 1952.

[40] Herrmann Teske: Die militärische Bedeutung des Verkehrswesens. – In: Bilanz des Zweiten Weltkrieges. Oldenburg und Hamburg 1953, S. 299 – 310.

[41] Herrmann Teske: Der Wert von Eisenbahnen im Zweiten Weltkrieg. – In: Wehrwissenschaftliche Rundschau 5 (1956).

[42] Georg Thomas: Geschichte der deutschen Wehr- und Rüstungswirtschaft (1918 – 1943/45). Herausgegeben von Wolfgang Birkenfeld. – Boppard 1966.

[43] Vereinigung Deutscher Lokomotivfabriken (Hrsg.): Die deutsche Lokomotiv-Industrie im Zweiten Weltkrieg. (Verf.: Steinhauser). – Frankfurt am Main 1959.

[44] Ralf Wagenführ : Die deutsche Industrie im Kriege 1939 – 1945. – 2. Auflage Berlin 1963.

[45] Heinz Wehner: Der Einsatz der Eisenbahnen für die verbrecherischen Ziele des faschistischen deutschen Imperialismus im 2 . Weltkrieg . – Dresden [Dissertation, Hochschule für Verkehrswesen) 1961.

[46] Friedrich Witte: Zehn Jahre Reichsbahn-Zentralamt und die Kriegslokomotiven 1935 – 1945. - In: LOK-MAGAZIN 40 (1970), S. 4 – 20.

Abkürzungsverzeichnis

AA	Arbeitsausschuß
AW	Ausbesserungswerk
BD	Bundesbahndirektion
BLW	Borsig Lokomotivwerke (AEG), Hennigsdorf bei Berlin
BMAG	Berliner Maschinenbau-AG (Schwartzkopff)
BMMF	Erste Böhmisch-Mährische Maschinenfabrik, Brünn und Prag
BR	Baureihe
BW	Bahnbetriebswerk
BZA	Bundesbahn-Zentralamt
Ceg	Lokomotivfabrik H. Cegielski, Poznan
DLV	Deutsche Lokomotlvbau-Vereinigung
DWM	Deutsche Waffen- und Munitionsfabriken, Posen
ED	Eisenbahndirektion
Essl.	Maschinenfabrik Esslingen
EZA	Eisenbahn-Zentralamt
GGL	Gemeinschaft Großdeutscher Lokomotivfabriken
Graff	Magdeburger Werkzeugmaschinenfabrik, Werk Graffenstaden
HAS	Hauptausschuß Schienenfahrzeuge
Hen	Lokomotivfabrik Henschel & Sohn, Kassel
Jung	Arnold Jung Lokomotivfabrik, Jungenthal
KDL	Kriegs-Dampflokomotive
KDrL	Kriegs-Druckluftlokomotive
KEL	Kriegs-Elektrolokomotive
KFL	Kriegs-Feuerlose-Lokomotive
KM	Lokomotivfabrik Krauss-Maffei, München-Allach
KML	Kriegs-Motorlokomotive
Kr	Friedrich Krupp Lokomotivfabrik, Essen
Kren	Oberschlesische Lokomotivwerke Kattowitz, Werk Krenau
LEW	VEB Lokomotivbau Elektrotechnische Werke »Hans Beimler«, Hennigsdorf bei Berlin
LVA	Lokomotiv-Versuchsamt
MBA	Maschinenbau und Bahnbedarf
OKH	Oberkommando des Heeres
PAW	Privat-Ausbesserungswerk
RAL	Reichsausschuß für Lieferbedingungen
RAW, Raw	Reichsbahn-Ausbesserungswerk
RBD, Rbd	Reichsbahndirektion
RVD	Reichsverkehrsdirektion (in den besetzten Gebieten)
RVM	Reichsverkehrsministerium
RZA	Reichsbahn-Zentralamt
SAL	Sonderausschuß Lokomotiven
Schi	Ferdinand Schichau, Elbing
SDL	Kriegs-Sonderdampflok
ÜK	Übergangs-Kriegslokomotive
VB	Vereinheitlichungsbüro der DLV
WLF	Wiener Lokomotivfabrik

Alle technischen Abkürzungen sind nach dem Merkbuch für Dampflokomotiven und Tender [7] verwendet worden. Die Maßeinheiten und Fachtermini folgen den heute üblichen Gegebenheiten.

WEITERE INTERESSANTE BÜCHER ZUM THEMA

Heeresfeldbahnen dienten dem Nachschub, aber auch dem Truppen- und Verwundetentransport. An Hand einer Fülle amtlicher Dokumente, authentischer Fotos und persönlicher Schilderungen beleuchtet Alfred B. Gottwaldt alle bedeutsamen Einzelheiten.
256 Seiten, 320 Abbildungen, Format 230 x 265 mm
ISBN 978-3-613-71565-3
€ 24,90 | € (A) 25,60

Gabriel Habermann baut auf dem Buch »Die Wiederherstellung der Eisenbahnen auf dem westlichen Kriegsschauplatz« von Wilhelm Kretzschmann auf, das die Arbeiten der Eisenbahn-Baukompanien im Ersten Weltkrieg beschreibt. Angereichert mit Fotos aus seinem Archiv.
256 Seiten, 300 Abbildungen, Format 230 x 265 mm
ISBN 978-3-613-71596-7
€ 39,90 | € (A) 41,10

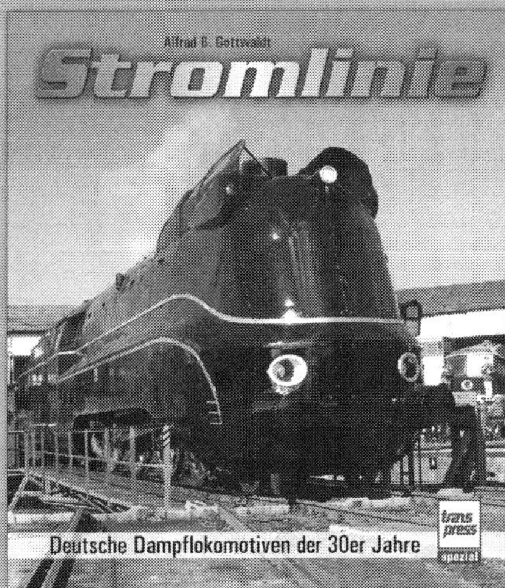

Dr. Alfred Gottwald erinnert in diesem Buch an die große Zeit der »Stromlinie«, dem Inbegriff von Schnelligkeit, Kraft und Eleganz der 1930er-Jahre. Bis heute kann die Deutsche Reichsbahn ihren legendären Ruf bewahren.
296 Seiten, 300 Abbildungen, Format 230 x 265 mm
ISBN 978-3-613-71599-8
€ 24,90 | € (A) 25,60

Kaum eine Epoche der deutschen Eisenbahngeschichte genießt einen ähnlich legendären Ruf wie die Reichsbahnzeit. In diesem 1994 erstmals veröffentlichten Buch werden die Zeiten der Reichsbahn auf über 250 Abbildungen wieder lebendig.
192 Seiten, 269 Abbildungen, Format 230 x 280 mm
ISBN 978-3-613-71443-4
€ 49,90 | € (A) 51,30

Leseproben zu allen Titeln
auf unserer Internetseite

Stand November 2022
Änderungen in Preis und Lieferfähigkeit vorbehalten.

Überall, wo es Bücher gibt, oder unter
WWW.MOTORBUCH-VERSAND.DE
Service-Hotline: 0711 / 78 99 21 51

trans press

FSC
www.fsc.org
MIX
Papier | Fördert gute Waldnutzung
FSC® C083411

Zeitfracht Medien GmbH
Ferdinand-Jühlke-Straße 7
99095 Erfurt, Deutschland
produktsicherheit@kolibri360.de

Druck:
CPI Druckdienstleistungen GmbH
im Auftrag der
Zeitfracht Medien GmbH
Ein Unternehmen der Zeitfracht - Gruppe
Ferdinand-Jühlke-Str. 7
99095 Erfurt